高等职业教育系列教材

U0151200

任务实施融合企业实战项目 | 理论教学与实践操作相促进

大数据可视化

主　编｜张　扬　宁　阳
副主编｜孟凤娇　董海峰　官　磊
参　编｜颜　健　许　博　纪明欣　贾淳淳

机械工业出版社
CHINA MACHINE PRESS

本书聚焦大数据可视化的基本概念和基本技术应用，包含绪论和 6 个项目，分别为初识大数据可视化、Matplotlib 应用、Matplotlib 实战——影视数据可视化、Pyecharts 应用、Pyecharts 实战——用户行为数据可视化、Plotly 应用、Plotly 实战——用户画像数据可视化。

本书基于 Python 语言的三种可视化工具（Matplotlib、Pyecharts 和 Plotly），将理论和实践充分结合，通过大量的案例帮助读者快速了解数据可视化相关技术，并且为重要的知识点配备思考与练习。针对上述三种可视化工具，本书设置了三个企业级实战项目（项目 2、项目 4 和项目 6），通过实战项目的学习和训练，可提升读者在大数据技术领域的思维能力和素养，拓宽大数据视野，达到学以致用的目的。

本书可作为高等职业院校软件技术、大数据技术、工业互联网、人工智能技术应用等专业的教材，也可作为大数据分析与可视化工程技术人员的参考书。

本书配有微课视频，扫描二维码即可观看。另外，本书配有电子课件、习题解答、源代码等配套资源，需要的教师可登录机械工业出版社教育服务网（www.cmpedu.com）免费注册，审核通过后下载，或联系编辑索取（微信：13261377872，电话：010-88379739）。

图书在版编目（CIP）数据

大数据可视化/张扬，宁阳主编 . —北京：机械工业出版社，2024.2
（2025.1 重印）
高等职业教育系列教材
ISBN 978-7-111-75395-7

Ⅰ . ①大… Ⅱ . ①张… ②宁… Ⅲ . ①可视化软件-数据处理-高等职业教育-教材 Ⅳ . ①TP31

中国国家版本馆 CIP 数据核字（2024）第 058071 号

机械工业出版社（北京市百万庄大街 22 号 邮政编码 100037）
策划编辑：和庆娣 责任编辑：和庆娣 马 超
责任校对：甘慧彤 张亚楠 责任印制：邵 敏
中煤（北京）印务有限公司印刷
2025 年 1 月第 1 版第 2 次印刷
184mm×260mm · 17.5 印张 · 456 千字
标准书号：ISBN 978-7-111-75395-7
定价：69.90 元

电话服务　　　　　　　　　网络服务
客服电话：010-88361066　　机　工　官　网：www.cmpbook.com
　　　　　010-88379833　　机　工　官　博：weibo.com/cmp1952
　　　　　010-68326294　　金　书　网：www.golden-book.com
封底无防伪标均为盗版　机工教育服务网：www.cmpedu.com

前　言

在全球数字化、智能化的浪潮下，数据已成为国家发展的重要战略资源。党的二十大报告指出："推动战略性新兴产业融合集群发展，构建新一代信息技术、人工智能、生物技术、新能源、新材料、高端装备、绿色环保等一批新的增长引擎。"数据科学、大数据技术正成为引领新一轮科技革命和产业变革的重要驱动力，在互联网、教育、医疗、能源、金融、工业等领域的应用场景不断落地。

数据是互联网时代最宝贵的资源之一，其价值在于能帮助人们建立对事物的深刻洞察，从而形成正确的决策。如果想要发现隐藏在数据背后的知识，挖掘数据背后的规律，则离不开科学的数据分析方法，更离不开直观、有效的数据可视化工具。

大数据可视化涉及计算机图形学、图像处理、人机交互等多个领域，是大数据技术生命周期中的最后一步，也是最重要的一步。大数据可视化能直观、有效地呈现数据，帮助人们认识数据、总结知识并发现规律。随着大数据时代中数据容量以及复杂性的不断攀升，数据可视化技术已成为推动战略性新兴产业发展的强劲助力。

本书主要介绍基于 Python 的三种可视化工具的具体应用，包括绪论和 6 个项目，依次为初识大数据可视化、Matplotlib 应用、Matplotlib 实战——影视数据可视化、Pyecharts 应用、Pyecharts 实战——用户行为数据可视化、Plotly 应用、Plotly 实战——用户画像数据可视化。

本书具有以下特色：

1）本书以"项目"为引领、"任务"为驱动，每个项目都有"学习目标""任务"和"思考和练习"模块，其中"任务"模块又包括"知识与技能""任务实施""任务总结"等内容。本书结构清晰、内容完整、易教易学。

2）每个项目均以理论和实践相结合的方式进行讲解，对于三种可视化工具，既有相关理论的阐述，又有与之对应的实践操作。读者不仅可以学习可视化工具的基础知识，还能通过实践操作巩固理论知识。本书重点和难点突出，充分激发读者学习兴趣，真正做到了"理实一体"。

3）本书融合了企业级实战项目，即为每种可视化工具的应用都配备了企业级实战项目和真实的企业场景，读者可以通过企业级实战项目的训练来巩固所学知识，积累实战经验，做到学以致用、学用相长，形成良性循环。

本书教学时长建议为 48 学时，初识大数据可视化、Matplotlib 应用、Pyecharts 应用和 Plotly 应用为必修章节，Matplotlib 实战——影视数据可视化、Pyecharts 实战——用户行为数据可视化和 Plotly 实战——用户画像数据可视化可以作为选修章节。具体课时安排以及选修内容安排，授课教师可自行把握。

本书由天津电子信息职业技术学院的张扬、宁阳担任主编；孟凤娇、董海峰、官磊担任副主编；颜健、许博、纪明欣、贾淳淳担任参编。

北京久其软件股份有限公司技术人员对本书的编写给予了大力支持和帮助，在此表示诚挚的感谢。

在编写本书过程中，编者参阅了大量的相关资料，在此向相关资料的作者表示衷心感谢。

由于编者水平有限，书中难免出现不足之处，真诚欢迎广大读者批评指正。

编　者

目　录　Contents

V

绪论　初识大数据可视化

大数据可视化是指通过特定的分析方法和处理工具，将抽象数据以图表等可见形式，直观呈现隐藏在大规模数据中的知识和规律的一门技术。数据可视化技术为人类认识数据、分析数据、总结知识和探索规律提供了便利。随着大数据技术的快速发展以及人工智能技术的日新月异，各行各业对于"用数据讲故事"的热情愈加高涨，数据可视化逐渐成为提升数字化能力的必备技能。

本绪论部分重点介绍大数据可视化的理论背景，着重介绍如何使用 Python 对 MySQL 数据库中的数据以及本地数据文件进行操作，并结合综合应用对所学内容予以练习，以便熟练掌握基于 Python 语言可视化的基本思路和方法。具体工作如下：

1）数据可视化概述。

2）数据集应用概述。

3）Python 加载数据方法。

【学习目标】

通过对本部分的学习，了解数据可视化概貌、具备使用 Python 工具实现大数据可视化的基本技能，以及拓宽软件工程、大数据等相关专业视野；使读者具备良好的思想品质、职业道德、敬业精神和责任意识，成为数字经济时代所需的高素质技术技能人才。

0.1　数据可视化概述

了解互联网背景下大数据的发展概况、数据可视化与大数据的关系，了解数据可视化的基本图形，了解大数据的国家政策、相关国家推荐标准中大数据系统的逻辑架构和对数据可视化的要求。通过学习本任务内容，为掌握基于 Python 的大数据可视化技术奠定基础。

【知识与技能】

1. 大数据的起源

随着信息技术的飞速发展，"大数据"作为新兴的颠覆性技术，已经渗透到工作和生活的各个角落，正在改变人们的生活方式、行业竞争态势以及社会运转方式等。学习一门技术，从时空的角度了解其来龙去脉和演变经纬，才能全面了解新技术、拥抱新技术，并学会将大数据技术应用到社会生产和日常生活中。

大数据技术起源于 Google 在 2004 年前后发表的三篇论文，分别是分布式文件系统 GFS（Google File System）、分布式计算框架 MapReduce 和 NoSQL 数据库系统 BigTable。这三篇论文将焦点从如何提升单机性能、寻找昂贵且不可拓展的硬件设备，转为部署一个大规模、廉价且可拓展的服务器集群，通过分布式的方式存储海量数据，利用集群上所有机器资源进行数据计算，从而迎来大数据技术的普惠。这三篇论文也成为大数据发展的基石，真正意义上开启了大数据时代。

而今，大数据行业蓬勃发展，数据分析挖掘技术更成为推动产业生态发展的核心与关键。随着 5G 技术的发展与普及，大数据成为产业崛起的重要风口，势必会成为推动社会变革和经济发展的强大动力。

2. 大数据的特点

随着互联网技术的广泛应用，数据量呈现指数级增长，人们开始用完整的数据来对事物进行分析，促使了大数据时代的到来。大数据具有如下几个特点。

- **数据体量大**：随着信息技术的快速发展，以及各种智能终端设备的广泛应用，在数据的采集、存储和计算技术环节，每天都在产生大规模的数据量，海量数据拥有不可估量的价值。
- **处理速度快**：面对海量数据，数据的采集、存储、分析都需要高速处理和计算。
- **数据多样性**：随着技术的快速发展，数据不再是以前单一的结构化数据，而是出现了越来越多的半结构化数据和非结构数据，如邮件、图片、声音、日志等。
- **低价值密度**：互联网和终端应用的普及产生了大规模数据，但数据价值密度不高，如何快速地从海量数据中挖掘出隐藏在数据背后的价值，是目前大数据领域需要解决的难题。

3. 大数据技术政策与相关标准

2013 年以来，国家层面出台一系列大数据相关的政策指导意见。2014 年，"大数据"概念首次写入《政府工作报告》；2015 年，完成大数据国家战略的顶层设计，发展大数据成为发展现代化的必然要求；2017 年以来，大数据发展逐渐从顶层设计阶段进入应用落地阶段；党的十九大提出"推动互联网、大数据、人工智能和实体经济深度融合，建设数字中国、智慧社会"，全面推动我国大数据产业快速、全面崛起。

以下为重要技术政策和相关标准概览。

- 2015 年 8 月 31 日，国务院印发《促进大数据发展行动纲要》，这是指导我国大数据发展的国家顶层设计的第一份权威性、系统性文件。《促进大数据发展行动纲要》的出台和发布，为我国由"数字大国"转变为"数据强国"、提升政府社会治理能力、推动经济转型升级注入了强大的发展动力。
- 2019 年 8 月，国家推荐标准 GB/T 37721-2019《信息技术　大数据分析系统功能要求》公布了大数据分析系统功能要求，其中对可视化功能的要求为：应支持 Excel、关系型数据库等数据源或 JSON、XML、CSV 等数据格式作为输入；应支持对高维数据的可视化展示；支持可视化分析工具库，包括柱状图、饼图、折线图、表格、散点图、雷达图、网络图、时间线、热力图、地图，支持算法模型评估相关可视化工具。
- 2020 年 4 月，国家推荐标准 GB/T 38673-2020《信息技术　大数据　大数据系统基本要求》公布了大数据系统基本要求。该标准提出了大数据参考架构逻辑功能，将大数据系统划分为数据收集、数据预处理、数据存储、数据处理、数据分析、数据访问、数据可视化、资源管理、系统管理 9 个模块。

4. 大数据应用场景

随着大数据技术的蓬勃发展，其在众多行业和领域中都取得了探索与突破性应用，如政务、旅游、电商、金融、物流、电信等，案例如下。

- 政务：加强政务资源共享，进一步提升政务治理能力和政务服务效率。
- 旅游：挖掘游客喜好，明晰游客服务需求，提升游客服务体验，进一步帮助旅游企业洞察市场、精准营销。
- 电商：进行商品推荐，分析用户消费习惯，帮助用户快速找到需要的商品，减少用户选择成本。
- 金融：依据用户特征，建立数字化、智能化、可视化的风控平台，防范欺诈风险，维护金融市场安全。
- 物流：将物流与大数据相结合，精准定位区域用户需求，让产品仓库与数据仓库相结合，提高用户体验，减少物流成本与时间。
- 电信：实现电信市场细分、挖掘潜在客户，减少客户流失，降低客户服务成本并优化用户体验，提升服务质量。

未来，随着各行业在数字化转型过程中带来的应用爆发期，无疑将催生出更多大数据应用场景。

5. 大数据发展前景

当前，新一轮科技革命和产业变革加速向前，伴随云计算、智能制造、智慧城市以及无人驾驶技术的不断深入，各个行业逐渐迎来日益庞大的数据量，现代社会全面步入大数据时代。

大数据的处理、分析和挖掘需要强大的分布式处理能力与分布式存储能力，而云计算恰恰能满足大数据的需求。云平台大大提高了大数据技术的部署和运维效率，未来大数据与云计算技术的融合会越来越紧密。此外，大数据为人工智能技术的发展奠定了数据基础，人工智能的核心技术是深度机器学习模型，模型的训练不仅需要大规模的训练样本，还需要很强的数据存储与计算能力。可以说，人工智能模型训练的实现，是由大数据技术予以支撑的。

随着大数据在各行业应用范围持续扩展，大数据与产业融合程度不断加深，伴随数据采集、数据存储、数据挖掘、数据分析等产业的发展，社会对大数据专业人才的需求日益增长，人力资源和社会保障部预计，2025 年前大数据人才需求将保持 30%～40%的增速，需求总量在 2000 万人左右。

6. 数据可视化流程与工具

大数据可视化流程是指将大量数据整理、处理后，通过图表、报表等形式呈现出来，以帮助用户快速了解数据的内在规律和趋势，并对数据进行深度分析。它是对海量数据挖掘和管理的必要手段，可以为企业和组织提供更好的业务洞察和决策支持。

（1）大数据可视化流程

1）数据收集。在大数据可视化流程中，首先需要收集大量数据源。数据源可以来自多种渠道，包括企业内部的数据仓库、传感器、日志文件、社交媒体数据等，也可以来自外部的公共数据源、第三方数据供应商等。

2）数据处理。收集的数据需要进行初步的处理，包括数据清洗、去重、格式转换等工作。这一步的目的是确保数据的准确性、完整性和一致性，以便后续的分析和可视化工作。

3）数据分析。数据分析是指通过统计学方法、机器学习等手段对数据进行深入分析，以发现数据的内在规律、变化趋势和异常情况。在这一步中，需要根据业务需求选择不同的分析模型和算法，并对数据进行可视化呈现。

4）可视化设计。在此步骤中，需要选择合适的可视化工具和图表类型，对数据进行可视化设计。可视化工具的选择应根据业务需求、数据类型和目标受众等因素来进行权衡，并考虑可维护性和扩展性等因素。

5）可视化实现。通过可视化工具，将已经分析好并进行可视化设计的数据进行呈现。这一步需要注意多种细节问题，例如颜色搭配、标签命名等，以提高可视化效果的可读性和易用性。

数据可视化可用 C++、Java、JavaScript 实现，也可使用 Python 实现。基于 JavaScript 的可视化工具主要有 D3. js、Tableau、Processing、ECharts 等。基于 Python 语言的可视化工具主要有 Matplotlib、Pyecharts、Plotly 等。

（2）数据可视化工具

本书介绍三种基于 Python 的数据可视化工具，分别是 Matplotlib、Pyecharts 和 Plotly，它们各自有着不同的特点和适用场景。

1）Matplotlib。

Matplotlib 是一个强大的 Python 开源绘图库，可以实现各种二维（2D）和三维（3D）图形展示，包括线条图（折线图）、散点图、柱状图（条形图）、等高线图等。Matplotlib 提供了较高的灵活性和可定制性，能够帮助用户精细地调整图表的各种参数。Matplotlib 在一些基础可视化场景中使用非常方便，比如绘制柱状图、散点图等。对于一些数据量较小的可视化场景，Matplotlib 也可以胜任。

2）Pyecharts。

Pyecharts 是一个基于 Python 的可视化工具，它基于 ECharts 地图、折线图、柱状图、散点图等图表进行展示。它支持多种格式的数据输入，能够快速生成丰富的图表，同时支持国内地图和输出中文等。此外，Pyecharts 支持动态数据的可视化展示。

3）Plotly。

Plotly 是一个在线/离线数据分析和可视化工具，支持众多 Python API 和交互式的图表展示，包括散点图矩阵、热力图、等高线图、3D 图、分面网格等。它的可视化呈现非常优秀，能够帮助用户轻松实现高质量、交互式和动态的图表展示。Plotly 支持多种输出格式，尤其擅长生成交互式图表，对于需要在网页上展示的数据可视化场景，是一种不错的选择。

7. 数据可视化图表类型

大数据可视化图表类型涵盖多种形式，下面详细介绍一些主要的大数据可视化图表类型。

（1）折线图

折线图是用折线将数据点连接起来，以表示不同数据之间的变化趋势。它通常用于展示时间序列数据的变化，如股价走势、气温变化等。折线图可以同时展示多项数据的变化趋势，帮助用户更加直观地理解数据的变化规律。图 0-1 为 2012—2021 年城镇居民和农村居民消费水平折线图示例。

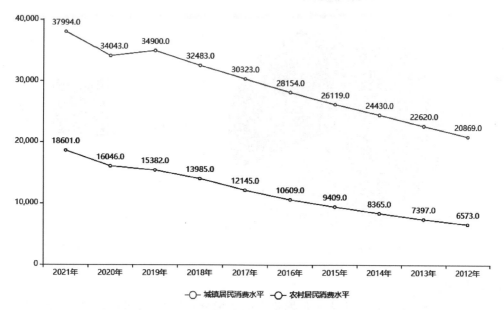

图 0-1　折线图

注：图中横坐标轴的顺序沿用数据库中年份的递减顺序，所以年份自左向右按递减顺序排列。本书中类似图形与此相同，不再进行单独说明。

（2）柱状图

柱状图是用矩形（条形）呈现数据，其高度或长度代表数据的数量或比例。柱状图可以横向或纵向展示数据，常用于展示离散数据的差异。例如，可以用柱状图展示不同城市的销售额，比较它们之间的差异。图 0-2 为某班多门课程平均成绩柱状图示例。

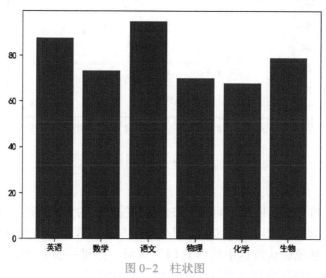

图 0-2　柱状图

（3）饼图

饼图是通过将一个圆划分成几个扇形，然后利用各个扇形的大小来表示不同类别数据的比例关系。饼图常用来展示不同种类之间的比例关系，如销售额、用户数量、市场份额等。图 0-3 为某服装店不同类型服装销售数量饼图示例。

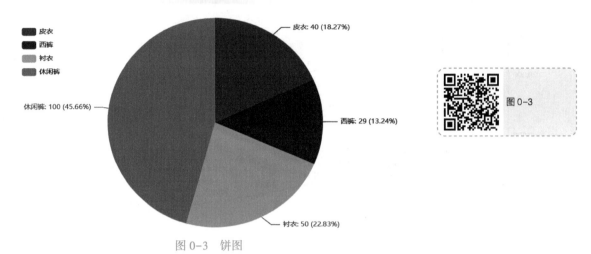

图 0-3 饼图

（4）散点图

散点图是用坐标轴上的点来表示数据集中的数据分布情况。通过研究散点图的形态和密度，可以发现数据集中的关系趋势和规律。散点图通常用于展示两个或多个变量之间的关系，以及它们之间的相关性。图 0-4 为某文章中英文字母出现次数散点图示例。

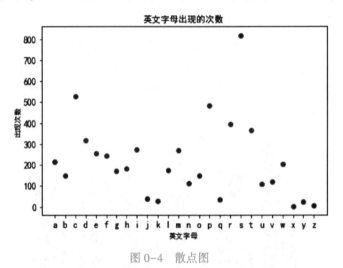

图 0-4 散点图

（5）热力图

热力图是一种二维图表，使用不同颜色来表示数据点值的大小，通过颜色深度和亮度来显示数据的密度分布。常见的应用场景是对空间分布信息的可视化，如气象预报、人口普查等。热力图可以帮助用户快速确认数据中的"热门"区域，并进一步分析其背后的原因和特征。图 0-5 为不同品牌手机销售数据（虚拟数据）热力图示例。

（6）树状图

树状图（Tree Map）是按照面积来表示数据的图表类型，将根据数量或大小分类的数据呈现为一个树形结构。树状图可以帮助用户直观了解不同类别的数据之间的比例关系和层级结构。图 0-6 为某集团公司组织结构中员工分布矩形树图示例。

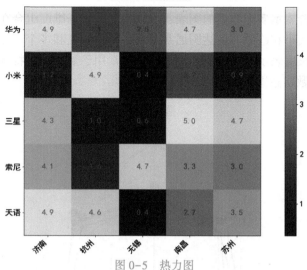

图 0-5　热力图

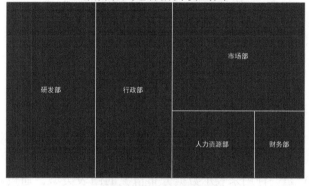

图 0-6　矩形树图

（7）三维（3D）图

三维图是一种用于在三维空间内展示数据的图表类型，通常具有更高的复杂性和交互性。三维图的应用场景广泛，可用于展示房地产市场、电子商务市场和科学研究等领域的数据。图 0-7 为 3D 散点图示例。

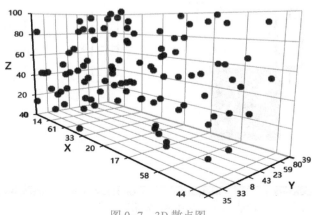

图 0-7　3D 散点图

（8）雷达图

雷达图是一种适合展示多维数据的图表，可以将多个数据维度组合在同一个图表中，以便比较它们之间的相对大小和趋势。雷达图通常是由一个中心点和多个顶点组成的多边形，顶点代表数据维度，线段长度表示维度的值大小。雷达图常用于展示产品特性、市场份额等多维数据。图 0-8 为消费指数雷达图示例。

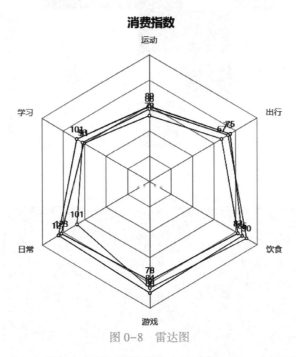

图 0-8　雷达图

（9）箱形图

箱形图（箱线图）是一种用来表示数据分布情况的图表类型，通过箱体和"须"线来描述数据的分布情况。箱体代表数据的四分位数，即数据的中位数、上四分位数和下四分位数，而"须"线则表示数据的最大值和最小值。箱线图通常用于比较两个或多个数据集合之间的差异和趋势。图 0-9 为基本能源消耗箱形图示例。

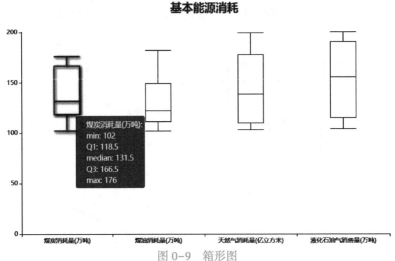

图 0-9　箱形图

（10）其他图表类型

还有一些其他的大数据可视化图表类型，如双轴图、漏斗图、气泡图等。每个图表类型都具有其独特的使用场景和特点，可以根据需求进行选择。

数据可视化图表类型多种多样，从简单到复杂，覆盖了各种数据格式的展示，可以根据需求选择合适的图表类型来展示数据，帮助用户快速理解数据间的联系和趋势。常见的图表类型如图 0-10 所示。

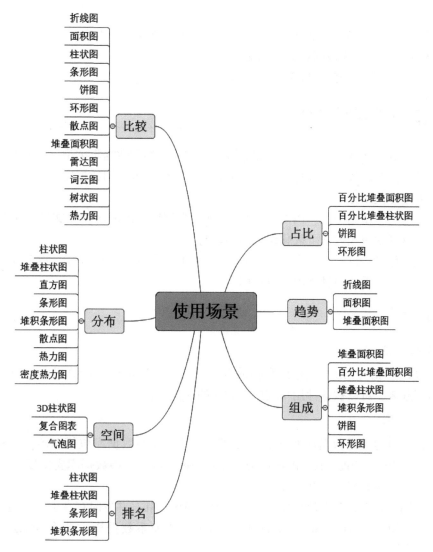

图 0-10　常见的图表类型

8. 数据可视化图表的基本组成

数据可视化图表的种类多样，但每张图表的基本组成有较强的规律性。一张完整的图表一般包括画布、图表标题、绘图区、数据系列、坐标轴、坐标轴标题、图例、文本标签、网格线等。下面详细描述各个组成部分的功能。

1）画布：图表中最大的白色区域，作为其他图表元素的容器。

2）图表标题：用来概括图表内容的文字，常用的功能有设置字体、字号及字体颜色等。

3）绘图区：画布中的 部分，显示图形的矩形区域，可改变填充颜色、位置，以便展示更好的图表效果。

4）数据系列：在数据区域中，同一行数值数据的集合构成一组数据系列，也就是图表中相关数据点的集合。

5）坐标轴及坐标轴标题：坐标轴是表示数值大小、类别的水平线和垂直线，坐标轴上有刻度，一般而言，水平坐标轴表示分类，垂直坐标轴表示数值；坐标轴标题用来给坐标轴命名。

6）图例：图表中系列区域的颜色、形状等数据系列所代表的内容。

7）文本标签：用于为数据系列添加文字。

8）网格线：贯穿绘图区的线条，类似标尺。

0.2 数据集应用概述

在学习了大数据概念、演变、特点和趋势后，本任务将对数据集类型进行简要介绍，并针对大数据场景中涉及的数据库进行讲解，帮助读者全方位了解不同数据库的应用，掌握本任务中所涉及的数据库使用方法。

本任务对数据库基础知识、Python 操作 MySQL 数据库、Python 读取文件等进行讲解或实践，不断激发读者学习大数据可视化课程的兴趣与积极性。

想要完成本任务，读者需要掌握 Python 对 MySQL 数据库数据的操作、Python 读取文件的方法等。另外，读者需要通过练习予以巩固。

【知识与技能】

1. 数据库概述

数据库（Database，DB）是存放数据的仓库，是指长期保存在计算机存储设备上，按照一定规则组织起来，可以被各种用户或应用共享的数据集合。

2. 常见数据库

常见数据库分为关系数据库和非关系数据库，其中关系数据库包括 MySQL、SQL Server、Oracle、DB2、SyBase、Informix、PostgreSQL 以及 Access 等，这些数据库支持复杂的 SQL 操作和事务机制，使用场景多为数据量较小的场景。

随着互联网的兴起，关系数据库在处理超大规模数据和高并发时存在一些不足，便出现了很多非关系数据库 Not Only SQL（NoSQL）。目前，非关系数据库主要有 MongoDB、Redis、HBase、Neo4j 等。

本书主要涉及关系数据库 MySQL 的使用，对其他数据库不再详细阐述，有兴趣的读者可自行查阅相关资料。

3. 离线数据与实时数据

（1）离线数据

企业数据从业务系统批量抽取过来，要经过一系列的清洗、转换计算，然后进入数据仓库并分析展现，这需要一个过程和时间周期，也就是非实时的，即通常所说的离线数据。

大部分的分析指标、数据使用离线分析即可，如企业的经营管理分析、财务分析等，对这些数据准确性的要求远大于时效性要求。对于 TB 级别的离线数据，传统的数据仓库 ETL 架构对大部分场景都可以满足。

（2）实时数据

对于需要实时预警和监控的数据指标，延迟被限定在秒级、毫秒级以内，这类数据需要进行实时处理。实时数据的获取会涉及大数据技术组件以及复杂的技术流程，如 Canal 实时抓取 MySQL 中的写数据变化，将修改的数据写到消息队列供实时计算框架（Spark Streaming、Flink）使用。

当数据量大到 TB、PB 级别或以上的时候，底层就需要采用分布式系统框架 Hadoop，通过集群的方式进行高速运算和存储。一般情况下，Hadoop 分布式文件系统 HDFS 存储数据，Hadoop 的数据仓库 Hive 通过 HiveSQL 转换成 MapReduce 作业任务以执行数据查询，Sqoop 在 Hadoop（Hive）与传统的数据库（MySQL、Oracle 等）间进行数据的传递，将数据分析的结果导出到关系数据库中。

本书的重点在于阐述大数据可视化工具的使用，所以在数据库环境方面选择简单易用的 MySQL 作为主要的数据库，重点关注从数据库加载数据后完成数据的可视化，对时效性要求较低。本书 Pyecharts 实战（项目 3）会涉及 Hadoop、Spark 等大数据技术，可以根据具体情况选择和安排学习。

【任务实施】

1. Python 操作 MySQL 数据库

第一步：安装第三方库 PyMySQL

使用 Python 操作 MySQL，需要用第三方库 PyMySQL，安装步骤如下：打开 CMD 窗口，输入 pip install pymysql，按〈Enter〉键即可进行安装。这里安装的是 1.0.2 版本，如图 0-11 所示。

```
C:\Users\86158>pip install pymysql
Looking in indexes: https://pypi.tuna.tsinghua.edu.cn/simple
Collecting pymysql
  Downloading https://pypi.tuna.tsinghua.edu.cn/packages/4f/52/a115fe175028b058df3
53c5a3d5290b71514a83f67078a6482cff24d6137/PyMySQL-1.0.2-py3-none-any.whl (43 kB)
                                    ━━━━━━━━━━ 43.8/43.8 kB 2.2 MB/s eta 0:00:00
Installing collected packages: pymysql
Successfully installed pymysql-1.0.2
```

图 0-11　安装第三方库 PyMySQL

如图 0-12 所示，在 Python 中导入（使用 import pymysql 命令）没有报错，说明安装成功。

```
C:\Users\86158>python
Python 3.8.6 (tags/v3.8.6:db45529, Sep 23 2020, 15:52:53) [MSC v.1927 64 bit (AMD64)] on win32
Type "help", "copyright", "credits" or "license" for more information.
>>> import pymysql
```

图 0-12　导入 PyMySQL 成功

第二步：导入 SQL 脚本

将英语四、六级单词库的脚本（map_enword. sql）导入 MySQL 中的 big_data 库。可在本书随书资源的代码文件中获取脚本文件。

第三步：查询操作

以英语四、六级单词库为例，分别查询以 a 到 z 开头的单词数量，并存入列表中，以便后续可视化操作，代码如下所示，输出结果如图 0-13 所示。

```python
import pymysql
def select_db(select_sql):
    # 建立数据库连接
    db = pymysql.connect(
        host = "127.0.0.1",
        port = 3306,
        user = "root",
        passwd = "root",
        db = "big_data"
    )
    # 通过 cursor() 创建游标对象，并让查询结果以字典格式输出
    cur = db.cursor(cursor = pymysql.cursors.DictCursor)
    # 使用 execute() 执行 SQL 语句
    cur.execute(select_sql)
    # 使用 fetchall() 获取所有查询结果
    data = cur.fetchall()
    # 关闭游标
    cur.close()
    # 关闭数据库连接
    db.close()
    return data


select_sql = 'SELECT * FROM map_enword'        # 查询英语四、六级单词库中的所有数据
words = select_db(select_sql)                    # 将数据赋给变量 words
print(words[:3])                                 # 查看前三条数据


letter = [' ' for i in range(26)]
for i in range(26):
    letter[i] = chr(i+97)
print(letter)
enword = [0 for i in range(26)]                  # 定义列表
for i in range(len(words)):                      # 遍历所有单词
    # 将单词中第一个字母取出并转为小写格式，转化为 ASCII 码，进而转化为序列号
    enword[ord(words[i]['english'][:1].lower()) - 97] += 1
print(enword)
```

```
[{'id': 1, 'english': 'abbreviation', 'pt': "[?;bri:vi'ei??n]", 'chinese': 'n.节略，缩写，缩短', 'flag': 0}, {'id': 2,
'english': 'abide', 'pt': "[?'baid]", 'chinese': 'vi.遵守 vt.忍受', 'flag': 0}, {'id': 3, 'english': 'abnormal', 'pt':
"[?b'n?:m?l]", 'chinese': 'a.不正常的；变态的', 'flag': 0}]
['a', 'b', 'c', 'd', 'e', 'f', 'g', 'h', 'i', 'j', 'k', 'l', 'm', 'n', 'o', 'p', 'q', 'r', 's', 't', 'u', 'v', 'w',
'x', 'y', 'z']
[215, 149, 528, 318, 255, 245, 170, 182, 274, 38, 27, 175, 271, 112, 148, 483, 35, 396, 819, 364, 110, 118, 205, 1, 2
3, 7]
```

图 0-13　英语四、六级单词库查询结果

* 知识拓展 *

在上述代码中，创建游标时使用了 cursor = pymysql. cursors. DictCursor，目的是让查询结果以列表嵌套字典的格式输出，方便后续操作。如果不使用该参数，则返回的查询结果将是元组嵌套元组的形式。

2. Python 读取文件

第一步：Python 读 XLS、XLSX 文件

将"瓜果类单位面积产量 . xls"和"瓜果类单位面积产量 . csv"文件复制到 C 盘的"big_data"目录下。

Python 读取文件

pandas. read_excel ( ) 是 pandas 中用于读取 Excel 文件的函数。它可以读取 Excel 文件中的数据，并将其转换为一个 DataFrame 对象。

基本语法格式为：

```
pandas. read_excel ( io, sheet_name = 0, header = 0, names = None, index_col = None, usecols = None,
squeeze = False, dtype = None, engine = None, converters = None, true_values = None, false_values = None,
skiprows = None, nrows = None, na_values = None, keep_default_na = True, verbose = False, parse_dates =
False, date_parser = None, thousands = None, comment = None, skipfooter = 0, convert_float = True, mangle_
dupe_cols = True, ** kwds )
```

主要参数说明如下。

- io：接受文件路径、ExcelFile 对象、URL、文件型对象或带有 read ( ) 方法的字符串。
- sheet_name：要读取的工作表名称或索引。默认值为 0，表示读取第一个工作表。
- header：表示应作为列名的行号。默认值为 0，表示使用第一行作为列名。
- names：用于替代默认列名的列表。如果 header = None，则将此列表用作列名。
- index_col：列号或列名用作行索引。默认值为 None，表示不设置行索引。
- usecols：要读取的列的列表或范围。例如，'A:C'表示读取 A ~ C 列。
- dtype：指定列的数据类型。
- skiprows：要忽略的行数（从文件开始处计算）。例如，skiprows = 1 表示忽略第一行。
- na_values：指定某些列的某些值为 NaN，如 na_values = '本科'，即指定"本科"为 NaN。
- parse_dates：将列解析为日期。默认为 False。
- thousands：千位分隔符。
- convert_float：将浮点数值转换为整数。
- ** kwds：其他关键字参数。

代码如下所示，输出结果如图 0-14 所示。

```python
import pandas as pd
# 需要安装 xlrd，使用 pip install xlrd -i https://mirrors. aliyun. com/pypi/simple/ --trusted-host = mir-
rors. aliyun. com/pypi/simple 命令
import xlrd
df = pd. read_excel ( r" C:\big_data\瓜果类单位面积产量 . xls" )
print ( df )
```

指标	2018年	2017年	2016年	2015年	2014年
0 西瓜单位面积产量(公斤/公顷)	38098	37099	36100	38409	36102
1 甜瓜单位面积产量(公斤/公顷)	38111	37122	36112	38498	36191
2 草莓单位面积产量(公斤/公顷)	238100	237101	236102	138411	326104
3 南瓜单位面积产量(公斤/公顷)	118101	317102	136103	218412	136105
4 苦瓜单位面积产量(公斤/公顷)	48102	47103	46104	48413	46106

图 0-14　读取 XLS 文件

第二步：Python 读 CSV 文件

代码如下所示，输出结果如图 0-14 所示。

```
import pandas as pd
# 在将 XLS 文件另存为 csv 格式时，默认编码格式为 GBK
df = pd. read_csv( r" C:\big_data\瓜果类单位面积产量 . csv",encoding = 'utf-8 ')
print( df)
```

【任务总结】

通过本任务的学习，初步掌握了 Python 操作 MySQL 数据库的方法，以及 Python 读取数据集文件的方法。

本任务的难点在于如何灵活运用 Python 对 MySQL 数据库中的数据进行操作，可以通过实操练习题进行巩固与提升。课外学习更多 MySQL 数据库的知识可加深和拓宽知识储备。

基于本任务的学习，对 MySQL 数据库的原理有了一定的了解，为后续学习做好了铺垫，通过案例更好地理解了 MySQL 数据库的使用方法。

【思考与练习】

一、选择题

1. （多选）数据可视化能用哪种语言实现？（　　　）

　　A. C++

　　B. Java

　　C. Python

　　D. JavaScript

2. 数据可视化可以用哪种（些）符号元素编码？（　　　）

　　A. 长度

　　B. 长度、色彩、尺寸、位置、纹理、方向、形状以及关系

　　C. 长度、高度

　　D. 色彩、尺寸、位置、纹理、方向、形状以及关系

3. 数据可视化常用布局有哪些？（　　　）

　　A. 柱状图、饼图、折线图

　　B. 表格、散点图、雷达图

　　C. 网络图、时间线、热力图、地图、树状图、复合图形等

　　D. 以上都对

4. 测试 Python 是否安装成功的语句是（　　　）。

    A. Python-V

    B. Python -V

    C. Python-R

    D. Python -R

5. 在使用 Python 操作 MySQL 数据库的时候，创建游标时使用了 cursor = pymysql. cursors. DictCursor 语句，其目的是让查询结果以什么格式输出？（　　　）

    A. 列表嵌套字典

    B. 列表嵌套元组

    C. 元组嵌套字典

    D. 元组嵌套元组

6. 在链接数据库的字符串 db = pymysql. connect (host = " 127. 0. 0. 1 "，port = 3306，user = " root "，passwd = " 123456 "，db = " big_data ") 中，用户名是（　　　）。

    A. 127. 0. 0. 1

    B. 3306

    C. root

    D. big_data

7. 在查询语句 select_sql = 'SELECT * FROM map_enword ' 中，查询的数据表名是（　　　）。

    A. 127. 0. 0. 1

    B. map_enword

    C. root

    D. big_data

二、实操练习题

1. 使用 for 循环，计算 1~100 的和。

2. 使用 for 循环，计算 10 的阶乘。

3. 查询英语四、六级单词库中的前 10 条数据。

4. 查询英语四、六级单词库中以"o"开头的单词数量。

项目 1   Matplotlib 应用

Matplotlib 是 Python 中最受欢迎的数据可视化软件包之一。本项目介绍如何借助 Matplotlib 绘图库，将难以理解的数据进行可视化，进而绘制各种静态、动态、交互式图表，如折线图、散点图、饼图等，实现直观展现数据的目的。

本项目融合 Matplotlib 基础知识、综合绘图于一体，着重介绍 Matplotlib 常用图表的绘制方法。同时配有精心设计的练习题，方便读者熟练掌握并综合运用所学知识，为未来的深入探索打下坚实基础。

本项目具体工作如下：

1）Matplotlib 简介。

2）Matplotlib 基本用法。

3）Matplotlib 常用图表绘制。

【学习目标】

通过本项目的学习，读者可由浅入深地理解 Matplotlib 的基本用法及功能，掌握 Matplotlib 入门使用、Matplotlib 常用图表绘制方法等，从而具备 Matplotlib 大数据可视化的基本技能，熟练掌握各种布局、配色、坐标轴设置等，通过绘制可视化图表，更直观地理解数据背后的含义。

任务 1.1   Matplotlib 入门

Matplotlib 是 Python 中应用广泛的绘图库。Matplotlib 功能强大，主流的图表格式在 Matplotlib 中都能找到，想要更深入地了解 Matplotlib，可经常查阅官方文档，官方网址为：https://matplotlib.org/。

本任务对 Matplotlib 简介、安装、基本用法等进行讲解与实践，读者可初步了解 Matplotlib 绘图库，通过实践认知 Matplotlib 强大的绘图能力，借助图形化的数据表现方式更好地认知数据的特点和数据之间的关系。

想要完成本任务，需要掌握 Matplotlib 的安装及绘图模块的入门操作，以及折线图、柱状图、直方图、堆积条形图、面积图、散点图等图形绘制方法，掌握绘图中主要函数的功能和输入输出参数，深入理解 Matplotlib 绘图模块的绘图原理与步骤。可依据思考与练习巩固所学知识。

【知识与技能】

1. Matplotlib 简介

Matplotlib 是一个用于数据可视化的 Python 库，提供了广泛的绘图工具和函数，可以创建各种类型的图表，包括折线图、散点图、柱状图、饼图、等高线图、3D 图等。Matplotlib 是数据科学领域最常用的绘图库之一，也是许多其他可视化库的基础。

（1）Matplotlib 的特点

Matplotlib 的特点如下。

1）灵活性：Matplotlib 提供了丰富的绘图工具和选项，可以根据需求定制图表的样式、布局和元素。

2）支持多种输出格式：Matplotlib 可以将图表输出为图片文件（如 PNG、JPG、SVG）、PDF 文件，或者在交互式环境中直接显示图表。

3）高质量的图形输出：Matplotlib 生成的图形具有良好的质量和分辨率，适合在出版物或演示文稿中使用。

4）与 NumPy 和 pandas 的无缝集成：Matplotlib 可以方便地与 NumPy 数组和 pandas 数据结构进行交互，轻松处理和绘制数据。

（2）Matplotlib 的组成

Matplotlib 是一个用于绘制图表和可视化数据的 Python 库。它由以下多个部分组成。

1）Figure（图表）：表示整个图表的对象，可以包含一个或多个子图（Axes）。

2）Axes（坐标轴）：代表一个包含数据的绘图区域，是图表中最基本的单位。一个 Figure 可以包含多个 Axes。

3）Axis（坐标轴）：表示坐标系中的一个轴线，负责刻度、标签和网格的显示。每个 Axes 对象都有两个 Axis 对象，用于 x 轴和 y 轴的控制。

4）Artist（图形元素）：表示在图表上绘制的可视化元素，例如线条、标记、文本、图像等。包括 Line2D、Text、Rectangle 等对象。

Matplotlib 还有一些衍生的扩展库，如 seaborn、Plotly 等，它们在 Matplotlib 的基础上进一步封装和拓展了绘图功能。

2. Matplotlib plot( ) 函数

Python 中的 plot( ) 功能十分强大，且灵活度高，可以绘制多种风格的图案。

基本语法格式如下：

```
plt. plot( x,y,format_string, * * kwargs)
```

主要参数说明如下。

- x：x 轴数据，列表或数组，可选。
- y：y 轴数据，列表或数组。
- format_string：控制曲线的格式字符串，可选。
- * * kwargs：调整图形属性的关键字参数。

format_string 由颜色字符、风格字符、标记字符组成。* * kwargs 是其他可选的关键字参数，用于传递给 plot 函数的其他设置（线宽、标签、透明度等），如 label 指定线条的标签，

linewidth 指定线条的宽度，color 指定颜色，linestyle 指定线条的风格。

【任务实施】

1.1.1 Matplotlib 的安装

第一步：安装 Matplotlib

打开命令行窗口，输入 pip install matplotlib 后按〈Enter〉键即可安装。这里安装的是 3.6.2 版本，如图 1-1 所示。

```
C:\Users\86158>pip install matplotlib
Looking in indexes: https://pypi.tuna.tsinghua.edu.cn/simple
Collecting matplotlib
  Using cached https://pypi.tuna.tsinghua.edu.cn/packages/13/e5/e6b46331abdf395dc653432df13979e44c7d88d5135d93b0510
93b402408/matplotlib-3.6.2-cp38-cp38-win_amd64.whl (7.2 MB)
Requirement already satisfied: fonttools>=4.22.0 in d:\python3.8.6\lib\site-packages (from matplotlib) (4.38.0)
Requirement already satisfied: contourpy>=1.0.1 in d:\python3.8.6\lib\site-packages (from matplotlib) (1.0.6)
Requirement already satisfied: kiwisolver>=1.0.1 in d:\python3.8.6\lib\site-packages (from matplotlib) (1.4.4)
Requirement already satisfied: numpy>=1.19 in d:\python3.8.6\lib\site-packages (from matplotlib) (1.23.5)
Requirement already satisfied: cycler>=0.10 in d:\python3.8.6\lib\site-packages (from matplotlib) (0.11.0)
Requirement already satisfied: python-dateutil>=2.7 in d:\python3.8.6\lib\site-packages (from matplotlib) (2.8.2)
Requirement already satisfied: pillow>=6.2.0 in d:\python3.8.6\lib\site-packages (from matplotlib) (9.3.0)
Requirement already satisfied: packaging>=20.0 in c:\users\86158\appdata\roaming\python\python38\site-packages (fro
m matplotlib) (20.4)
Requirement already satisfied: pyparsing>=2.2.1 in d:\python3.8.6\lib\site-packages (from matplotlib) (3.0.9)
Requirement already satisfied: six in d:\python3.8.6\lib\site-packages (from packaging>=20.0->matplotlib) (1.16.0)
Installing collected packages: matplotlib
Successfully installed matplotlib-3.6.2
```

图 1-1　安装 Matplotlib

第二步：测试

如图 1-2 所示，在 Python 中导入 Matplotlib 模块（使用 import matplotlib 命令），若没有报错，就说明安装成功。

```
C:\Users\86158>python
Python 3.8.6 (tags/v3.8.6:db45529, Sep 23 2020, 15:52:53) [MSC v.1927 64 bit (AMD64)] on win32
Type "help", "copyright", "credits" or "license" for more information.
>>> import matplotlib
>>>
```

图 1-2　导入 Matplotlib 成功

1.1.2 Matplotlib plot（）函数

1. 折线图绘制方法

绘制一个线条颜色为红色，以菱形为标记点，用虚线连接的折线图，程序运行结果如图 1-3 所示。也可以将代码属性简化，用 'rD--' 来表示，如代码注释部分。

1.1.2　Matplotlib plot 函数

第一步：导入包和定义数据

```python
# 导入 Matplotlib 的 pyplot 包
import matplotlib.pyplot as plt
letter = ['a', 'b', 'c', 'd', 'e', 'f', 'g', 'h', 'i', 'j', 'k', 'l', 'm', 'n', 'o', 'p', 'q', 'r', 's', 't', 'u', 'v', 'w', 'x', 'y', 'z']
enword = [215, 149, 528, 318, 255, 245, 170, 182, 274, 38, 27, 175, 271, 112, 148, 483, 35, 396, 819, 364, 110, 118, 205, 1, 23, 7]
```

第二步：绘制折线图

```python
# 绘制折线图
plt.plot(letter, enword, color='r', marker='D', linestyle='--', linewidth=1, markersize=2)
```

```
# 或者
# plt. plot(letter, enword, 'rD--', linewidth=1, markersize=2)
plt. show()    # 展示
```

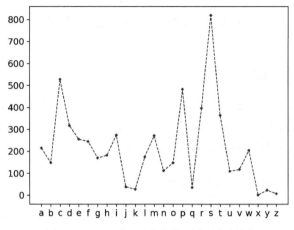

图 1-3   以 a 到 z 开头的单词数量折线图

2. 条形图绘制方法

在上述代码的基础上改用 bar( ) 绘制条形图, 程序运行结果如图 1-4 所示。该图会在接下来的学习中频繁用到。

```
# 绘制条形图
colors=['red','blue','green','purple']               # 定义颜色
plt. bar(letter, enword, color=colors, alpha=0.4)    # 设置颜色和透明度
plt. show()
```

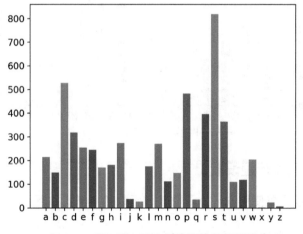

图 1-4   以 a 到 z 开头的单词数量条形图

＊知识拓展＊

除使用 plot( ) 和 bar( ) 之外, 还可以使用 scatter( ) 绘制散点图、barh( ) 绘制横向柱状图

（横向条形图）、hist( )绘制直方图、pie( )绘制饼图、stackplot( )绘制堆叠面积图、boxplot( )绘制箱形图等，只需要将代码中的 plot( )替换为相应函数。

* 小提示 *

fmt 可以与关键字 color、linestyle、marker 同时使用，但当它们产生冲突时，以关键字参数为优先。

1.1.3　Matplotlib 画布设置

Matplotlib 中的画布设置主要用到了 figure( )函数，该函数用来设置画布的宽、高、分辨率、背景颜色等。下面尝试将画布背景颜色设置为 grey（灰色），程序运行结果如图 1-5 所示。

1.1.3　Matplotlib
画布设置

```python
# figsize 设置画布的宽和高, dpi 设置分辨率, facecolor 设置画布背景颜色
plt.figure(figsize=(8, 6), dpi=90, facecolor='grey')
# 绘制条形图
colors = ['red', 'blue', 'green', 'purple']              # 定义颜色
plt.bar(letter, enword, color=colors, alpha=0.4)         # 设置颜色和透明度
plt.show()                                               # 展示
```

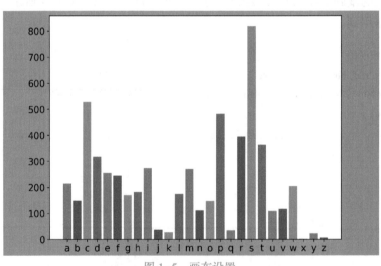

图 1-5　画布设置

1.1.4　Matplotlib 图表标题设置

Matplotlib 图表标题设置使用 title( )函数，该函数基本格式如下：

```python
plt.title(label, fontdict=None, loc="center", pad=None)
```

在 title( )函数中，label 用来设置标题内容；fontdict 是一个字典，用来设置字体、字号、颜色等；loc 用来设置标题的对齐方式，包括 left、right 和 center，默认为 center；pad 用来设置标题与图表顶部的距离，默认为 None。

1.1.4　Matplotlib
图表标题设置

接下来设置一个黑色加粗的标题，程序运行结果如图 1-6 所示。

```
colors = ['red', 'blue', 'green', 'purple']              # 定义颜色
plt.bar(letter, enword, color = colors, alpha = 0.4)    # 设置颜色和透明度
# fontdict 可以单独定义，也可以直接在函数中定义
fontdict = dict(fontsize = 16, color = 'black',
                family = 'Times New Roman', weight = 'bold')
plt.title(label = 'Words of CET-4 & CET-6', fontdict = fontdict, loc = 'center', pad = None)
plt.show()                                              # 展示
```

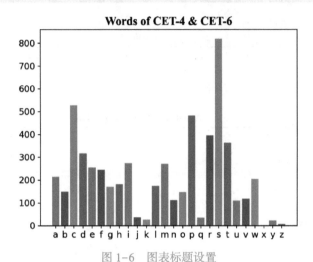

图 1-6　图表标题设置

1.1.5　Matplotlib 坐标轴设置

第一步：设置 x、y 轴标签和坐标数字的字号

上一节的图表中所使用的坐标轴是系统默认设置的，接下来尝试使用 xlabel() 和 ylabel() 修改坐标轴的标签，使用 xticks() 和 yticks() 修改坐标数字的字号，程序运行结果如图 1-7 所示。

1.1.5　Matplotlib
坐标轴设置

```
plt.xlabel('letter', fontsize = 14)
plt.ylabel('number', fontsize = 14)
# 修改坐标数字的字号
plt.xticks(fontsize = 12)
plt.yticks(fontsize = 12)
```

此外，还可以通过改变坐标轴的刻度范围来调整优化布局，程序运行结果如图 1-8 所示。

第二步：修改 y 轴刻度范围

```
# 将 y 轴刻度范围调整为(0,1200)
plt.ylim(0, 1200)
```

第三步：设置 y 轴为对数轴

可以使用 yscale() 函数将 y 轴设置为对数轴，程序运行结果如图 1-9 所示。

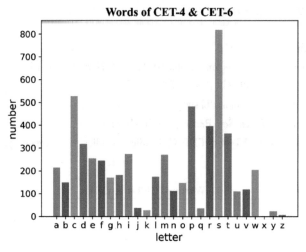

图 1-7　坐标轴设置

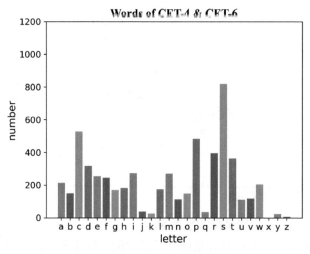

图 1-8　调整 y 轴刻度范围

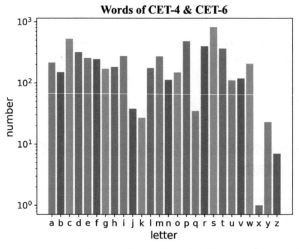

图 1-9　设置 y 轴为对数轴

```
# 设置 y 轴为对数轴
plt. yscale('log')
plt. show( )                                    # 展示
```

1.1.6 Matplotlib 图例设置

通过在 legend( )中设置不同的参数，可以实现个性化图例定制，其中参数 handles 用于设置所画线条的实例对象；labels 用于设置图例内容；loc 用于设置图例在整个坐标轴平面上的位置。loc 有下列 3 种具体的取值方法。

1) 取 loc='best'，图例会自动放置在坐标轴平面上数据图表最少的位置，也就是最合适的位置（一般图例都取该值）。

2) 取 loc='×××'，这里的×××有 9 种表示方法。将坐标轴平面分为 9 部分：upper left（顶部左侧）、upper center（顶部中心）、upper right（顶部右侧）、center left（中部左侧）、center（中心位置）、center right（中部右侧）、lower left（底部左侧）、lower center（底部中心）和 lower right（底部右侧）。

3) 取 loc=(x,y)，将 x 轴和 y 轴看作单位 1，(0,0)表示取坐标轴平面上的左下角，(1,1)表示右上角，(0.5,0.5)则表示中心位置。

为方便展示，将条形图颜色设置为默认的蓝色。下面分别尝试将 loc 设置为'best'和'upper center'，程序运行结果分别如图 1-10 和图 1-11 所示。

```
plt. rcParams['font. sans-serif'] = ['SimHei']        # 显示中文标签
plt. rcParams['axes. unicode_minus'] = False          # 正常显示负号
bar=plt. bar(letter, enword)
plt. legend(handles=bar, labels=['某字母开头的单词数'], loc='best')
# plt. legend(handles=bar, labels=['某字母开头的单词数'], loc='upper center')
plt. show( )                                          # 展示
```

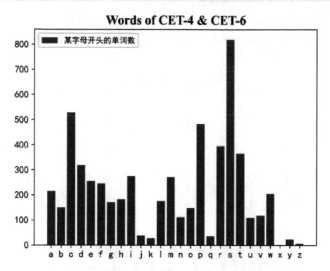

图 1-10 图例设置（loc='best'）

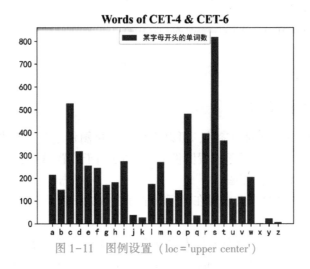

图 1-11　图例设置（loc='upper center'）

1. 1. 7　Matplotlib Annotation 标注设置

有时需要在图表上重点表示一些信息，可以使用 annotate( ) 函数来设置箭头指向内容，从而强调图表数据或者标注细节信息。程序运行结果如图 1-12 所示，在条形图中标注"这是 s 开头的单词数"。

1. 1. 7　Matplotlib Annotation 标注设置

```
# 绘制条形图
colors = ['red','blue','green','purple']                    # 定义颜色
plt. bar(letter, enword, color = colors, alpha = 0. 4)      # 设置颜色和透明度
# fontdict 可以单独定义，也可以直接在函数中定义
fontdict = dict(fontsize = 16, color = 'black',
                family = 'Times New Roman', weight = 'bold')
plt. title(label = 'Words of CET-4 & CET-6', fontdict = fontdict, loc = 'center', pad = None)
plt. annotate(text = '这是 s 开头的单词数', xy = (18, 600), xytext = (-130, 30),
              xycoords = 'data', textcoords = 'offset points', fontsize = 12,
              arrowprops = dict(arrowstyle = '->', connectionstyle = 'arc3,rad = -. 2'))
plt. show( )                                                # 展示
```

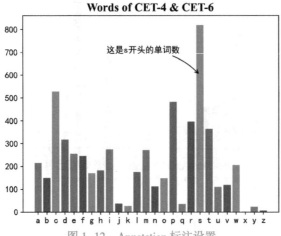

图 1-12　Annotation 标注设置

＊知识拓展＊

在 annotate（）函数的参数中，text 为标注内容；xy 为需要标注的点的坐标（基准点）；xytext 为标注文字相对于基准点的坐标位置；xycoords='data'表示 xy 坐标是基于 data 的；textcoords 为放置文本位置所采用的坐标系；arrowprops 用于在位置 xy 和 xytext 之间绘制箭头的属性，包括线的弧度、箭头参数等信息，用字典存储。

1.1.8 Matplotlib tick 能见度设置

有时图表可能会与坐标轴重合，导致标签被遮挡，可以通过设置 tick 能见度来解决。在函数 label.set_bbox（dict（facecolor，edgecolor，alpha））中，参数 facecolor 用于设置标签底色；edgecolor 用于设置标签边缘颜色；alpha 用于设置透明度，默认值为 0~1。如果标签存在不显示的问题，则可设置 zorder 以便让标签显示于图像之上。程序运行结果如图 1-13 所示。

```
bar = plt.bar(letter, enword, zorder = 1)        # 设置图像的 zorder
ax = plt.gca()                                     # 获取当前坐标轴
# 设置 x 轴为底部的轴，设置 y 轴为左侧的轴
ax.xaxis.set_ticks_position('bottom')
ax.yaxis.set_ticks_position('left')
# 设置标签能见度
for label in ax.get_xticklabels() + ax.get_yticklabels():   # 遍历所有标签
    label.set_bbox(dict(facecolor='red', edgecolor='blue', alpha=0.4))
    label.set_zorder(100)                          # 设置标签的 zorder 以使其显示在图像之上
plt.show()                                         # 展示
```

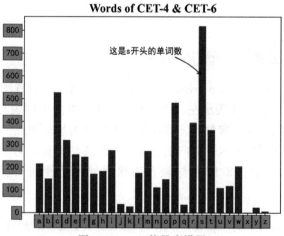

图 1-13 tick 能见度设置

1.1.9 Matplotlib 注释设置

在图表中添加注释可以使用 text（x，y，s），其中 x 和 y 表示文字位置，s 为需要注释的文本内容，程序运行结果如图 1-14 所示。

1.1.9 Matplotlib 注释设置

```
# 绘制条形图
colors = ['red','blue','green','purple']                    # 定义颜色
plt.bar(letter, enword, color = colors, alpha = 0.4)   # 设置颜色和透明度
# fontdict 可以单独定义，也可以直接在函数中定义
fontdict = dict(fontsize = 16, color = 'black',
            family = 'Times New Roman', weight = 'bold')
plt.title(label = 'Words of CET-4 & CET-6', fontdict = fontdict, loc = 'center', pad = None)
plt.text(2, 650, '由图可知，s 开头的单词数最多\nx 开头的单词数最少',
        fontdict = {'size': 12, 'color': 'r'})
plt.show()                                                    # 展示
```

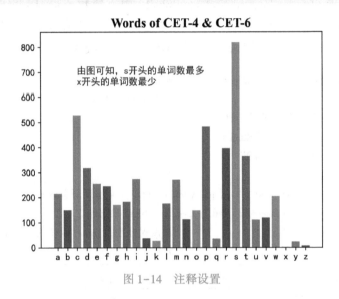

图 1-14　注释设置

1.1.10　Matplotlib 图表与画布边缘边距设置

使用 subplots_adjust(left, bottom, right, top, wspace, hspace)设置图表与画布之间的边缘边距，left、bottom、right、top 依次表示左、下、右、上 4 个方向上图表与画布边缘之间的距离，取值范围为 0~1。在使用这 4 个参数时，将画布左下角视为坐标原点，画布的宽和高都视为单位 1。wspace 和 hspace 分别表示水平方向上图像间的距离与垂直方向上图像间的距离，在画布有多个子图时使用。下面尝试对图表与画布边缘之间的边距进行修改，程序运行结果如图 1-15 所示。

```
# figsize 控制画布的宽和高，dpi 设置分辨率，facecolor 设置画布背景颜色
plt.figure(figsize = (8, 6), dpi = 90, facecolor = 'grey')
plt.subplots_adjust(left = 0.25, bottom = 0.10, right = 0.95, top = 0.90)
# 绘制条形图
colors = ['red','blue','green','purple']                    # 定义颜色
plt.bar(letter, enword, color = colors, alpha = 0.4)   # 设置颜色和透明度
plt.show()                                                    # 展示
```

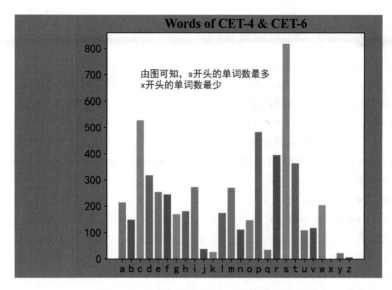

图 1-15　图表与画布边缘之间的边距设置

＊小提示＊

注意，left 不能大于或等于 right，bottom 不能大于或等于 top，若违反这一规定，系统会报错。如果参数取值大于 1，图像会移动到画布之外，可能会造成图像的损失，但系统并不会报错。

＊拓展任务＊

本任务的数据选自 1.1.2 节中从数据库提取出的英语四、六级单词库中以 a 到 z 开头的单词数，以下是本任务十个操作的完整代码。

第一步：导入包

```
# 导入 Matplotlib 库的 pyplot 包
import matplotlib. pyplot as plt
```

第二步：定义数据

```
letter = ['a', 'b', 'c', 'd', 'e', 'f', 'g', 'h', 'i', 'j', 'k', 'l', 'm', 'n', 'o', 'p', 'q', 'r', 's', 't', 'u', 'v', 'w', 'x', 'y', 'z']
enword = [215, 149, 528, 318, 255, 245, 170, 182, 274, 38, 27, 175, 271, 112, 148, 483, 35, 396, 819, 364, 110, 118, 205, 1, 23, 7]
```

第三步：设置参数、制图

```
# figsize 控制画布的宽和高，dpi 设置分辨率，facecolor 设置画布背景颜色
plt. figure(figsize = (8, 6), dpi = 90, facecolor = 'grey')
# 绘制折线图
# plt. plot(letter, enword, color = 'r', marker = 'D', linestyle = '--', linewidth = 1, markersize = 2)
# 或者
```

```python
# plt.plot(letter, enword, 'rD--', linewidth=1, markersize=2)
# 绘制条形图
# colors = ['red','blue','green','purple']                          # 定义颜色
# plt.bar(letter, enword, color=colors, alpha=0.4)                  # 设置颜色和透明度
# fontdict 可以单独定义，也可以直接在函数中定义
fontdict = dict(fontsize=16, color='black',
                family='Times New Roman', weight='bold')
plt.title(label='Words of CET-4 & CET-6', fontdict=fontdict, loc='center', pad=None)
# 给坐标轴添加标签
plt.xlabel('letter', fontsize=14)
plt.ylabel('number', fontsize=14)
# 修改坐标数字的字号
plt.xticks(fontsize=12)
plt.yticks(fontsize=12)
# 将 y 轴刻度范围调整到(0, 1200)
# plt.ylim(0, 1200)
# 设置 y 轴为对数轴
# plt.yscale('log')

plt.rcParams['font.sans-serif'] = ['SimHei']                       # 显示中文标签
plt.rcParams['axes.unicode_minus'] = False                         # 正常显示负号
bar = plt.bar(letter, enword, zorder=1)                            # 设置图像的 zorder
ax = plt.gca()                                                     # 获取当前坐标轴
# 设置 x 轴为底部的轴，设置 y 轴为左侧的轴
ax.xaxis.set_ticks_position('bottom')
ax.yaxis.set_ticks_position('left')
# 设置标签能见度
for label in ax.get_xticklabels() + ax.get_yticklabels():          # 遍历所有标签
    label.set_bbox(dict(facecolor='red', edgecolor='blue', alpha=0.4))
    label.set_zorder(100)                                          # 设置标签的 zorder 以使其显示在图像之上

# bar = plt.bar(letter, enword)
plt.legend(handles=bar, labels=['某字母开头的单词数'], loc='best')
# plt.legend(handles=bar, labels=['某字母开头的单词数'], loc='upper center')
# plt.annotate(text='这是 s 开头的单词数', xy=(18, 600), xytext=(-130, 30),
#              xycoords='data', textcoords='offset points', fontsize=12,
#              arrowprops=dict(arrowstyle='->', connectionstyle='arc3, rad=-.2'))
plt.text(2, 650, '由图可知，s 开头的单词数最多\nx 开头的单词数最少',
         fontdict={'size': 12, 'color': 'r'})
# plt.subplots_adjust(left=0.25, bottom=0.10, right=0.95, top=0.90)
plt.show()                                                         # 展示
```

【任务总结】

通过本任务的学习，了解了 Matplotlib 相关基础知识，初步掌握了 Matplotlib 绘图模块的使用，以及基础条形图中标题、坐标轴、图例等一系列相关设置，对涉及的参数有了一定的了解。

本任务的重点是使用绘图模块进行绘图，以及定制化图表设置，难点在于图表设置时参数的选择、视图定制化的学习与灵活运用，可以通过思考与练习进行巩固与提升。课外学习更多 Matplotlib 知识可加深和拓展知识储备。

基于本任务，对 Matplotlib 绘制图表的原理有了一定的了解，通过案例更好地理解了 Matplotlib 绘图技巧，为后续学习做好了铺垫。

任务 1.2　绘制基础图形

本任务将结合任务 1.1 中的 Matplotlib 基本用法，使用 Matplotlib 进行基础图形绘制，学习在 Matplotlib 中针对特定图形调用绘图函数，使用函数绘制散点图与折线图等基础图形。本任务引用英语四、六级单词数据和随机生成数据，对数据进行散点图与折线图等图形展示，认知 Matplotlib 绘图原理与绘图风格，逐步加深对 Matplotlib 绘图方法的理解，掌握 Matplotlib 绘图的主要步骤，包括初始化画布及正确调用绘图函数等，掌握指定颜色、大小的散点图的绘制等。

通过学习本任务内容，掌握基本绘图方法，掌握折线图、柱状图、直方图、堆积条形图、水平条形图、带标签的分组条形图、面积图、散点图、气泡图、饼图、箱形图、误差棒图、雷达图的基本绘图步骤，并依据思考与练习巩固所学知识，在后续实践操作中能够根据实际需求绘制所需图形。

【知识与技能】

1. 图形和维度创建

对于所有的 Matplotlib 图表来说，都需要从创建图形和维度开始，可以使用下面代码进行最简形式的创建：

```
fig = plt. figure( )
ax = plt. axes( )
```

在 Matplotlib 中，图形（类 plt. figure 的一个实例）可以被认为是一个包含所有维度、图像、文本和标签对象的容器，维度（类 plt. axes 的一个实例）是一个有边界的格子，包含刻度、标签以及画在上面的图表元素。一旦创建了维度，就可以使用绘图方法把数据绘制在图表上。

2. 基本绘图函数

本任务绘图时需要使用的基本绘图函数见表 1-1。

表 1-1 Matplotlib 基本绘图函数

序 号	绘制图形	所需函数
1	折线图	plt. plot( )
2	柱状图	plt. bar( )
3	直方图	plt. hist( )
4	堆叠柱状图	plt. bar( )
5	堆积条形图	plt. barh( )
6	柱状图（条形图）	plt. bar( )
7	堆叠面积图	plt. stackplot( )
8	散点图	plt. plot( )或 plt. scatter( )
9	气泡图	plt. scatter( )
10	饼图	plt. pie( )
11	箱形图	plt. boxplot( )
12	误差棒图	plt. errorbar( )
13	雷达图	plt. plot( )、plt. fill( )

3. 重要的绘图函数

Matplotlib 可以绘制许多图形，因篇幅有限，本节只选取几个重要的绘图函数进行阐述，想要了解其他相关函数，可以自行查阅相关资料。

（1）plt. bar( )函数

plt. bar( )是 Matplotlib 中用于创建柱状图（条形图）的函数。它可以根据给定的 x 和 y 数据绘制垂直的柱状图。

基本语法格式：

matplotlib. pyplot. bar(x, height, width = 0. 8, color = None, edgecolor = None, bottom = None, linewidth = 1, align = 'center', tick_label = None, alpha = None)

plt. bar( )函数的参数及说明见表 1-2。

表 1-2 plt. bar( )函数的参数及说明

序 号	名 称	说 明
1	x	表示每个柱状图的 x 坐标位置
2	height	表示每个柱状图的高度
3	width	表示柱状图的宽度，默认值为 0. 8
4	color	表示柱状图的填充颜色
5	edgecolor	表示柱状图的边框颜色
6	bottom	表示柱状图的底部位置，可用于绘制堆叠柱状图
7	linewidth	表示柱状图的边框线宽度
8	align	表示柱状图在 x 坐标上的对齐方式，默认为 'center'
9	tick_label	表示柱状图的刻度标签
10	alpha	表示柱状图的透明度

（2）plt. hist（ ）函数

plt. hist（ ）是 Matplotlib 中用于创建直方图的函数。它可以根据给定的数据集绘制直方图，展示数据的分布情况。

基本语法格式：

matplotlib. pyplot. hist（x, bins = None, range = None, density = False, weights = None, cumulative = False, bottom = None, histtype = 'bar', align = 'mid', rwidth = None, orientation = 'vertical', color = None, edgecolor = None, label = None, stacked = False, ＊＊kwargs）

plt. hist（ ）函数的参数及说明见表 1-3。

表 1-3　plt. hist（ ）函数的参数及说明

序　号	名　　称	说　　明
1	x	表示要绘制直方图的数据序列
2	bins	表示直方图的条目数或条目边界值序列
3	range	表示直方图的数据范围，可以是一个二元组（min_value, max_value）
4	density	表示直方图的高度是否为概率密度，默认为 False
5	weights	表示直方图每个数据点的权重
6	cumulative	表示是否绘制累积直方图，默认为 False
7	bottom	表示柱子的底部位置。如果设置为 None，那么柱子的底部位置将被自动计算
8	histtype	表示直方图的类型，可选值有 'bar'、'barstacked'、'step' 和 'stepfilled'
9	align	表示直方图的对齐方式，默认为 'mid'
10	rwidth	表示直方图的宽度占比
11	orientation	表示直方图的方向，可选值有 'vertical' 和 'horizontal'
12	color	表示直方图的填充颜色
13	edgecolor	表示直方图的边框颜色
14	label	表示直方图的图例标签
15	stacked	表示是否绘制堆叠直方图，默认为 False
16	＊＊kwargs	接受其他可能的属性，如字体大小、标题等

（3）plt. stackplot（ ）函数

plt. stackplot（ ）是 Matplotlib 中用于创建堆叠面积图的函数。它可以根据给定的 x 和 y 数据绘制堆叠的面积图。

基本语法格式：

matplotlib. pyplot. stackplot（x, ＊args, data = None, ＊＊kwargs）

plt. stackplot（ ）函数的参数及说明见表 1-4。

表 1-4　plt. stackplot（ ）函数的参数及说明

序　号	名　　称	说　　明
1	x	表示堆叠面积图的 x 坐标序列
2	＊args	表示一个或多个 y 坐标序列，用于定义每个堆叠区域的高度

（续）

序 号	名 称	说 明
3	data	表示输入数据的类型，可以是一个 pandas DataFrame 或 NumPy 数组
4	** kwargs	表示其他可选参数，用于配置堆叠面积图的样式和属性

（4）plt. scatter（）函数

plt. scatter（）是 Matplotlib 中用于绘制散点图的函数。它可以在坐标系中显示一组数据点，并可选地设置各种样式和属性。

基本语法格式：

matplotlib. pyplot. scatter（x，y，s = None，c = None，marker = None，cmap = None，norm = None，vmin = None，vmax = None，alpha = None，linewidths = None，edgecolors = None，plotnonfinite = False，data = None，** kwargs）

plt. scatter（）函数的主要参数及说明见表 1-5。

表 1-5　plt. scatter（）函数的主要参数及说明

序 号	名 称	说 明
1	x	表示散点图的 x 坐标序列
2	y	表示散点图的 y 坐标序列
3	s	表示散点图的大小，默认值为 None，表示使用默认大小
4	c	表示散点图的颜色，默认值为 None，表示使用默认颜色
5	marker	表示散点图的标记符号，默认值为 None，表示使用默认标记符号
6	cmap	表示散点图的颜色映射，默认值为 None
7	alpha	表示散点图的透明度，默认值为 None，表示不透明
8	linewidths	表示散点图的边界线宽度，默认值为 None
9	edgecolors	表示散点图的边界颜色，默认值为 None

（5）plt. pie（）函数

plt. pie（）是 Matplotlib 中用于绘制饼图的函数。它可以根据给定的数据，在一个圆形区域内展示数据的相对比例。在该函数中，可以传递数据序列、标签、扇形偏移量、颜色等参数，还可以使用关键字参数设置其他样式和属性。

基本语法格式：

matplotlib. pyplot. pie（x，explode = None，labels = None，colors = None，autopct = None，pctdistance = 0. 6，shadow = False，labeldistance = 1. 1，startangle = None，radius = None，counterclock = True，wedgeprops = None，textprops = None，center = (0,0)，frame = False，rotatelabels = False，*，normalize = None，hold = None，data = None）

plt. pie（）函数的主要参数及说明见表 1-6。

表 1-6　plt. pie( ) 函数的主要参数及说明

序　号	名　称	说　明
1	x	表示饼图的数据序列，通常是一组数字
2	explode	表示是否突出显示某些扇形块，默认值为 None
3	labels	表示每个扇形块的标签，默认值为 None
4	colors	表示每个扇形块的颜色，默认值为 None
5	autopct	表示扇形块上的百分比格式，默认值为 None
6	shadow	表示是否显示阴影，默认值为 False
7	startangle	表示起始角度，默认值为 None
8	radius	表示饼图的半径，默认值为 None
9	counterclock	表示是否按逆时针方向绘制饼图，默认值为 True

【任务实施】

1.2.1　绘制折线图

　　对于图表绘制来说，最简单的就是绘制一个单一函数 y = f(x) 对应的图像。本节首先介绍如何创建折线图——一个由点和线组成的统计图表，常用来表示数值随连续时间间隔或有序类别的变化。

1.2.1　绘制折线图

　　下面是在英语四、六级单词中以各字母开头的单词统计数据的折线图绘制代码，程序运行结果如图 1-16 所示。

图 1-16　折线图

```
import matplotlib. pyplot as plt
x = ['a','b','c','d','e','f','g','h','i','j','k','l','m','n','o','p','q','r','s','t','u','v','w','x','y','z']
y = [215, 149, 528, 318, 255, 245, 170, 182, 274, 38, 27, 175, 271, 112, 148, 483, 35, 396, 819,
364, 110, 118, 205, 1, 23, 7]
fig = plt. figure( )
```

```
ax = plt.axes()
# plt.figure(figsize=(20, 10), dpi=100)
ax.plot(x,y,'-')
plt.xticks(fontsize=12)
plt.yticks(fontsize=12)
plt.tight_layout()
plt.savefig("plot.png", dpi=300)
plt.show()
```

以上是最基础的折线图绘制过程，另外，可在绘制过程中更改 plot() 函数的参数来调整线条的颜色、粗细、风格，以及在同一画布上绘制多个折线图等。

1.2.2 绘制直方图

直方图用一系列不等高的长方形来表示数据，长方形的宽度表示数据的间隔，高度表示在给定间隔内数据出现的频数。长方形的高度与落在间隔内的数据数量成正比，变化的高度形态反映了数据的分布情况。

在下面给出的例子中，定义一个数据数组，传入 plt.hist() 方法中，设置参数 bins 的值（bins=num_bins）来确定直方图条形个数，将 density 设置为 True 表示返回归一化概率密度，程序运行结果如图 1-17 所示。

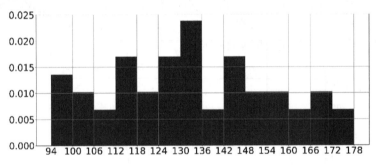

图 1-17 直方图

```
from matplotlib import pyplot as plt
a = [131,106,109,121,101,116,119,116,134,143,146,149,150,147,178,157,163,169,134,127,
128,129,131,98,125,131,124,139,123,155,96,98,105,174,146,156,131,114,114,165,167,113,
144,136,148,94,134,167,104]                # 定义数据
d = 6
num_bins = (max(a)-min(a))//d              # 分割组数步长为6, 计算组数
plt.figure(figsize=(20,8),dpi=80)          # 设置图形的大小
plt.hist(a,num_bins,density=True)
# 设置 x 轴的刻度
plt.xticks(range(min(a),max(a)+d,d))
plt.xticks(fontsize=36)
plt.yticks(fontsize=36)
```

```
plt. grid( )
plt. tight_layout( )
plt. savefig( "hist. png", dpi = 300)
plt. show( )
```

1.2.3　绘制柱状图

柱状图是一种以长方形的长度为变量对数据进行统计的图表，它适用于对较小数据集的分析，可以直观展示个体之间数据的差异。柱状图一般使用 bar( ) 函数绘制，只需要在函数中定义需要绘制的两组数据，并且可以通过适当调整参数来设置颜色宽度

1.2.3　绘制柱状图

等属性，此处给出的示例程序仍然使用英语四、六级单词数据进行图形绘制，程序运行结果如图 1-18 所示。

```
import matplotlib. pyplot as plt
x = ['a','b','c','d','e','f','g','h','i','j','k','l','m','n','o','p','q','r','s','t','u','v','w','x','y','z']
y = [215, 149, 528, 318, 255, 245, 170, 182, 274, 38, 27, 175, 271, 112, 148, 483, 35, 396, 819,
364, 110, 118, 205, 1, 23, 7]
# make data：
plt. rcParams['font. sans-serif'] = ['Microsoft YaHei']
# plot
# 绘制条形图
plt. bar(x, y)
plt. xticks(x, x)
plt. xticks(fontsize = 12)
plt. yticks(fontsize = 12)
plt. tight_layout( )
plt. savefig( "bar. png", dpi = 300)
plt. show( )
```

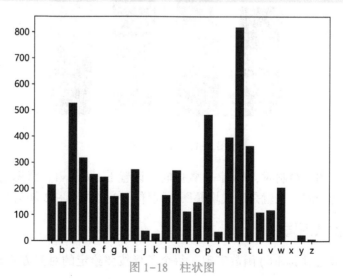

图 1-18　柱状图

1.2.4　绘制堆叠柱状图

堆叠柱状图与普通柱状图类似，常被用于比较不同类别的数值，而且它的每一类数值内部又被划分为多个子类别，这些子类别一般用不同的颜色来表示，有助于分解整体，以便对各部分进行比较。堆叠柱状图同样是调用 bar( ) 函数，只是在参数设置上做了调整，程序运行结果如图 1-19 所示。

```python
# 引入包
import matplotlib. pyplot as plt
import numpy as np
x = ['A', 'B', 'C', 'D']
y1 = np. array([10, 20, 10, 30])
y2 = np. array([20, 25, 15, 25])
y3 = np. array([12, 15, 19, 6])
y4 = np. array([10, 29, 13, 19])
plt. bar(x, y1, width = 0. 67)
plt. bar(x, y2, bottom = y1, width = 0. 67)
plt. bar(x, y3, bottom = y1 + y2,   width = 0. 67)
plt. bar(x, y4, bottom = y1 + y2 + y3, width = 0. 67)
plt. legend( )
plt. xticks(fontsize = 12)
plt. yticks(fontsize = 12)
plt. savefig("multibar. png", dpi = 300)
plt. show( )
```

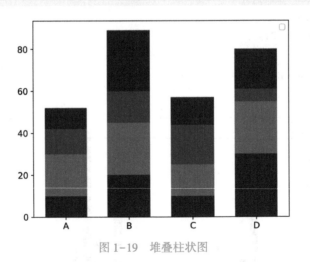

图 1-19　堆叠柱状图

上述代码在进行图形绘制时，绘制 y2 数据时，设置 bottom = y1，意思是在 y1 数据绘制的条形图的基础上进行绘制，也就是形成堆叠图，同样，y3 是在 y1+y2 基础上进行绘制的。

1.2.5　绘制堆积条形图

堆积条形图一般通过 barh( ) 函数实现，每个条形按照给定的对齐方式定位在 y 轴的指定位置，在绘制水平方向的堆积条形图时，需要将参数 bottom 改为 left，将参数 width 改为 height，其他的和垂直方向的条形图的绘制类似。程序运行结果如图 1-20 所示。

1.2.5　绘制堆积条形图

```
import matplotlib. pyplot as plt
import numpy as np
x = ['A', 'B', 'C', 'D']
y1 = np. array([10, 20, 10, 30])
y2 = np. array([20, 25, 15, 25])
# 注意，此处使用的是 barh( )函数
plt. barh(x, y1, height = 0. 67)
plt. barh(x, y2, left = y1, height = 0. 67)
plt. xticks(fontsize = 12)
plt. yticks(fontsize = 12)
plt. savefig("barh. png", dpi = 300)
plt. tight_layout( )
plt. show( )
```

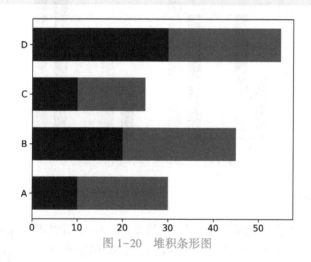

图 1-20　堆积条形图

1.2.6　绘制带标签的分组条形图

分组条形图的绘制使用的也是 bar( )方法，但需要通过设置坐标来实现。绘制方法是：在一组画布上进行多组数据的绘制，调整数据的横、纵坐标来实现分组绘制。下面是示例代码，其中 po_l 和 po_r 分别表示两组数据的横坐标数据，不同的组别一般使用填充颜色进行区分，使用 legend( )函数显示图例，在绘制之后使用 plt. xticks( )函数重新设置刻度，程序运行结果如图 1-21 所示。

```
import matplotlib. pyplot as plt
import numpy as np
x = ['A', 'B', 'C', 'D']
y1 = np. array([10, 20, 10, 30])
y2 = np. array([20, 25, 15, 25])
```

```
# 绘图(在一个刻度的两边分别绘制一个柱状图)
width = 0. 3 # 设置一个固定宽度
po_l = [ i-width/2 for i in range( len( x) ) ]
po_r = [ i+width/2 for i in range( len( x) ) ]
# 设置刻度
plt. xticks( range( len( x) ) ,x)
plt. bar( po_l, y1, label = "group1", width = 0. 2)
plt. bar( po_r, y2, label = "group2", width = 0. 2)
plt. legend( )
plt. xticks( fontsize = 12)
plt. yticks( fontsize = 12)
plt. savefig( "groupbar. png", dpi = 300)
plt. show( )
```

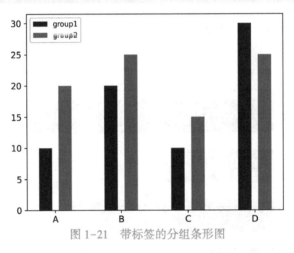

图 1-21 带标签的分组条形图

1.2.7 绘制面积图

折线图常用于描述某指标随某个时间序列的变化。一个折线图往往可以根据某个分组变量拆分成为多个折线图,其面积通常有一定的含义,能够有效观察总量的趋势,因此可以借助 Matplotlib 中的 stackplot( )函数绘制面积图。

1. 2. 7 绘制面积图

在下面的例子中,横坐标设置为 [0, 2, 4, 6, 8],设置三组 y 轴数据,在 stackplot( )方法中传入数据即可展示 y 轴数据堆叠后的面积图,程序运行结果如图 1-22 所示。

```
import matplotlib. pyplot as plt
import numpy as np
x = np. arange( 0, 10, 2)
ay = [ 1, 1. 25, 2, 2. 75, 3]
by = [ 1, 1, 1, 1, 1]
cy = [ 2, 1, 2, 1, 2]
y = np. vstack( [ ay, by, cy] )
fig, ax = plt. subplots( )
```

```
ax. stackplot(x, y)
ax. set(xlim=(0, 8), xticks=np. arange(1, 8),
        ylim=(0, 8), yticks=np. arange(1, 8))
plt. xticks(fontsize=12)
plt. yticks(fontsize=12)
plt. tight_layout()
plt. savefig("stackplot. png", dpi=300)
plt. show()
```

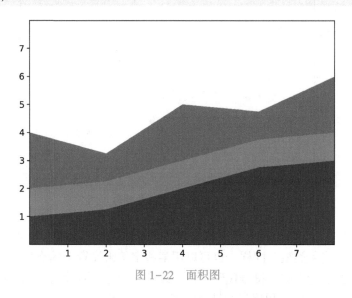

图 1-22　面积图

1.2.8　绘制散点图

散点图，又名点图、散布图、X-Y 图。散点图将所有的数据以点的形式展现在平面直角坐标系上。它至少需要两个不同变量：一个沿 x 轴绘制，另一个沿 y 轴绘制。每个点在 x、y 轴上都有一个确定的位置。散点图有助于分析两个变量之间的相关性，或找出趋势和规律。散点图是折线图的"近亲"，可以使用 plot() 函数实现绘制，也可以使用 scatter() 函数。

方法一：使用 plt. plot() 绘制散点图

在前文中介绍了如何使用 plt. plot()/ax. plot() 方法绘制折线图，这两个方法也可以用来绘制散点图，程序运行结果如图 1-23 所示。

```
import matplotlib. pyplot as plt
x=['a','b','c','d','e','f','g','h','i','j','k','l','m','n','o','p','q','r','s','t','u','v','w','x','y','z']
y=[215, 149, 528, 318, 255, 245, 170, 182, 274, 38, 27, 175, 271, 112, 148, 483, 35, 396, 819,
364, 110, 118, 205, 1, 23, 7]
fig=plt. figure()
ax=plt. axes()
# plt. figure(figsize=(20, 10), dpi=100)
ax. plot(x, y, 'o')
plt. xticks(fontsize=12)
```

```
plt. yticks ( fontsize = 12 )
plt. tight_layout ( )
plt. savefig ( "plot1. png", dpi = 300 )
plt. show ( )
```

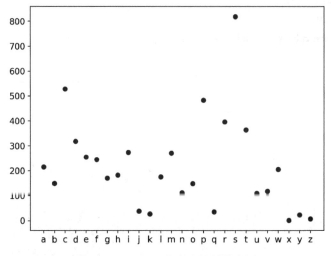

图 1-23　plt. plot( )方法绘制散点图

　　plot( )函数的第三个参数使用一个字符代表的图标来绘制点的类型。在使用该函数时，可用某些短字符来设置线条类型，同样，也可以用某些字符来设置点的类型，所有可用的点的类型可以通过在线文档进行查阅，符号代码可以和线条、颜色符号代码一起使用。在折线图上绘制散点（ax. plot(x,y,'-o')），程序运行结果如图 1-24 所示。

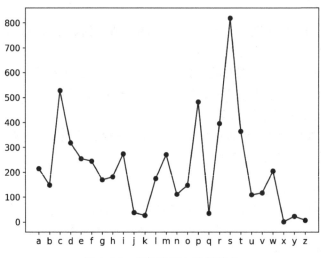

图 1-24　在折线图上绘制散点

方法二：使用 plt. scatter( )绘制散点图

　　plt. scatter( )函数的使用方法和 plt. plot( )类似，下面是示例代码，程序运行结果如图 1-25 所示。

```
import matplotlib. pyplot as plt
import numpy as np
# 创建数据
np. random. seed( 3 )
x = 4 + np. random. normal( 0, 2, 24)
y = 4 + np. random. normal( 0, 2, len( x) )
# 绘图
fig, ax = plt. subplots( )
ax. scatter( x, y, vmin = 0, vmax = 100)
ax. set( xlim = ( 0, 8), xticks = np. arange( 1, 8),
        ylim = ( 0, 8), yticks = np. arange( 1, 8) )
plt. xticks( fontsize = 22)
plt. yticks( fontsize = 22)
plt. tight_layout( )
plt. savefig( "scatter. png", dpi = 300)
plt. show( )
```

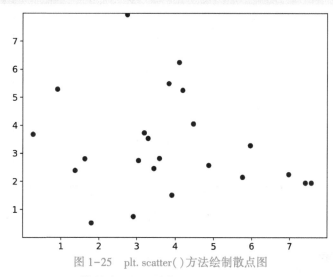

图 1–25　plt. scatter( )方法绘制散点图

　　plt. scatter( )和 plt. plot( )函数的主要区别在于：plt. scatter( )可以针对每个点设置不同属性（大小、填充颜色、边缘颜色等），还可以通过数据集合对这些属性进行设置。

1.2.9　绘制气泡图

　　气泡图的绘制与使用 scatter( )方法绘制散点图的步骤类似，只需要在绘制散点图的 scatter( )函数基础上改变参数。在下面的示例代码中，通过设置 s、c、linewidths 等参数分别改变点的大小、颜色、线宽等属性，实现气泡图的绘制。程序运行结果如图 1-26 所示。

1.2.9　绘制气泡图

```
import matplotlib. pyplot as plt
import numpy as np
np. random. seed( 3 )
x = 4 + np. random. normal( 0, 2, 24)
```

```
y = 4 + np. random. normal(0, 2, len(y))
sizes = np. random. uniform(15, 80, len(x))          # 不同大小
colors = np. random. uniform(15, 80, len(x))         # 不同颜色
lsize = 1                                            # 不同线宽
fig, ax = plt. subplots()
ax. scatter(x, y, s = sizes, c = colors, linewidths = lsize, vmin = 0, vmax = 100)
ax. set(xlim = (0, 8), xticks = np. arange(1, 8),
        ylim = (0, 8), yticks = np. arange(1, 8))
plt. xticks(fontsize = 12)
plt. yticks(fontsize = 12)
plt. tight_layout()
plt. savefig("bubble. png", dpi = 300)
plt. show()
```

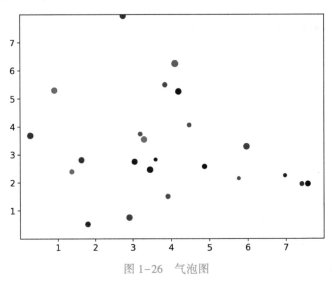

图 1-26　气泡图

1.2.10　绘制饼图

在数据分析中，饼图经常被用来展示不同类别占总体的比值。在 Matplotlib 中，一般使用 pie() 函数进行基础饼图的绘制。在下面的示例代码中，ax. pie() 函数中传入的参数有：x（绘制数据）、colors（各区块颜色）、radius（饼图半径）、center（饼图中心位置）、wedgeprops（边界）、frame（设置）为 True 表示绘制轴框架。程序运行结果如图 1-27 所示。

```
import matplotlib. pyplot as plt
import numpy as np
# 创建数据
x = [1, 2, 3, 4]
labels = ['a','b','c','d']
colors = plt. get_cmap('Blues')(np. linspace(0.2, 0.7, len(x)))
# 绘图
fig, ax = plt. subplots()
```

```
ax. pie(x, colors = colors, radius = 3, center = (4, 4),  wedgeprops = {"linewidth": 1, "edgecolor":
"white"}, frame = True)
ax. set(xlim = (0, 8), xticks = np. arange(1, 8),
    ylim = (0, 8), yticks = np. arange(1, 8))
plt. xticks(fontsize = 12)
plt. yticks(fontsize = 12)
plt. tight_layout()
plt. savefig("pie. png", dpi = 300)
plt. show()
```

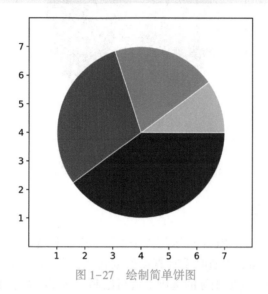

图 1-27　绘制简单饼图

以上为基础饼图的绘制，后续可以通过添加参数设置在图上显示标签和数值等信息。在下面的程序中，autopct 用于设置精确的数值百分比；startangle 设置为 90，表示逆时针情况下第一个楔形开始的角度；pctdistance 设置为 0.5，表示数值与圆心半径的距离倍数；shadow 设为 True，表示显示饼图阴影。程序运行结果如图 1-28 所示。

```
import matplotlib. pyplot as plt
import numpy as np
x = [1, 2, 3, 4]
labels = ['a','b','c','d']
colors = plt. get_cmap('Blues')(np. linspace(0.2, 0.7, len(x)))
# 绘图
fig, ax = plt. subplots()
ax. pie(x, labels = labels, colors = colors, autopct = '%3.2f%%', startangle = 90, pctdistance = 0.5,
shadow = True, radius = 3, center = (4, 4),
    wedgeprops = {"linewidth": 1, "edgecolor": "white"}, frame = True)
ax. set(xlim = (0, 8), xticks = np. arange(1, 8),
    ylim = (0, 8), yticks = np. arange(1, 8))
plt. xticks(fontsize = 12)
plt. yticks(fontsize = 12)
```

```
plt. tight_layout( )
plt. savefig( "pie. png", dpi = 300)
plt. show( )
```

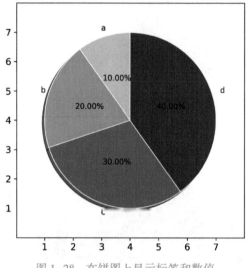

图 1-28　在饼图上显示标签和数值

1.2.11　绘制雷达图

雷达图是以从同一点开始的轴上表示的三个或更多个定量变量的二维图表的形式显示多变量数据的图形方法。Matplotlib 中暂时没有直接生成雷达图的内建函数，因此需要使用基本函数来构建。因为雷达图需要在极坐标的基础上进行绘制，所以在绘制雷达图之前，需要知道极坐标的角度、半径、样式设置等，然后通过折线图加极坐标在画布上进行绘制。

雷达图可以进行单变量或多变量的绘制，下面是一个简单的单变量雷达图绘制示例。在图形绘制过程中，首先创建画布并在新建的画布上使用 subplot( )建立一个表，通过设置参数 polar 的值为 True 来绘制一个极坐标，取定义数据的第一维[38,29,8,7,28]为绘制数据 values，将 360°均分设置为绘制数据的角度 angles（这里也可以自定义），定义好数据和角度后就可以通过折线图绘制函数 plot( )设置雷达图的 x 轴和 y 轴，以及颜色、线条等属性，画好折线图后使用 fill( )填充图形区域。程序运行结果如图 1-29 所示。

```
# 引入库
import matplotlib. pyplot as plt
import pandas as pd
from math import pi
# 设定数据
df = pd. DataFrame( {
    'group': ['A', 'B', 'C', 'D'],
    'var1': [38, 1.5, 30, 4],
    'var2': [29, 10, 9, 34],
    'var3': [8, 39, 23, 24],
    'var4': [7, 31, 33, 14],
```

```
'var5': [28, 15, 32, 14]
})
# 变量类别
categories = list(df)[1:]
# 变量类别个数
N = len(categories)
# 绘制数据的第一行
values = df.loc[0].drop('group').values.flatten().tolist()
# 将第一个值放到最后，以封闭图形
values += values[:1]
# 设置每个点的角度
angles = [n / float(N) * 2 * pi for n in range(N)]
angles += angles[:1]
# 初始化极坐标网格
ax = plt.subplot(111, polar=True)
# 设置 x 轴的标签
plt.xticks(angles[:-1], categories, color='grey', size=8)
# 设置标签显示位置
ax.set_rlabel_position(0)
# 设置 y 轴的标签
plt.yticks([10, 20, 30], ["10", "20", "30"], color="grey", size=7)
plt.ylim(0, 40)
# 画图
ax.plot(angles, values, linewidth=1, linestyle='solid')
# 填充区域
ax.fill(angles, values, 'b', alpha=0.1)
plt.xticks(fontsize=12)
plt.yticks(fontsize=12)
plt.tight_layout()
plt.savefig("radar.png", dpi=300)
plt.show()
```

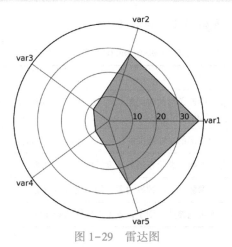

图 1-29　雷达图

【任务总结】

通过本任务的学习，巩固了 Matplotlib 的相关基础知识，在任务 1.1 基础上拓展了知识并完成了基础图形的绘制。

本任务的重点是使用相应的绘图函数对目标图形进行绘制，难点是深入理解绘图原理、正确选择绘图函数、正确设置绘图数据，需要在任务 1.1 的基础上对绘图逻辑提高认知。

基于本任务，对 Matplotlib 绘制图表的原理有了更加深入的了解，提高了绘图实践水平，通过案例更好地理解了 Matplotlib 绘图原理，掌握了绘图方法。

任务 1.3　绘制复杂图形

本任务主要讲解使用 Matplotlib 绘制破碎的水平条形图、填充多边形图、带渐变的条形图、水平堆积条形图、棒棒糖图、百分位数水平条形图，使读者初步了解绘图的基本步骤，认识 Matplotlib 绘图原理与绘图风格，从而能够在后续实践操作中根据实际需求绘制所需图形。

想要完成本任务，需要进一步加深对 Matplotlib 绘图风格和方法的理解，掌握复杂图形的绘制方法，在任务 1.2 的基础上绘制更加复杂的条形图、填充多边形图、棒棒糖图。

通过学习本任务内容，从画布的设置到绘图函数的正确调用，掌握更加复杂图形的绘制，目的是掌握更多实用的 Matplotlib 绘制图形方法。

【知识与技能】

1. 破碎的水平条形图

破碎的水平条形图又叫间断条形图，是在条形图的基础上绘制而成的，主要用来反映定性数据的相同指标在时间维度上指标值的变化情况，实现定性数据相同指标变化情况的有效、直观比较。一般使用 broken_barh( ) 实现绘制，该函数是 BrokenBarHCollection 类构造函数的一个快捷接口。

plt. broken_barh( ) 函数基本语法格式：

matplotlib. pyplot. broken_barh(xranges, yrange, height = 0. 8, data = None, ∗ ∗ kwargs)

plt. broken_barh( ) 函数的参数及说明见表 1-7。

表 1-7　pit. broken_barh( ) 函数的参数及说明

序　号	名　　称	说　　明
1	xranges	表示中断条形的时间段的列表。每个时间段由（xmin, xwidth）表示, xmin 是开始时间, xwidth 是持续时间
2	yrange	表示条形的 y 轴范围的二元组（ymin, yheight）
3	height	可选参数, 表示条形的高度, 默认值为 0. 8
4	data	可选参数, 表示数据对象, 用于指定数据源
5	∗ ∗ kwargs	其他可选参数, 用于设置条形的样式和属性

2. 填充多边形图

matplotlib.pyplot.fill()是 Matplotlib 库中的一个函数，用于在两条曲线之间填充颜色，创建一个填充区域。

plt.fill()函数基本语法格式：

> matplotlib.pyplot.fill(x, y, color = None, alpha = None, label = None, ∗∗kwargs)

plt.fill()函数的参数及说明见表 1-8。

表 1-8　plt.fill()函数的参数及说明

序号	名　称	说　明
1	x	表示数据点的 x 值的数组或列表
2	y	表示数据点的 y 值的数组或列表
3	color	可选参数，表示填充区域的颜色。可以是颜色的名称（如'red'）、十六进制颜色代码（如'#FF0000'）或者 RGB 值（如 (1, 0, 0)）
4	alpha	可选参数，表示填充区域的透明度，取值范围为 0~1。默认值为 1，表示不透明
5	label	可选参数，表示标签文本，用于图例显示
6	∗∗kwargs	其他可选参数，用于设置填充区域的样式和属性

该函数会根据提供的数据点的 x 和 y 值，在两条曲线之间绘制填充区域，并可以通过设置 color、alpha 等参数进行样式和属性的自定义设置。

3. 棒棒糖图

在 Python 中，可以利用 matplotlib.pyplot.stem()画棒棒糖图（又称杆图、棉棒图、茎叶图）。stem()的参数可以改变垂直线的类型、顶点的颜色大小等。

matplotlib.pyplot.stem()函数基本语法格式：

> matplotlib.pyplot.stem(x, y = None, linefmt = None, markerfmt = None, basefmt = None, bottom = 0, label = None, use_line_collection = False, data = None, ∗∗kwargs)

matplotlib.pyplot.stem()函数的参数及说明见表 1-9。

表 1-9　matplotlib.pyplot.stem()函数的参数及说明

序号	名　称	说　明
1	x	表示离散数据点的 x 值的数组或列表
2	y	可选参数，表示离散数据点的 y 值的数组或列表。如果不提供，则默认将 x 的值作为 y 值
3	linefmt	可选参数，表示线条的格式字符串，用于绘制连线。默认值为 None，表示不绘制连线
4	markerfmt	可选参数，表示标记的格式字符串，用于绘制数据点。默认值为 None，表示不绘制数据点
5	basefmt	可选参数，表示基线的格式字符串，用于绘制基线。默认值为 None，表示不绘制基线
6	bottom	可选参数，表示基线的位置，默认值为 0
7	label	可选参数，表示标签文本，用于图例显示
8	use_line_collection	可选参数，表示是否使用 LineCollection 对象来绘制线条和标记。默认值为 False
9	data	可选参数，表示数据对象，用于指定数据源
10	∗∗kwargs	其他可选参数，用于设置线条、标记和基线的样式与属性

该函数根据离散数据点的 x 和 y 值，绘制线条和标记。可以通过设置 linefmt、markerfmt 和 basefmt 等参数来控制线条、标记与基线的样式。

【任务实施】

1.3.1 绘制破碎的水平条形图

破碎的水平条形图包含水平方向上的一系列矩形。每个矩形在 x 轴上的位置由 xranges 的元素确定，在 y 轴上的位置由 yrange 的元素确定。

在下面的示例程序的 broken_barh( ) 函数中定义 xranges 和 yrange 的元素，确定每个矩形在 x 轴和 y 轴上的位置及高度；set_xlim( ) 和 set_ylim( ) 函数分别将 x 轴范围设置为 0~200，y 轴范围设置为 5~35。程序运行结果如图 1-30 所示。

```python
import matplotlib. pyplot as plt
# 破碎的水平条形图
fig, ax = plt. subplots( )
ax. broken_barh([(110, 30), (150, 10)], (10, 9), facecolors = 'tab:blue')
ax. broken_barh([(10, 50), (100, 20), (130, 10)], (20, 9),
               facecolors = ('tab:orange', 'tab:green', 'tab:red'))       # facecolors 设置条形颜色
ax. set_ylim(5, 35)
ax. set_xlim(0, 200)
ax. grid(True)
plt. xticks(fontsize = 12)
plt. yticks(fontsize = 12)
plt. tight_layout( )
plt. savefig("brokenbarh. png", dpi = 300)
plt. show( )
```

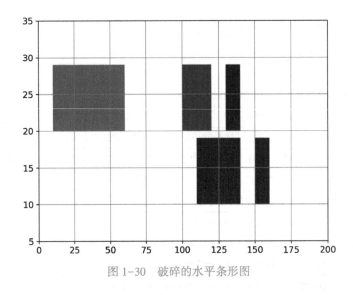

图 1-30

图 1-30　破碎的水平条形图

1.3.2　绘制填充多边形图

　　下面的示例使用简单的三角函数图形填充来进行说明，分别在 x 轴和 y1 函数图形之间以及 x 轴和 y2 函数图形之间填充颜色，设置透明度，即可绘制填充图形，程序运行结果如图 1-31 所示。

1.3.2　绘制填充多边形图

```python
import numpy as np
import matplotlib.pyplot as plt
x = np.linspace(0, 5 * np.pi, 1000)
y1 = np.sin(x)
y2 = np.sin(2 * x)
plt.rcParams['axes.unicode_minus'] = False
plt.fill(x, y1, color="g", alpha=0.3)
plt.fill(x, y2, color="b", alpha=0.3)
plt.xticks(fontsize=12)
plt.yticks(fontsize=12)
plt.tight_layout()
plt.savefig("fill.png", dpi=300)
plt.show()
```

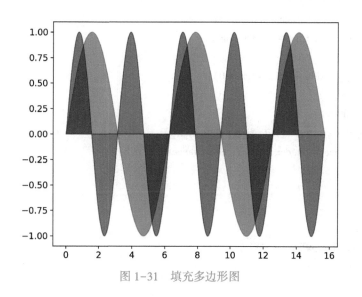

图 1-31

图 1-31　填充多边形图

1.3.3　绘制带渐变的条形图

　　使用排名前 20 的电影票房数据绘制带渐变的条形图，程序中使用的 "@" 符号的意义如下：[a, b] @ [c, d] = a * c + b * d。带渐变的条形图以一种更形象的方式展示数据的分布，用颜色深浅呈现数据密度。程序运行结果如图 1-32 所示。

```python
import matplotlib.pyplot as plt
import numpy as np
from pylab import mpl
data = [{'movie': '长津湖', 'box_office': 57.73}, {'movie': '你好,李焕英', 'box_office': 54.13}, {'movie': '唐人街探案 3', 'box_office': 45.15}, {'movie': '我和我的父辈', 'box_office': 14.77}, {'movie': '速度与激情 9', 'box_office': 13.92}, {'movie': '怒火·重案', 'box_office': 13.29}, {'movie': '中国医生', 'box_office': 13.28}, {'movie': '哥斯拉大战金刚', 'box_office': 12.33}, {'movie': '送你一朵小红花', 'box_office': 11.96}, {'movie': '悬崖之上', 'box_office': 11.9}, {'movie': '刺杀小说家', 'box_office': 10.35}, {'movie': '扬名立万', 'box_office': 9.19}, {'movie': '我的姐姐', 'box_office': 8.6}, {'movie': '误杀 2', 'box_office': 8.39}, {'movie': '你的婚礼', 'box_office': 7.89}, {'movie': '人潮汹涌', 'box_office': 7.62}, {'movie': '拆弹专家 2', 'box_office': 7.12}, {'movie': '温暖的抱抱', 'box_office': 6.7}, {'movie': '失控玩家', 'box_office': 6.13}, {'movie': '白蛇 2:青蛇劫起', 'box_office': 5.8}]
# 设置显示中文字体
mpl.rcParams["font.sans-serif"] = ["SimHei"]
def gradient_image(ax, extent, direction=0.3, cmap_range=(0, 1), **kwargs):
    phi = direction * np.pi / 2
    v = np.array([np.cos(phi), np.sin(phi)])
    X = np.array([[v @ [1, 0], v @ [1, 1]],
                  [v @ [0, 0], v @ [0, 1]]])
    a, b = cmap_range
    X = a + (b - a) / X.max() * X
    im = ax.imshow(X, extent=extent, interpolation='bicubic',
                   vmin=0, vmax=1, **kwargs)
    return im
def gradient_bar(ax, x, y, width=0.5, bottom=0):
    for left, top in zip(x, y):
        right = left + width
        gradient_image(ax, extent=(left, right, bottom, top),
                       cmap=plt.cm.Blues_r, cmap_range=(0, 0.8))
N = 20
x = np.arange(N)
y = []
for each_data in data:
    y.append(each_data['box_office'])
my_label = []
for each_data in data:
    my_label.append(each_data['movie'])
xlim = 0, 20
ylim = 0, max(y)+1
fig, ax = plt.subplots(figsize=(12,9))
ax.set(xlim=xlim, ylim=ylim, autoscale_on=False)
# 设置背景
gradient_image(ax, direction=0, extent=(0, 1, 0, 1), transform=ax.transAxes,
```

```
                    cmap = plt. cm. Oranges, cmap_range = (0. 1, 0. 6))
gradient_bar(ax, x, y, width = 0. 7)
plt. ylabel('票房', fontsize = 22)
ax. set_aspect('auto')
plt. xticks(ticks = x, labels = my_label, rotation = 40, ha = 'right')
# 修改坐标数字的字号
plt. xticks(fontsize = 22)
plt. yticks(fontsize = 22)
# 自动调整子图参数, 使之填充整个图像区域
plt. tight_layout()
plt. savefig("gradientbar. png", dpi = 300)
plt. show()
```

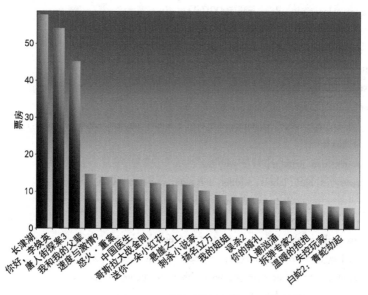

图 1-32 带渐变的条形图

1.3.4 绘制水平堆积条形图

下面将 100 个人对每个问题的 5 种态度绘制成水平堆积条形图。对于每个问题, 分别有强烈反对、反对、不反对也不赞同、赞同、强烈赞同 5 种态度, 将这 5 种态度用不同颜色水平堆积在一起, 构成一个水平堆积条形图。

绘制水平堆积条形图的关键是使用 ax. barh() 来绘制水平条形图, 并且在每一个大的条形图中设置参数 left = starts 来规定每个小条形图的起始位置。水平堆积条形图能够使人一眼看出各个数据的大小, 易于比较数据之间的差别。利用条形的长度来反映数据的差异, 可以使得数据更加直观, 同时能够反映系列的总和。尤其在需要了解某一单位的综合以及各系列值的比例时, 最适合使用水平堆积条形图。

程序运行结果如图 1-33 所示。

```python
import numpy as np
import matplotlib. pyplot as plt
from pylab import mpl
category_names = ['强烈反对', '反对', '不反对也不赞同', '赞同', '强烈赞同']
results = {'问题 1': [10, 15, 17, 32, 26], '问题 2': [26, 22, 29, 10, 13],
    '问题 3': [35, 37, 7, 2, 19], '问题 4': [32, 11, 9, 15, 33],
    '问题 5': [21, 29, 5, 5, 40], '问题 6': [8, 19, 5, 30, 38]}
# 设置显示中文字体
mpl. rcParams["font. sans-serif"] = ["SimHei"]
def survey(results, category_names):
    labels = list(results. keys())
    data = np. array(list(results. values()))
    data_cum = data. cumsum(axis = 1)
    category_colors = plt. colormaps['RdYlGn'](
        np. linspace(0. 15, 0. 85, data. shape[1]))
    fig, ax = plt. subplots(figsize = (12, 9))
    ax. invert_yaxis()
    ax. xaxis. set_visible(False)
    ax. set_xlim(0, np. sum(data, axis = 1). max())
    for i, (colname, color) in enumerate(zip(category_names, category_colors)):
        widths = data[:, i]
        starts = data_cum[:, i] - widths
        rects = ax. barh(labels, widths, left = starts, height = 0. 5,
                        label = colname, color = color)
        r, g, b, _ = color
        text_color = 'white' if r * g * b < 0. 5 else 'darkgrey'
        ax. bar_label(rects, label_type = 'center', color = text_color)
    ax. legend(ncol = len(category_names), bbox_to_anchor = (0, 1),
            loc = 'lower left', fontsize = 16)
    # 修改坐标数字的字号
    plt. xticks(fontsize = 22)
    plt. yticks(fontsize = 22)
    # 自动调整子图参数，使之填充整个图像区域
    plt. tight_layout()
    return fig, ax
survey(results, category_names)
plt. savefig("horizontalpile. png", dpi = 300)
plt. show()
```

1.3.5 绘制棒棒糖图

1.3.5 绘制棒
棒糖图

　　下面使用排名前 20 的电影票房数据绘制棒棒糖图，直观地展示
排名。程序运行结果如图 1-34 所示。

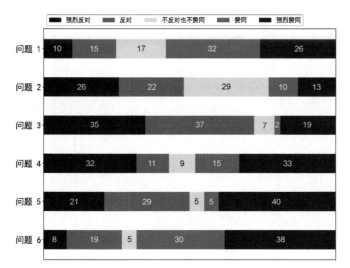

图 1-33 水平堆积条形图

```
import matplotlib. pyplot as plt
import numpy as np
from pylab import mpl
mpl. rcParams["font. sans-serif"] = ["SimHei"]
data = [{'movie': '长津湖', 'box_office': 57.73}, {'movie': '你好,李焕英', 'box_office': 54.13},
{'movie': '唐人街探案3','box_office': 45.15}, {'movie': '我和我的父辈', 'box_office': 14.77},
{'movie': '速度与激情9', 'box_office': 13.92}, {'movie': '怒火·重案', 'box_office': 13.29}, {'movie':
'中国医生', 'box_office': 13.28}, {'movie': '哥斯拉大战金刚', 'box_office': 12.33}, {'movie': '送你
一朵小红花', 'box_office': 11.96}, {'movie': '悬崖之上', 'box_office': 11.9}, {'movie': '刺杀小说家',
'box_office': 10.35}, {'movie': '扬名立万', 'box_office': 9.19}, {'movie': '我的姐姐', 'box_office':
8.6}, {'movie': '误杀2', 'box_office': 8.39}, {'movie': '你的婚礼', 'box_office': 7.89}, {'movie': '人
潮汹涌', 'box_office': 7.62}, {'movie': '拆弹专家2', 'box_office': 7.12}, {'movie': '温暖的抱抱',
'box_office': 6.7}, {'movie': '失控玩家', 'box_office': 6.13}, {'movie': '白蛇2:青蛇劫起', 'box_office':
5.8}]
N = 20
x = np. arange(N)
y = []
for each_data in data:
    y. append(each_data['box_office'])
my_label = []
for each_data in data:
    my_label. append(each_data['movie'])
fig = plt. figure(figsize = (12,9))
plt. stem(x, y)
plt. ylabel('票房', fontsize = 22)
plt. xticks(ticks = x, labels = my_label, rotation = 40, ha = 'right')
# 修改坐标数字的字号
plt. xticks(fontsize = 22)
```

```
plt. yticks ( fontsize = 22)
# 自动调整子图参数，使之填充整个图像区域
plt. tight_layout( )
plt. savefig( "lollipop. png", dpi = 300)
plt. show( )
```

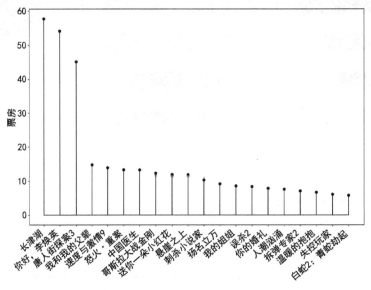

图 1-34　棒棒糖图

1.3.6　绘制百分位数水平条形图

条形图对于可视化计数或带有误差条的汇总统计非常有用。在下面的程序中，展示学生在体能测试中的表现，其中包含了和其他学生的比较，即百分比。下面运用百分位数水平条形图来展示个体细节和整体对比。程序运行结果如图 1-35 所示。

```
from collections import namedtuple
import numpy as np
import matplotlib. pyplot as plt
plt. rcParams[ 'font. sans-serif' ] = 'SimHei'
Student = namedtuple( 'Student', [ 'name', 'grade', 'gender' ] )
Score = namedtuple( 'Score', [ 'value', 'unit', 'percentile' ] )
# 将整数转换为序号字符串，例如 2 -> '2nd'
def to_ordinal( num) :
    # 0-9
    suffixes = { str( i) : v
            for i, v in enumerate( [ 'th', 'st', 'nd', 'rd', 'th',
                                'th', 'th', 'th', 'th', 'th' ] )}
    v = str( num)
    # 若数字为 11、12 或 13，那么直接返回该数字并加上 th
    if v in { '11', '12', '13' } :
```

```python
        return v + 'th'
    return v + suffixes[v[-1]]  # 返回数字的 str+后缀


# 为右 y 轴创建分数标签以作为测试名称，后面跟着测量单位
def format_score(score):
    return f'{score.value}\n{score.unit}' if score.unit else str(score.value)


def plot_student_results(student, scores_by_test, cohort_size):
    # constrained_layout 自动调整子图的布局
    fig, ax1 = plt.subplots(figsize=(9, 7), constrained_layout=True)
    fig.canvas.manager.set_window_title('Eldorado K-8 Fitness Chart')


    ax1.set_xlabel(
        '跨年级的百分比排名：{grade} 性别：{gender}\n'
        '队列大小：'
        '{cohort_size}'.format(grade=to_ordinal(student.grade), gender=student.gender.title(), cohort_size=cohort_size))

    test_names = list(scores_by_test.keys())
    percentiles = [score.percentile for score in scores_by_test.values()]
    rects = ax1.barh(test_names, percentiles, align='center', height=0.5)
    # 若百分比 p 大于 40，则绘制在条形外；若小于或等于 40，则绘制在条形内
    large_percentiles = [to_ordinal(p) if p > 40 else '' for p in percentiles]
    small_percentiles = [to_ordinal(p) if p <= 40 else '' for p in percentiles]
    ax1.bar_label(rects, small_percentiles, padding=5, color='black', fontweight='bold')
    ax1.bar_label(rects, large_percentiles, padding=-32, color='white', fontweight='bold')
    # 设置主轴标签和位置
    ax1.set_xlim([0, 100])
    ax1.set_xticks([0, 10, 20, 30, 40, 50, 60, 70, 80, 90, 100])
    ax1.xaxis.grid(True, linestyle='--', which='major', color='grey', alpha=.25)
    ax1.axvline(50, color='grey', alpha=0.25)   # 在 50% 位置画线
    # 利用 ax1.twinx() 设置次坐标轴
    ax2 = ax1.twinx()
    ax2.set_ylim(ax1.get_ylim())
    # 设置对应标签和位置
    ax2.set_yticks(np.arange(len(scores_by_test)), labels=[format_score(score) for score in
scores_by_test.values()])
# 设定学生参数，内含百分比数据
student = Student(name='约翰', grade=2, gender='男')
scores_by_test = {
    '耐力跑测试': Score(7, 'laps', percentile=37),
    '曲臂悬垂': Score(48, 'sec', percentile=95),
    '一英里跑': Score('12:52', 'min:sec', percentile=73),
    '敏捷性': Score(17, 'sec', percentile=60),
```

```
        '俯卧撑'. Score(14, ", percentile - 16),
    }
plot_student_results(student, scores_by_test, cohort_size = 62)
plt. xticks(fontsize = 22)
plt. yticks(fontsize = 22)
plt. title(fontsize = 22, loc = 'center', label = "约翰测试成绩")    # 标题设置
plt. tight_layout( )    # 自动调整子图参数, 使之填充整个图像区域
plt. savefig("barchart. png", dpi = 300)
plt. show( )
```

如图 1-35 所示, 可以看出约翰与其他学生相比体能测试的成绩情况, 其中俯卧撑成绩最好, 位列前 16%; 曲臂悬垂成绩最差, 位列前 95%。

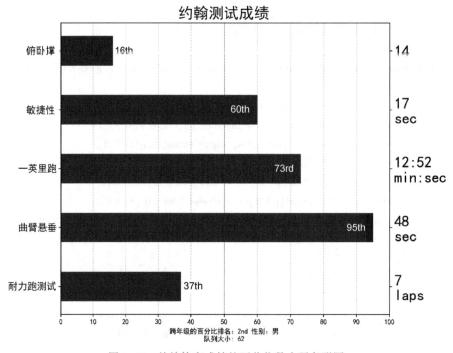

图 1-35　约翰体育成绩的百分位数水平条形图

【任务总结】

本任务的重点是正确使用相应函数以及设置它们的参数绘制图表, 难点是在理解绘图原理后如何正确选择绘图函数以及参数, 需要掌握参数的查询方法、设置方法, 从而提高绘制复杂图表的能力。

任务 1.4　绘制特殊图形

本任务主要对 Matplotlib 中发散型文本图、连续变量的直方图、类型变量的直方图、饼状条形图、空心饼图、带标记的饼图和空心饼图、季节图、3D 条形图、词云图的绘制进行学习, 引入中国电影票房 top50 数据、对 38 种汽车发动机排量的观察数据, 以及英语四、六级单词

统计数据等数据集。

想要完成本任务，需要掌握利用 plt. barh ( ) 函数绘制条形图、plt. text ( ) 函数添加文本信息、plt. scatter ( ) 函数绘制点、plt. hist ( ) 函数绘制直方图、plt. pie ( ) 函数绘制饼图、plt. plot ( ) 函数绘制季节图、ax. bar3d ( ) 函数绘制 3D 条形图的方法，并依据练习题巩固所学知识。

【知识与技能】

1. 发散型文本图

在了解发散型文本图之前，先了解发散型条形图。发散型条形图是一种用于显示数据分布的图表，可以用来比较不同类别或分组的数据的差异和相对性。发散型条形图的特点是，以一个中心点为基准，将数据分为两个方向，通常用不同的颜色来表示正负或高低。在发散型条形图的基础上加上文字，就是发散型文本图。

2. 连续变量的直方图

连续变量的直方图基于数据的出现频率进行分组展示，可供用户更好地了解连续变量和类型变量。

3. 类型变量的直方图

类型变量的直方图可用于表示某变量的频率分布。通过对条形图进行着色，可将该变量的分布与表示颜色的另一类型变量相关联。

4. 3D 柱状图

三维展示系列数据，相比二维柱状图，多了一个比较维度。ax. bar3d ( ) 函数可以创建三维柱状图。

ax. bar3d ( ) 函数可以绘制一个或多个三维柱状图，并可以根据需要设置各种样式和属性。
基本语法格式：

ax. bar3d (x, y, z, dx, dy, dz, color = **None**, zsort = **'average'**, shade = **True**, lightsource = **None**, ∗ args, data = **None**, ∗ ∗ kwargs)

ax. bar3d ( ) 函数的参数及说明见表 1-10。

表 1-10　ax. bar3d ( ) 函数的参数及说明

序号	名　　称	说　　明
1	x	柱状图左下角的 x 坐标
2	y	柱状图左下角的 y 坐标
3	z	柱状图底部的 z 坐标
4	dx	柱状图的宽度（x 方向的长度）
5	dy	柱状图的深度（y 方向的长度）
6	dz	柱状图的高度（z 方向的长度）
7	color	柱状图的颜色。可以是单个颜色字符串、颜色列表或数组，用于为每个柱状图指定不同的颜色
8	zsort	用于控制柱状图的排序方式。默认值为 'average'，表示根据每个柱状图的平均 z 坐标排序。其他选项包括 'min'（根据最小 z 坐标排序）和 'max'（根据最大 z 坐标排序）

（续）

序号	名　称	说　明
9	shade	是否给柱状图添加渐变色阴影效果。默认值为 True
10	lightsource	用于确定柱状图表面光照效果的 LightSource 对象。如果未指定，则使用默认光照设置
11	* args	可变数量的参数，用于传递其他绘图函数的参数
12	data	可选参数，用于传递 pandas DataFrame 或其他类似结构的数据，其中包含 x、y 和 z 坐标，以及柱状图的宽度、深度和高度的列。如果提供了 data 参数，则可以使用列名作为字符串来引用各个数据，而不需要显式传递数组
13	* * kwargs	额外的关键字参数，用于设置柱状图的样式和属性。例如，设置边框颜色、边框宽度、透明度等

【任务实施】

1.4.1　绘制发散型文本图

发散型文本图对发散型条形图做了进一步的文本补充。本例以电商平台某服装商家 2020~2022 年度各类衣物的销售情况数据（单位：件）为基础，选用 2021 年销售数据，绘制了发散型文本图。此类型图可以更加美观、直观地显示图表中每类衣物的销售数量，以便对比。程序运行结果如图 1-36 所示。

```
import pandas as pd
import matplotlib. pyplot as plt
from pylab import mpl
import openpyxl
mpl. rcParams[ "font. sans-serif" ] = [ "SimHei" ]
mpl. rcParams[ 'axes. unicode_minus' ] = False
df = pd. read_excel( "./clothes. xlsx" )
df. info( )
x = df[ '2021 年' ]
# 读取数据后计算整体均值标准差
df[ 'mean' ] = ( x - x. mean( ) ) / x. std( )
df[ 'colors' ] = [ 'red' if x < 0 else 'green' for x in df[ 'mean' ] ]
df. sort_values( 'mean', inplace = True )
df. reset_index( inplace = True )
plt. figure( figsize = ( 23, 14 ), dpi = 80 )
# 绘制横向条形图
plt. barh( y = df[ 'kind' ], width = df[ 'mean' ], height = 0. 3, color = df[ 'colors' ], alpha = 0. 5 )
distance = 0. 03          # 0. 05
pos = [ ]
for i in df[ 'mean' ]:
    if i > 0:
        pos. append( i+distance )    # 如果数值高于均值，则文本在 x 轴的位置超过条形顶端
    else :
```

```
                pos. append(i-distance)
# 通过循环为每个条形添加标签值
for i in range(len(df)):
    if pos[i] > 0:
        plt. text(x=pos[i]+distance,y=i,s=round(df['mean'][i],2),fontsize=22)
    else:
        plt. text(x=pos[i]-0. 14-distance,y=i,s=round(df['mean'][i],2),fontsize=22)
plt. grid(linestyle='--', alpha=0. 5);       # 配置网格线
plt. xticks(fontsize=22)
plt. yticks(fontsize=22)
plt. title(fontsize=22, loc='center',label="2021 年度各类衣物销售量")
plt. tight_layout()       # 自动调整子图参数，使之填充整个图像区域
plt. savefig("divergingTexts. png", dpi=300)
plt. show()
```

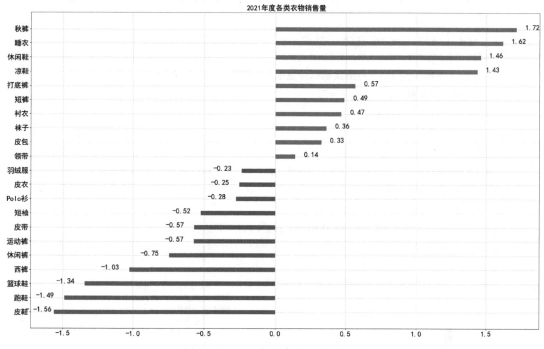

图 1-36　2021 年度各类衣物销售量

1.4.2　绘制连续变量的直方图

连续变量的直方图基于数据的出现频率进行分组展示。本示例选取 38 种汽车发动机排量的观察数据集，针对汽车类型和对应的发动机排量进行数据分析展示，程序运行结果如图 1-37 所示。

```
import pandas as pd
import matplotlib. pyplot as plt
import numpy as np
```

```python
from pylab import mpl
mpl.rcParams["font.sans-serif"] = ["SimHei"]
# 读取汽车数据
df = pd.read_csv("./mpg_ggplot2.csv")
x_var = 'displ'  # 发动机排量
groupby_var = 'class'  # 汽车类型
# 2seater，两座汽车；compact，小型汽车；midsize，中型汽车；minivan，小型面包车；pickup，皮卡；
# subcompact，微型汽车；SUV，sport ultility vehicle，运动型多用途车
# 将汽车类型和发动机排量进行分组
df_agg = df.loc[:, [x_var, groupby_var]].groupby(groupby_var)
vals = [df[x_var].values.tolist() for i, df in df_agg]
plt.figure(figsize=(16,9), dpi=80)
# 为不同类别的样本分配不同的颜色
colors = [plt.cm.Spectral(i/float(len(vals)-1)) for i in range(len(vals))]
n, bins, patches = plt.hist(vals, 30, stacked=True, density=False, color=colors[:len(vals)])
# 根据数量进着色
plt.legend({group: col for group, col in zip(np.unique(df[groupby_var]).tolist(), colors[:len(vals)])}, fontsize=22)
plt.title("根据汽车类型着色的发动机排量堆叠直方图", fontsize=22, loc='center')
plt.xlabel("发动机排量", fontsize=22)
plt.ylabel("频率", fontsize=22)
plt.ylim(0, 25)
# 标注类别
plt.xticks(ticks=bins[::3], labels=[round(b,1) for b in bins[::3]], fontsize=22)
plt.yticks(fontsize=22)
plt.tight_layout()
plt.savefig("histogramForContinuousVariable.png", dpi=300)
plt.show()
```

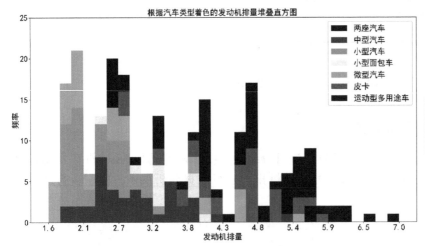

图 1-37　38 种汽车发动机排量堆叠直方图

由图 1-37 可以看出，运动型多用途车排量较大，2.7~6.5 范围内都有标注；两座汽车排量最大，独占 7.0 附近位置；小型汽车和中型汽车较为节能，分布范围为 1.6~3.8。因此，连续变量的直方图可显示给定变量的频率分布。

1.4.3 绘制类型变量的直方图

本例绘制根据汽车类型着色的汽车开发商堆叠直方图。首先读取汽车数据集，并指定 x 轴变量为 manufacturer（品牌）和分组变量为 class（汽车类型）。对数据进行分组统计，将结果存储在 vals 列表中。然后创建一个绘图画布，并定义堆叠直方图的颜色。使用 hist() 函数绘制堆叠直方图，并设置是否堆叠、密度和颜色等参数。程序运行结果如图 1-38 所示。

```python
import pandas as pd
import matplotlib. pyplot as plt
import seaborn as sns
import numpy as np
# 加载数据
data = pd. read_csv(". /mpg_ggplot2. csv", encoding='gbk')
# 根据'manufacturer'和'class'分组，然后进行计数统计
grouped_data = data. groupby(['manufacturer', 'class']). size(). unstack(fill_value=0)
# 使用 plt. hist() 创建堆叠直方图
plt. figure(figsize=(12, 6))
# 创建颜色图例
colors = plt. cm. viridis(np. linspace(0, 1, len(grouped_data. columns)))
# 为直方图创建边缘
edges = np. arange(len(grouped_data. index) + 1) - 0. 5
# 循环遍历每个类, 将它们添加为直方图中的单独层
for idx, class_category in enumerate(grouped_data. columns):
    plt. hist(edges[:-1], bins=edges, weights=grouped_data[class_category],
label=class_category, color=colors[idx], alpha=0. 7, stacked=True)
# 调整 x 轴以显示汽车品牌名称
plt. xticks(np. arange(len(grouped_data. index)), grouped_data. index, rotation=45)
# 添加标签和标题
plt. title('根据汽车类型着色的汽车品牌堆叠直方图')
plt. xlabel('品牌')
plt. ylabel('频率')
plt. legend(title='Class', bbox_to_anchor=(1. 05, 1), loc='upper left')
plt. tight_layout()
# 可视化
plt. show()
```

由图 1-38 可知，运动型多用途车是最受欢迎的车型，只有 5 家开发商未涉及；小型汽车次之。类型变量的直方图可以清晰地展示每个汽车品牌的汽车类型分布情况。通过对条形图进行着色，可以将分布与表示颜色的另一个分类变量相关联。

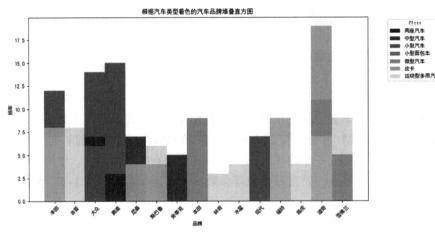

图 1-38　根据汽车类型着色的汽车品牌堆叠直方图

1.4.1　绘制饼状条形图

饼状条形图，即将饼状图映射到极坐标空间中进行绘制的图表。使用排名前 20 的电影票房数据绘制饼状条形图。将条形图绘制方法 plt. subplot ( ) 的 projection 属性设置为'polar'，x 轴数据设置为 (0,2π) 的均匀划分结果数据，y 轴设置为票房数据，tick_label 用于标注每个条形数据的标签。在 Matplotlib 自带 plt. cm. viridis 色卡中随机选取 N 种颜色，透明度属性 alpha 设置为 0.5。程序运行结果如图 1-39 所示。

```
import numpy as np
import matplotlib. pyplot as plt
from pylab import mpl
# 显示中文字符
mpl. rcParams[ "font. sans-serif" ] = [ "SimHei" ]
# 获取数据
data = [ {'movie': '长津湖', 'box_office': 57.73}, {'movie': '你好, 李焕英', 'box_office': 54.13}, {'movie':
'唐人街探案3', 'box_office': 45.15}, {'movie': '我和我的父辈', 'box_office': 14.77}, {'movie': '速度
与激情9', 'box_office': 13.92}, {'movie': '怒火 · 重案', 'box_office': 13.29}, {'movie': '中国医生',
'box_office': 13.28}, {'movie': '哥斯拉大战金刚', 'box_office': 12.33}, {'movie': '送你一朵小红花',
'box_office': 11.96}, {'movie': '悬崖之上', 'box_office': 11.9}, {'movie': '刺杀小说家', 'box_office':
10.35}, {'movie': '扬名立万', 'box_office': 9.19}, {'movie': '我的姐姐', 'box_office': 8.6}, {'movie':
'误杀2', 'box_office': 8.39}, {'movie': '你的婚礼', 'box_office': 7.89}, {'movie': '人潮汹涌', 'box_
office': 7.62}, {'movie': '拆弹专家2', 'box_office': 7.12}, {'movie': '温暖的抱抱', 'box_office': 6.7},
{'movie': '失控玩家', 'box_office': 6.13}, {'movie': '白蛇2:青蛇劫起', 'box_office': 5.8} ]
movie_data = [ ]
box_office_data = [ ]
N_data = len( data)
for each_data in data:
    movie_data. append( each_data[ 'movie' ] )
    box_office_data. append( each_data[ 'box_office' ] )
```

```
# 均匀划分(0,2π)
N = 20
theta = np. linspace(0. 0, 2 * np. pi, N, endpoint = False)
width = 2 * np. pi / N
colors = plt. cm. viridis(np. random. rand(N))
# 绘图
plt. figure(figsize = (15, 8))
ax = plt. subplot(projection = 'polar')
ax. bar(theta, box_office_data, width = width, bottom = 0. 0, tick_label = movie_data, color = colors, alpha
= 0. 5)
plt. show()
```

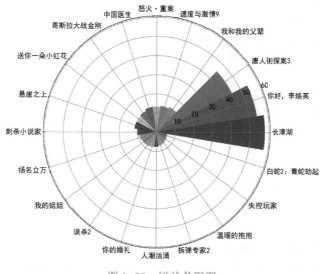

图 1-39　饼状条形图

1.4.5　绘制空心饼图

　　使用排名前 20 的电影票房数据绘制空心饼图。相比普通饼图，绘制空心饼图时需要额外设置空心区域宽度，即设置饼图绘制方法 matplotlib. axes. Axes. pie() 中 wedgeprops 参数的 width 属性。设置 autopct 属性可在每一楔形顶部以字符串格式显示百分比数值，其 set_ labels() 自定义函数可根据需要设置显示数据格式。pctdistance 属性可调节百分比数值与圆心的距离。程序运行结果如图 1-40 所示。

1. 4. 5　绘制空心饼图

```
import numpy as np
import matplotlib. pyplot as plt
from pylab import mpl
# 显示中文字符
mpl. rcParams["font. sans-serif"] = ["SimHei"]
# 获取数据
```

```
data = [{'movie': '长津湖', 'box_office': 57.73}, {'movie': '你好,李焕英', 'box_office': 54.13}, {'movie':
'唐人街探案 3', 'box_office': 45.15}, {'movie': '我和我的父辈', 'box_office': 14.77}, {'movie': '速度
与激情 9', 'box_office': 13.92}, {'movie': '怒火·重案', 'box_office': 13.29}, {'movie': '中国医生',
'box_office': 13.28}, {'movie': '哥斯拉大战金刚', 'box_office': 12.33}, {'movie': '送你一朵小红花',
'box_office': 11.96}, {'movie': '悬崖之上', 'box_office': 11.9}, {'movie': '刺杀小说家', 'box_office':
10.35}, {'movie': '扬名立万', 'box_office': 9.19}, {'movie': '我的姐姐', 'box_office': 8.6}, {'movie':
'误杀 2', 'box_office': 8.39}, {'movie': '你的婚礼', 'box_office': 7.89}, {'movie': '人潮汹涌', 'box_
office': 7.62}, {'movie': '拆弹专家 2', 'box_office': 7.12}, {'movie': '温暖的抱抱', 'box_office': 6.7},
{'movie': '失控玩家', 'box_office': 6.13}, {'movie': '白蛇 2:青蛇劫起', 'box_office': 5.8}]
movic_data = []
box_office_data = []
N_data = len(data)
for each_data in data:
    movie_data.append(each_data['movie'])
    box_office_data.append(each_data['box_office'])
# 创建图像
plt.figure(figsize=(15, 8))
# 设置随机颜色
colors = plt.cm.viridis(np.random.rand(N_data))
# 绘制空心饼图
def set_labels(pct, allvals):
    absolute = int(np.round(pct/100. * np.sum(allvals)))
    return "{}({:.1f}%)".format(absolute, pct)
# 绘图
plt.pie(box_office_data, radius=1, colors=colors,
        wedgeprops=dict(width=0.5, edgecolor='w'), autopct=lambda
pct: set_labels(pct, box_office_data), pctdistance=0.7, textprops=dict(color="w"))
plt.show()
```

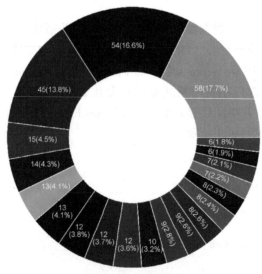

图 1-40 空心饼图

1.4.6　绘制带标记的饼图和空心饼图

本示例使用排名前 10 的电影票房数据，通过遍历绘制饼图函数 matplotlib. pie() 的楔形返回值 wedges，计算每个楔形弧度的中点，设为文本标注位置 (x,y)，以及设定箭头属性 arrow-props 和连接方式 connectionstyle，最终在标注函数中通过线性偏移设置文本位置，完成带标记的饼图和空心饼图的绘制。程序运行结果如图 1-41 所示。

```python
import numpy as np
import matplotlib. pyplot as plt
from pylab import mpl
# 显示中文字符
mpl. rcParams["font. sans-serif"] = ["SimHei"]
# 获取数据
data = [{'movie': '长津湖', 'box_office': 57. 73}, {'movie': '你好,李焕英', 'box_office': 54. 13}, {'movie':
'唐人街探案 3', 'box_office': 45. 15}, {'movie': '我和我的父辈', 'box_office': 14. 77}, {'movie': '速度
与激情 9', 'box_office': 13. 92}, {'movie': '怒火·重案', 'box_office': 13. 29}, {'movie': '中国医生',
'box_office': 13. 28}, {'movie': '哥斯拉大战金刚', 'box_office': 12. 33}, {'movie': '送你一朵小红花',
'box_office': 11. 96}, {'movie': '悬崖之上', 'box_office': 11. 9}]
movie_data = []
box_office_data = []
N_data = len(data)
for each_data in data:
    movie_data. append(each_data['movie'])
    box_office_data. append(each_data['box_office'])
# 绘图
fig, ax = plt. subplots(1, 2, figsize = (15, 8), subplot_kw = dict(aspect = "equal"))

def set_labels(pct, allvals):
    absolute = int(np. round(pct / 100. * np. sum(allvals)))
    return "{}({:. 1f}%)". format(absolute, pct)


wedges, texts, autotexts = ax[0]. pie(box_office_data,
    colors = plt. cm. viridis(np. random. rand(N_data)),
    wedgeprops = dict(width = 0. 5), autopct = lambda pct:
    set_labels(pct, box_office_data),
    pctdistance = 0. 7, textprops = dict(color = "w"))
wedges_1, texts_1, autotexts_1 = ax[1]. pie(box_office_data,
    colors = plt. cm. viridis(np. random. rand(N_data)),
    autopct = lambda pct: set_labels(pct, box_office_data), pctdistance = 0. 7,
    textprops = dict(color = "w"))
# 调整子图之间的相对位置
plt. subplots_adjust(wspace = 0. 8)
```

```
bbox_props = dict( boxstyle = "square, pad = 0. 3", fc = "w", ec = "k", lw = 0. 72)
kw = dict( arrowprops = dict( arrowstyle = " − " ) ,
        bbox = bbox_props, zorder = 0, va = "center" )

for i, p in enumerate( wedges) :
    ang = ( p. theta2 − p. theta1 ) / 2. + p. theta1
    y = np. sin( np. deg2rad( ang ) )
    x = np. cos( np. deg2rad( ang ) )
    horizontalalignment = { −1 : "right", 1 : "left" } [ int( np. sign( x ) ) ]
    connectionstyle = "angle, angleA = 0, angleB = { } ". format( ang)
    kw[ "arrowprops" ]. update( { "connectionstyle" : connectionstyle} )
    ax[ 0]. annotate( movie_data[ i], xy = ( x, y), xytext = ( 1. 35 ∗ np. sign( x), 1. 2 ∗ y),
                horizontalalignment = horizontalalignment, ∗∗ kw)
    ax[ 1]. annotate( movie_data[ i], xy = ( x, y), xytext = ( 1. 35 ∗ np. sign( x), 1. 2 ∗ y),
                horizontalalignment = horizontalalignment, ∗∗ kw)
plt. xticks( fontsize = 12)
plt. yticks( fontsize = 12)
plt. show( )
```

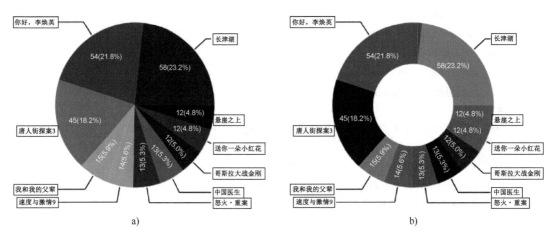

图 1-41　带标记的饼图和空心饼图
a) 带标记的饼图　b) 带标记的空心饼图

＊ 知识拓展 ＊

为实现给饼图和空心饼图进行标记，可以使用 Axes. annotate( ) 函数。该函数格式如下：

Axes. annotate(text, xy, xytext = None, xycoords = 'data', textcoords = None, arrowprops = None, annotation_clip = None, ∗∗ kwargs)

在本示例中，该函数的功能是将 text 文本放于 (x, y) 位置，参数 xytext 可设置文本位置，通过箭头指向位置 (x, y)。箭头属性可通过 arrowprops 属性进行编辑。

1.4.7　绘制季节图

季节图将数据集在时间维度上进行纵向比较。使用 1967～2014 年失业中位数与个人储蓄率的统计数据集，用 pd. pivot_table() 函数抽取原数据集中 2010～2014 年个人储蓄率，以 month 为行索引值（index），year 为列索引值（column），value 值为个人储蓄率，构建新数据表 economics_table。用 matplotlib. plot() 函数在同一图像内分别用不同颜色绘制五年的个人储蓄率折线图，可直观地纵向比较同一季节数据变化特征。

1.4.7　绘制季节图

程序运行结果如图 1-42 所示。

```
import pandas as pd
import matplotlib. pyplot as plt
# 导入数据
df = pd. read_csv("./economics. csv")
# 提取 2010-2014 年的数据，并添加 year、month 列用于后续统计
df1 = df[510:570]. copy(deep = True)
df1 = df1. reset_index(drop = True)
df1['year'] = 0
df1['month'] = 0
for idx, item in enumerate(df1['date']):
    df1['year'][idx] = item[:4]
    df1['month'][idx] = item[5:7]
df_economics = pd. DataFrame({'date':df1['date'],  'psavert':df1['psavert'], 'year':df1['year'], 'month':
df1['month']})
# 绘图
mycolors = ['tab:red', 'tab:blue', 'tab:green', 'tab:orange', 'tab:brown']
plt. figure(figsize = (12, 8), dpi = 80)
years = ['2010', '2011', '2012', '2013', '2014']
for i, y in enumerate(years):
    plt. plot('month', 'psavert', data = df_economics. loc[df_economics. year == y, :],
color = mycolors[i], label = y)
    plt. text(df_economics. loc[df_economics. year == y, :]. shape[0] -.9,
df_economics. loc[df_economics. year == y, 'psavert'][-1:]. values[0], y, fontsize = 16, color = my-
colors[i])
# 图形设置
plt. xlabel('month', fontsize = 18)
plt. ylabel('Personal Savings Rate', fontsize = 18)
plt. xticks(ticks = range(0, 13), fontsize = 16)
plt. yticks(fontsize = 16)
plt. grid(axis = "both", linestyle = '--', color = 'grey', alpha = 0.5)
plt. show()
```

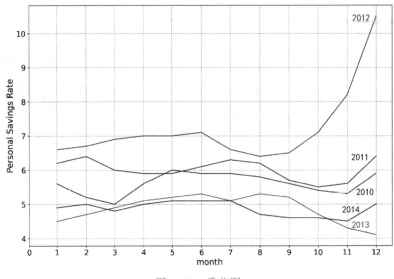

图 1-42 季节图

1.4.8 绘制 3D 条形图

可以使用 ax. bar3d( )函数创建 3D（三维）条形图，其中条形图的宽度、深度、高度和颜色都可以通过参数进行设置。使用 Iris 鸢尾花卉数据集，通过三维条形图可视化品种为 0 的鸢尾花数据，设置每个 3D 条形的宽度和深度都为 0.2，高度为点在 z 轴的高度。

程序运行结果如图 1-43 所示。

```
import numpy as np
import matplotlib. pyplot as plt
from sklearn import datasets
from pylab import mpl
mpl. rcParams["font. sans-serif"] = ["SimHei"]
plt. rcParams['axes. labelsize'] = 14

# 设置图形和轴
fig = plt. figure(figsize = (15,8))
ax = fig. add_subplot(projection = '3d')

# iris_data
iris_data = datasets. load_iris()
N_iris_data = len(iris_data['target'])
c_l1, c_w1, p_l1, p_w1 = [], [], [], []
c_l2, c_w2, p_l2, p_w2 = [], [], [], []
c_l3, c_w3, p_l3, p_w3 = [], [], [], []
for idx, val in enumerate(iris_data['data']):
    if iris_data['target'][idx] == 0:
        c_l1. append(val[0])
```

```
            c_w1. append( val[1])
            p_l1. append( val[2])
            p_w1. append( val[3])
    elif iris_data[ 'target'][ idx] = = 1:
            c_l2. append( val[0])
            c_w2. append( val[1])
            p_l2. append( val[2])
            p_w2. append( val[3])
    else :
            c_l3. append( val[0])
            c_w3. append( val[1])
            p_l3. append( val[2])
            p_w3. append( val[3])
# 3D 条形图的宽度、深度、高度
width = depth = 0. 2
height = np. zeros_like( p_l1)

ax. bar3d( c_l1, c_w1, height, width, depth, p_l1, shade = True )
ax. set_xlabel('花萼长度', labelpad = 15)
ax. set_ylabel('花萼宽度', labelpad = 15)
ax. set_zlabel('花瓣长度', labelpad = 15)
ax. tick_params( labelsize = 12)
plt. show( )
```

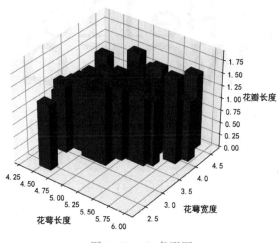

图 1-43　3D 条形图

1.4.9　绘制词云图

词云图可对文本中出现频率较高的关键词予以视觉化展现,可过滤掉大量低频低质的文本信息。WordCloud 是一款 Python 环境下的词云图工具包,能通过代码的形式把关键词数据转换成直观图文模式。

下面使用 Matplotlib 库绘制简单的词云图，首先使用 WordCloud 类创建词云对象；然后将文本数据 text 传递给 wordcloud 对象来生成词云；最后，使用 imshow( )函数显示词云图，并使用 axis( )函数隐藏坐标轴。

WordCloud( )里的一些常用参数：width 表示词云图片宽度，本例设置为 400 像素；height 表示词云图片高度，本例设置为 400 像素；background_color = "white"表示图片背景为白色。

程序运行结果如图 1-44 所示。

```
import matplotlib. pyplot as plt
from wordcloud import WordCloud
# 准备文本数据
text = "Hello World, this is a word cloud example. Word clouds are commonly used to depict the frequency
of words. "
# 创建词云对象
wordcloud = WordCloud( width = 400, height = 400,
background_color = "white") . generate( text)
# 绘制词云图
plt. figure( figsize = (6, 6) , facecolor = None)
plt. imshow( wordcloud, interpolation = "bilinear")
plt. axis( "off")
# 显示图表
plt. show( )
```

图 1-44　词云图

【任务总结】

通过本任务的学习，结合前面任务中 Matplotlib 的相关基础知识，绘制了更复杂、更多样的可视化图表。本任务的重点是使用相应的绘图函数对目标图形进行绘制，难点在于在掌握前期绘图知识原理的基础上，根据数据情况选择绘图函数及进行参数具体设置。为确保图表美观，需要一定的时间来磨合、调整。

【思考与练习】

一、选择题

1. 在使用 plot( ) 绘制折线图时，fmt 参数设置为'rD--'，其含义是（　　）。

　　A. 线段颜色为红色，以菱形点标记，以虚线连接

　　B. 线段颜色为红色，以菱形点标记，以实线连接

　　C. 线段颜色为红色，以窄菱形标记，以虚线连接

　　D. 线段颜色为红色，以窄菱形标记，以实线连接

2. 本项目中使用 Matplotlib 绘制柱状图时，调用的函数是（　　）。

　　A. plt. plot( )　　　　　　　　　　B. plt. bar( )

　　C. plt. barh( )　　　　　　　　　　D. plt. hist( )

3. 本项目中调整 y 轴为对数轴时，调用的函数是（　　）。

　　A. plt. ylabel( )　　　　　　　　　B. plt. yticks( )

　　C. plt. ylim( )　　　　　　　　　　D. plt. yscale( )

4. 本项目中使用 Matplotlib 绘制水平条形图时，调用的函数是（　　）。

　　A. plt. bar( )　　　　　　　　　　B. plt. pie( )

　　C. plt. hist( )　　　　　　　　　　D. plt. barh( )

5. 本项目中使用 Matplotlib 绘制词云图时，调用了哪个库？（　　）

　　A. plot_surface　　　　　　　　　B. WordCloud

　　C. plt. hist　　　　　　　　　　　D. plt. barh

二、实操练习题

1. 使用本项目中的英语四、六级单词库数据绘制一个折线图，要求颜色为绿色，点为 5 像素大小的实心圈标记，线为 2 像素粗的点画线。

2. 将 1.1.6 节中示例内的图例位置修改到右下角，写出修改后的完整的示例代码。

3. 使用下列农作物产量数据，绘制气泡图。

```
df_cl = {"经度":[11,62,86,67,75],"纬度":[71,5,76,112,156],"产量":[41,12,66,32,89]}
```

4. 使用以下给定数据绘制棒棒糖图。

```
data = [{'letter': 'a', 'num': 215}, {'letter': 'b', 'num': 149}, {'letter': 'c', 'num': 528}, {'letter': 'd',
'num': 318}, {'letter': 'e', 'num':255}, {'letter': 'f', 'num': 245}, {'letter': 'g', 'num': 170}, {'letter':
'h', 'num': 182}, {'letter': 'i', 'num': 274}, {'letter': 'j', 'num': 38}, {'letter': 'k', 'num': 27}, {'letter':
'l', 'num': 175}, {'letter': 'm', 'num': 271}, {'letter': 'n', 'num': 112}, {'letter': 'o', 'num': 148},
{'letter': 'p', 'num': 483}, {'letter': 'q', 'num': 35}, {'letter': 'r', 'num': 396}, {'letter': 's', 'num':
819}, {'letter': 't', 'num': 364}, {'letter': 'u', 'num': 110}, {'letter': 'v', 'num': 118}, {'letter': 'w',
'num': 205}, {'letter': 'x', 'num': 1}, {'letter': 'y', 'num': 23}, {'letter': 'z', 'num': 7}]
```

5. 使用下面的文本数据集 text 绘制词云图，要求画布默认长度为 300 像素，宽度为 200 像素，背景色为黑色。

```
text = "The world is beautiful, but only through hard work and diligence can we create a better life"
```

Matplotlib 实战——影视数据可视化

在了解了利用 Matplotlib 绘制图表的基本方法后，本项目将介绍基于 Matplotlib 绘图库对影视数据进行可视化的技巧，包括如下内容：

1）利用"爬虫"获取影视数据，以电影票房数据和豆瓣评论数据作为数据源。

2）利用 Matplotlib 进行影视数据分析与可视化。

本项目融合 Matplotlib 基础知识和综合绘图应用，着重讲解 Matplotlib 在影视数据可视化中的应用，通过对数据集、数据分析以及可视化完整实现过程的展示，帮助读者对所学内容进行实践练习，增强解决实际问题的能力。

本项目的具体工作如下：

1）影视数据简介及采集示例。

2）基于 Matplotlib 的结构化影视数据进行可视化。

3）基于 Matplotlib 的非结构化影视数据进行可视化。

【学习目标】

通过本项目的学习，进一步提升运用 Matplotlib 解决实际问题的能力，熟悉影视各环节数据产生及采集方法，掌握基于网络爬虫获取影评数据的方法，以及基于 Matplotlib 对结构化影视数据和非结构化影视数据进行可视化的流程与方法，具备使用 Matplotlib 开展大数据可视化的基本技能，拓宽大数据技术视野，持续更新知识储备。

任务 2.1 影视数据采集与预处理

本任务主要从豆瓣电影网站抓取影评数据，作为数据可视化的数据集，与本项目的后续任务具有良好的衔接关系，全方位体验从数据集、数据分析到可视化的完整应用流程。

想要完成本任务，需要读者以点带面地扩展学习浏览器端访问网页的基本原理，学会使用 Python 编写网络爬虫来获取网页数据的方法。通过学习本任务内容，完成对豆瓣电影网站中纪录片影评数据的抓取。在本任务提供的示例代码基础上，通过修改代码中的 URL 进行增量式开发，尝试对豆瓣中其他专题数据的获取。

【知识与技能】

1. WWW 的工作原理

媒体的发布方式有"微博""微信"和"客户端"等，分别表示 WWW 网站、移动互联网中的移动端应用和 PC 端的客户端应用程序。在这 3 种发布方式中，基于浏览器/服务器模式的 WWW 网站是最早出现、最为成熟的技术。

WWW 的工作原理如图 2-1 所示，从用户发出请求到 Web 服务器响应的流程如下。

1）用户通过 Web 浏览器向 Web 服务器发出 HTTP 请求。

2）Web 服务器查找该网页并将其传递给应用程序服务器。

3）应用程序服务器查找该网页中的指令并生成页。

4）应用程序服务器将完成的页传回 Web 服务器。

5）Web 服务器将完成的页发送到请求浏览器。

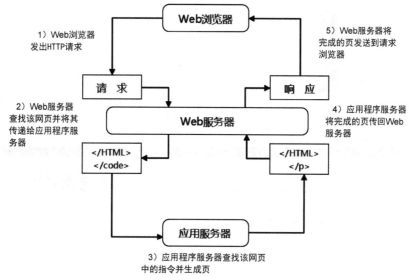

图 2-1　WWW 的工作原理

WWW 的核心包括如下内容。

1）统一的资源命名方式：URL（统一资源定位符，即网址）。

2）统一的资源访问方式：HTTP（超文本传输协议）。

3）统一的信息组织方式：HTML（超文本标记语言）。

用户在浏览网页时，在地址栏中输入形如"协议://域名:端口/路由？参数"的 URL 即可实现对指定 Web 服务器网站的访问。

在 Chrome 浏览器的地址栏中输入：

> https://movie. douban. com/review/latest/？ app_name＝movie

将出现如图 2-2 所示的豆瓣电影影评网页。

2. 获取豆瓣电影网站数据的 Python 网络爬虫

HTTP 主要包括 GET 和 POST 请求。对于指定 URL 的访问，可以使用浏览器方式，也可以使用代码请求方式。

在浏览器的地址栏中输入 URL：

> https://movie. douban. com/typerank？ type_name＝%E7%BA%AA%E5%BD%95%E7%89%87&type＝
> 1&interval_id＝100；90&action＝

将出现如图 2-3 所示界面。

图 2-2 Chrome 浏览器访问豆瓣电影影评网页界面

图 2-3 Chrome 浏览器访问豆瓣电影分类排行榜——纪录片界面

【任务实施】

2.1.1 豆瓣电影中纪录片排行榜数据爬取

网络爬虫的基本思想是采用代码请求方式，模拟人工浏览网页的方式请求网络链接，通过对服务器返回的数据进行解析和筛选，实现对批量数据的快速获取。本例获取的是纪录片的相关数据。

2.1.1 豆瓣电影中纪录片排行榜数据爬取

第一步：安装包。

```
pip install requests
```

第二步：数据爬取。

```
import requests
```

```
import json
url = 'https://movie. douban. com/j/chart/top_list'
params = {'type':'1','interval_id':'100:90','action':'','start':'0','limit':'200'}
headers = {' User - Agent ' : ' Mozilla/5.0 ( Windows NT 10.0; Win64; x64) AppleWebKit/537.36
(KHTML, like Gecko) Chrome/101.0.4951.67 Safari/537.36'}
response = requests. get( url = url, params = params, headers = headers)
content = response. json( )
print( content)
```

2.1.2 豆瓣电影中纪录片排行榜数据处理

对于 2.1.1 节中爬取的数据，运行以下代码，将自动生成与程序文件相同路径下的"豆瓣电影纪录片排行榜 . csv"文件。

2.1.2 豆瓣电影中纪录片排行榜数据处理

```
with open('豆瓣电影纪录片排行榜 . csv','w',encoding='gbk') as fp:
    for i in content:
        title = i['title']
        mtype = '\\'. join( i['types'])
        regions = '\\'. join( i['regions'])
        release_date = i['release_date']
        score = i['score']
        vote_count = str( i['vote_count'])
        if regions = = "中国大陆":
            fp. write( title+','+mtype+','+regions+','+release_date+','
                +score+','+vote_count+'\n')
```

在以上相关操作中，首先导入 Python 的 requests 库和 json 库，进一步通过 requests. get( ) 方法向服务器发出 get 请求，response. json( ) 方法获取从服务器端返回的 JSON 数据，最后 "fp. write(title+','+...)"语句将各字段通过逗号进行拼接输出，保存为 CSV 格式的文件"豆瓣电影纪录片排行榜 . csv"。"豆瓣电影纪录片排行榜 . csv"文件的数据格式如图 2-4 所示。

	A	B	C	D	E	F
1	三十二	纪录片	中国大陆	2014-3-30	9.5	76324
2	乡村里的中国	纪录片	中国大陆	2013	9.4	21272
3	平衡	纪录片\西部	中国大陆	2000	9.5	7159
4	冰血长津湖	纪录片	中国大陆	2011-6-1	9.2	16000
5	1950他们正年轻	纪录片	中国大陆	2021-9-3	8.9	40790
6	四个春天	纪录片\家庭	中国大陆	2019-1-4	8.8	172844
7	梦的背后	纪录片	中国大陆	2018-11-12	9	13876
8	幼儿园	纪录片	中国大陆	2004	8.8	48410
9	二十二	纪录片	中国大陆	2017-8-14	8.7	295336
10	生门	纪录片	中国大陆	2016-12-16	8.8	29910
11	金银潭实拍80天	纪录片	中国大陆	2020-9-16	8.9	10736
12	靖大爷和他的老主顾们	纪录片	中国大陆	2002	9.2	5022
13	棒! 少年	纪录片\运动	中国大陆	2020-12-11	8.5	69870
14	圆明园	纪录片	中国大陆	2006-9-9	8.6	20729
15	玄奘大师	纪录片	中国大陆	2009-10-28	9	5312
16	高三	纪录片	中国大陆	2005	8.4	42860
17	舌尖上的新年	纪录片	中国大陆	2016-1-7	8.4	27487
18	铁西区第一部分: 工厂	纪录片	中国大陆	2003	8.6	8602

图 2-4 "豆瓣电影纪录片排行榜 . csv"文件的数据格式⊖

⊖ 根据豆瓣电影网站统计口径，故使用"中国大陆"一说。

＊知识拓展＊

当需要将网络爬虫抓取的数据存入 MySQL 数据表时，可使用执行"import pymysql"语句加载的 Python 3.x 版本中用于连接 MySQL 服务器的库，进行数据访问、数据分析和数据可视化。

＊小提示＊

在使用 Python 语言基于 Matplotlib 进行可视化的代码中，增加"print( )"语句，有助于对语句执行的中间结果进行"诊断"，便于快速排查 bug 和逻辑错误。

【任务总结】

通过学习本任务内容，在知识层面熟悉了 WWW 的工作原理，在代码开发方面掌握了使用 Python 语言编写获取网站数据的网络爬虫的方法，以及进一步将数据导出为 CSV 格式的格式化文本，并作为数据可视化的数据源的方法。可根据思考与练习巩固所学知识。

任务 2.2　电影票房及影评数据可视化

本任务对电影票房的年度数据和影评数据进行可视化，巩固利用 Matplotlib 绘制折线图、直方图和饼图的方法。将通过网站获取的电影票房的年度数据作为数据集 1，将任务 2.1 中生成的"豆瓣电影纪录片排行榜.csv"文件作为数据集 2，分别对数据集 1 和数据集 2 使用 Matplotlib 进行可视化。

通过学习本任务内容，掌握 Python 读取 CSV 文件的方法，熟悉将数据作为数组赋值给自变量 x 和因变量 y 的方法，进一步掌握 Matplotlib 绘图语句的使用。同时，可在本任务提供的示例代码基础上通过修改数据集来进行扩展的可视化绘图。

【知识与技能】

1. 年度票房数据集的整理

从中国票房网站（http://www.boxofficecn.com/）获取 2015—2021 年连续 7 年的票房数据。例如，在地址栏中输入"http://www.boxofficecn.com/boxoffice2015"，将出现如图 2-5 所示的网页。

同理，依次访问如下 URL 可查看并获取 2016—2021 年的票房数据：

1）http://www.boxofficecn.com/boxoffice2016

2）http://www.boxofficecn.com/boxoffice2017

3）http://www.boxofficecn.com/boxoffice2018

4）http://www.boxofficecn.com/boxoffice2019

5）http://www.boxofficecn.com/boxoffice2020

6）http://www.boxofficecn.com/boxoffice2021

汇总之后的年度票房数据见表 2-1。

图 2-5　中国票房网站中 2015 年度票房数据网页

表 2-1　2015—2021 年中国电影年度票房

年　份	年度票房（亿元）
2015	440.69
2016	457.12
2017	559.11
2018	609.76
2019	642.66
2020	204.17
2021	472.58

将数据保存为 FilmIncome. csv 文件。

为了便于使用 Matplotlib 对指定数据集可视化，采用 Python 代码和数据集文件相分离的方法，增强了 Python 代码的普适性和可扩展性。

2. 词云图

（1）词云图介绍

词云图（Word Cloud），也称为文字云或标签云，是一种展示文本信息的可视化图形。简单来说，它将一些文字在空间上按照大小的比例进行分布，形成一个图案，可以很好地反映这些文字的关键词和主题。

一般来说，词云图常用于对大量文本数据进行分析和可视化，是一种非常实用的数据呈现方式。它可以用来捕捉文本数据的重要特征和关键信息，同时也可以直观、快速地展示这些信息。

（2）词云图原理

词云图的原理十分简单，就是根据文本中关键词出现的频率和权重等因素，将这些关键词按照一定的规则和方式排列成图形。具体来说，生成词云图的算法大致可以分为以下几个步骤。

1）文本预处理。需要对文本进行一些预处理，例如去除停用词、标点符号、数字等无关紧要的内容，只保留词汇、短语等具有意义的单元。

2）计算词频。在文本预处理完成后，需要对每个词汇计算其在文档中出现的频次，并根据这些频次来确定每个词汇在词云图中所占的比例。

3）设置词云图规则，即设置如何排列和分布关键词。这一步需要考虑多个因素，例如词汇在文本中的出现频次、长度、位置、字体、颜色、方向等。

4）渲染词云图。在生成词云图后，需要进行渲染和美化工作，包括选择适当的字体、颜色、形状等，以及去除重复和无用的词汇。

5）输出和导出。需要将生成的词云图输出到屏幕或保存为文件，以便他人阅读和使用。

3. 词云图的应用场景

词云图主要用于对文本数据进行分析和可视化，常见的应用场景包括但不限于以下几个方面。

（1）文本挖掘与分析

词云图可以帮助人们快速了解文本数据中的重要信息和热点话题。通过生成词云图，人们可以直观地发现文本数据中的高频词汇、关键词、主题、情感倾向等重要信息，从而进行更深入的分析和挖掘。

例如，在社交媒体、新闻报道、市场调查等领域，对大量文本数据进行分析时，可以使用词云图来展示用户评论、网民观点、产品评价等，以便更好地理解用户需求和市场变化。

（2）网站设计与界面优化

词云图在网站设计和界面优化中也有广泛应用。根据网页内容生成的词云图，可以更好地突出网站的特色和重点，提高用户体验水平和访问效果。词云图也可以作为网页主题、导航标签、商标设计等的参考，从而提高网站的美观度和品牌形象。

【任务实施】

2.2.1 基于年度票房数据的可视化

基于年度票房数据的可视化程序如下所示：

```python
import matplotlib;
import matplotlib. pyplot as plt
import pandas as pd
import numpy as np
data1 = pd. read_csv('FilmIncome. csv',header = None)
data1 = data1. drop(0)
x = data1[0]
y = data1[1]. astype("float")
plt. rcParams['font. sans-serif'] = ['SimHei']        # 显示中文标签
# 设置数字标签
```

```
for a, b in zip(x, y):
    plt.text(a, b, b, ha='center', va='bottom', fontsize=10)
plt.title('2015—2021年中国电影票房收入', fontproperties='simhei', fontsize=24)    # 标题
plt.xlabel('年份', fontproperties='simhei', fontsize=18)    # 设置 x 轴标签
plt.ylabel('收入额(单位:亿元)', fontproperties='simhei', fontsize=18)    # 设置 y 轴标签
plt.plot(x, y, color='red', marker='o')
plt.show()
```

程序运行结果如图 2-6 所示。

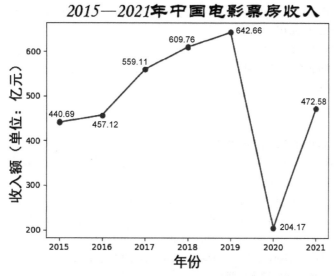

图 2-6　2015—2021 年中国电影年度票房折线图

从图 2-9 中可以看出，2015—2019 年年度票房持续增长；2020 年年度票房跌至 204.17 亿元，位于 2015—2021 年年度票房的最低点；2021 年年度票房恢复到 472.58 亿元，略高于 2016 年年度票房。

2.2.2　基于纪录片排行数据的可视化

如图 2-4 中"豆瓣电影纪录片排行榜.csv"文件的数据格式所示，数据集共 6 列，从左至右依次为影片名称、类别、上映地区、上映时间、评分和参评人数。

首先安装 Flask 包。

```
pip install flask
```

绘制豆瓣电影中纪录片 Top10 影评人数及占比的代码如下所示：

```
# 导入包
import matplotlib.font_manager as fm
import matplotlib.pyplot as plt
import pandas as pd
import numpy as np
```

```
# 显示中文标签
plt.rcParams['font.sans-serif'] = ['SimHei']
plt.rcParams['axes.unicode_minus'] = False
# 设置字体
myfont = fm.FontProperties(fname=r'C:\Windows\Fonts\SimHei.ttf')
mycolor = ['grey','gold','darkviolet','turquoise','r','g','b','c','m','y','k','darkorange', 'lightgreen','plum',
'tan','khaki','pink','skyblue','lawngreen','salmon']
plt.title('豆瓣电影纪录片 Top10 影评人数及占比',fontproperties='SimHei', fontsize=12)
N = 10 # 待显示的数据项数
data0 = pd.read_csv('豆瓣电影纪录片排行榜.csv',header=None,encoding='gbk')
data0 = np.array(data0)
data1 = data0[0:N,:]
# 生成从 0 到 9 的 10 个连续整数
x = np.arange(N)
l = data1[:,0]
y = data1[:,4]
# 评分人数，占比计算的原始数据
z = data1[:,5]
# 突出显示
explode = (0.0, 0.1, 0.4, 0.2, 0.1, 0.1,0.3, 0.05, 0, 0)
pie = plt.pie(z, explode=explode, colors=mycolor, autopct=lambda pct:'({:.1f}%)\n{:d}'.format
(pct, int(pct/100 * sum(z))), shadow=False, startangle=90)
plt.legend(pie[0], labels=l,loc=3,bbox_to_anchor=(0.75, 0.12))
# 显示为圆(避免比例压缩为椭圆)
plt.axis('equal')
plt.show()
```

程序运行结果如图 2-7 所示。

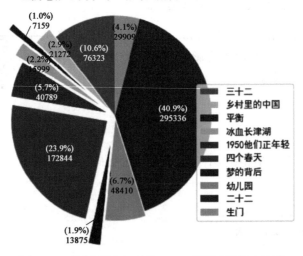

图 2-7　豆瓣电影中纪录片 Top10 影评人数及占比图

从图 2-7 中可以看出，在豆瓣电影的纪录片评分排行数据中，《二十二》《四个春天》和《三十二》3 部影片的评分人数位居前三，评分人数分别为 295336、172844 和 76323，占比依次为 40.9%、23.9% 和 10.6%。

2.2.3　豆瓣电影中纪录片影评人数及评分可视化

以散点图方式，展示豆瓣电影中纪录片影评人数及评分之间的关系；通过本示例中的散点图，可以观察数据的分布模式，如整体聚类或部分离散点情况。

2.2.3　豆瓣电影中纪录片影评人数及评分可视化

绘制豆瓣电影中纪录片影评人数及评分的代码如下所示：

```python
import matplotlib. font_manager as fm
import matplotlib. pyplot as plt
import pandas as pd
import numpy as np
plt. rcParams['font. sans-serif'] = ['SimHei']    # 显示中文标签
plt. rcParams['axes. unicode_minus'] = False
myfont = fm. FontProperties(fname = r'C:\Windows\Fonts\SimHei. ttf')    # 设置字体
# 读取数据
N = 8    # 待显示的数据项数量
plt. title('豆瓣电影纪录片' + str(N) + '条记录中影评人数和评分散点图',
fontproperties = 'SimHei', fontsize = 12)    # 标题
data0 = pd. read_csv('豆瓣电影纪录片排行榜 . csv', header = None)
data0 = np. array(data0)
data1 = data0[0:N, :]
x = np. arange(N)    # 生成从 0 到 9 的 10 个连续整数
l = data1[:, 0]    # 标签
y = data1[:, 4]
z = data1[:, 5]    # 评分人数，占比计算的原始数据
# 绘图
plt. scatter(y, z, marker = 'D', s = 20, c = y, alpha = 0.8)
plt. xlim((y. min() * 0.98, y. max() * 1.05))    # 动态设置 x 轴和 y 轴的刻度值
plt. ylim((z. min() * 0.98, z. max() * 1.05))
# 循环遍历所有点，并增加数值标记
for i in range(len(y)):
    plt. annotate(l[i] + '(' + str(z[i]) + ')', (y[i], z[i] + 0.1))
plt. show()
```

程序运行结果如图 2-8 所示。

如图 2-8 所示，在豆瓣电影纪录片的 8 条记录中，影评人数都在 20 万人以下，纪录片《四个春天》的影评人数最多，为 172844 人，但是其评分最低。纪录片《三十二》的评分较高，其影评人数为 76324。

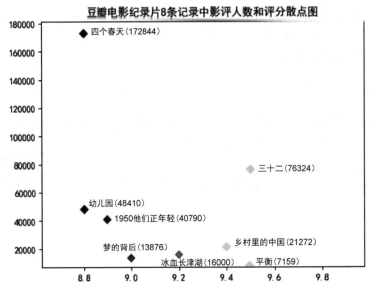

图 2-8　豆瓣电影的 8 条纪录片记录中影评人数和评分散点图

2.2.4　豆瓣电影中纪录片评分可视化

　　下面利用柱状图展示纪录片的评分，但这里只选择部分纪录片进行可视化展示。对任务 2.1 中的数据集"豆瓣电影纪录片排行榜.csv"按照评分进行排序，保留 10 条影评信息（评分前 10），保存为"豆瓣电影纪录片排行榜1.csv"文件，该文件的数据格式如图 2-9 所示。

	A	B	C	D	E	F
1	三十二	纪录片	中国大陆	2014-3-30	9.5	76324
2	平衡	纪录片\西部	中国大陆	2000	9.5	7159
3	乡村里的中国	纪录片	中国大陆	2013	9.4	21272
4	冰血长津湖	纪录片	中国大陆	2011-6-1	9.2	16000
5	靖大爷和他的老主顾们	纪录片	中国大陆	2002	9.2	5022
6	梦的背后	纪录片	中国大陆	2018-11-12	9	13876
7	玄奘大师	纪录片	中国大陆	2009-10-28	9	5312
8	1950他们正年轻	纪录片	中国大陆	2021-9-3	8.9	40790
9	金银潭实拍80天	纪录片	中国大陆	2020-9-16	8.9	10736
10	四个春天	纪录片\家庭	中国大陆	2019-1-4	8.8	172844

图 2-9　"豆瓣电影纪录片排行榜1.csv"文件的数据格式

　　对筛选的数据"豆瓣电影纪录片排行榜1.csv"通过柱状图进行可视化，绘制柱状图的代码如下所示：

```
import matplotlib. font_manager as fm
import matplotlib. pyplot as plt
import pandas as pd
import numpy as np
plt. rcParams['font. sans-serif'] = ['SimHei']    # 显示中文标签
plt. rcParams['axes. unicode_minus'] = False
myfont = fm. FontProperties(fname = r'C:\Windows\Fonts\SimHei. ttf')    # 设置字体
```

```
# 柱状图
def addlabels(x,y):
    for i in range(len(x)):
        plt.text(i, y[i]+0.08, y[i], ha='center', color='red', fontsize=10)
    myfont=fm.FontProperties(fname=r'C:\Windows\Fonts\SimHei.ttf')  # 设置字体
    plt.rcParams['font.sans-serif']=['SimHei']   # 显示中文标签
    plt.rcParams['axes.unicode_minus']=False
    mycolor=['grey','gold','darkviolet','turquoise','r','g','b','c','m','y']
    plt.title('豆瓣电影纪录片排行榜', fontproperties='SimHei', fontsize=12)  # 标题
    N=10   # 待显示的数据项数量
    data0=pd.read_csv('豆瓣电影纪录片排行榜 1.csv',header=None)
    data0=np.array(data0)
    data1=data0[0:N,:]
    x=np.arange(N)   # 生成从 0 到 9 的 10 个连续整数
    l=data1[:,0]   # 标签
    y=data1[:,4]
    return x,y,l
# 绘图
plt.ylabel('豆瓣评分', fontsize=10, color='blue')
plt.xticks(rotation=15, fontsize=8, color='red')
x,y,l=addlabels(x,y)
plt.bar(x, y, align="center", tick_label=l, color=mycolor)
plt.show()
```

运行上述代码，将绘制出如图 2-10 所示豆瓣电影中纪录片排行榜部分数据的柱状图。

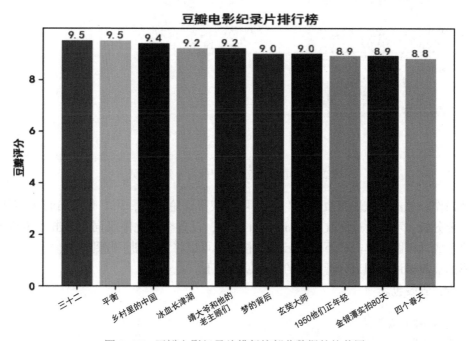

图 2-10　豆瓣电影纪录片排行榜部分数据的柱状图

＊知识拓展＊

matplotlib. pyplot 库中"xticks（rotation＝15，fontsize＝8，color＝'red'）"函数中的"rotation＝15"表示横轴刻度标签显示时沿顺时针方向倾斜15°，当显示标签内容较多时，可以设置"rotation＝90"以进行垂直显示，同时"yticks（）"函数也支持设置 rotation 角度以实现纵轴刻度标签的旋转显示。可以根据实际需要设置合适的旋转角度，以便进行可视化。

＊小提示＊

在使用 matplotlib. pyplot 库进行折线图、饼图、散点图和柱状图等样式的可视化时，需要掌握 matplotlib. pyplot 库中基本绘图语句的用法，同时需要了解绘制不同样式图时的差异。读者可以在新的数据集上生成不同样式组合下的综合可视化图。

2. 2. 5 基于 Matplotlib 的 wordcloud 库编写高票房电影影评词云图网页应用

从豆瓣电影网站（http：//movie. douban. com/）中获取有关电影影评，采用 HTML 作为前端网页设计语言，编写基于 Flask 框架的 Web 网页应用，实现对电影的豆瓣影评的词云分析。本例实现的功能为：从豆瓣网站上爬取某一指定影片的评论，绘制经过 jieba 分词、去停用词后的词云图。在浏览器的地址栏中输入"http：//127. 0. 0. 1：5000/"，将出现如图 2-11 所示电影的豆瓣影评的词云分析网页。

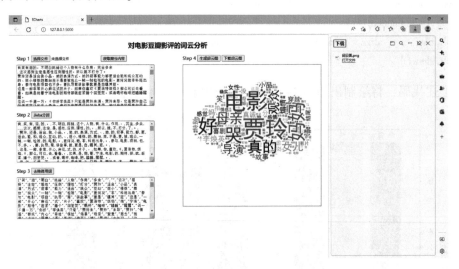

图 2-11　电影的豆瓣影评的词云分析网页

具体操作：单击"获取爬虫内容"按钮即可获得评论文本，用户也可自行上传任意文件以进行词云分析；可以通过修改 stopwords. txt 文件，设置个性化停用词；单击"生成词云图"按钮，将生成词云图；单击"下载词云图"按钮，可以将词云图下载到本地。

电影的豆瓣影评的词云分析网页的实现过程如下。

第一步：安装包。

```
pip install flask
pip install pymysql
```

```
pip install base64
pip install jieba
pip install imageio
pip install wordcloud
```

第二步：复制文件到工作目录中。

将本书配套资源中提供的 mask. jpg、stopwords. txt 文件复制到工作目录下。

第三步：爬取豆瓣网站影评信息。

在工作目录下创建"douban. py"文件并编写爬虫代码以获取数据，示例代码如下：

```python
# - * - coding：utf-8 - * -
from bs4 import BeautifulSoup
import urllib. request
def get_Html(url)：
    """获取 URL 页面"""
    headers = {'User-Agent':'Mozilla/5. 0 (Windows NT 10. 0; WOW64) AppleWebKit/537. 36 (KHT-
ML, like Gecko) Chrome/62. 0. 3202. 94 Safari/537. 36'}
    req = urllib. request. Request(url, headers = headers)
    req = urllib. request. urlopen(req)
    content1 = req. read(). decode('utf-8')
    return content1
def get_Comment(url)：
    """解析 HTML 页面"""
    html = get_Html(url)
    soupComment = BeautifulSoup(html,'html. parser')
    comments = soupComment. findAll('span', 'short')
    onePageComments = []
    for comment1 in comments：
        onePageComments. append(comment1. getText()+'\n')
    return onePageComments
def GetText()：
    content = []
    for page in range(10)：
        url = ' https://movie. douban. com/subject/34841067/comments? start = ' + str(20 * page) +
'&limit = 20&sort = new_score&status = P'
        # 从豆瓣网站上抓取电影《你好，李焕英》的评论
        for i in get_Comment(url)：
            content. append(i)
    print("爬虫成功")
    return content
```

第四步：创建基于 Flask 框架的 Web 服务器网页应用。

在工作目录下，创建"index. py"文件并编写以下代码：

```python
from flask import Flask, render_template, request, jsonify
import pymysql
import base64
import jieba
from imageio import imread
from wordcloud import WordCloud
import os
from douban import GetText
app = Flask(__name__)
@app.route("/")
def my_echart():
    return render_template('index.html')
    # render_template 函数会自动在 templates 文件夹中找到对应的 HTML 文件
    # 默认显示 index.html 页面
# 接收 TXT 文件
@app.route('/upload/file', methods=['POST'])
def upload_file():
    if request.method == 'POST':
        try:
            file = request.files['file']
            content = file.read().decode("utf-8")
            return jsonify({'data': content}), 200   # jsonify 可将字典转换为 JSON 数据
        except:
            return jsonify({'code': -1, 'msg': '文件上传失败！'}), 500
        finally:
            pass
# 获取爬虫文本
@app.route('/get/douban', methods=['POST'])
def get_text():
    if request.method == 'POST':
        try:
            content = GetText()
            return jsonify({'data': content}), 200
        except:
            return jsonify({'code': -1, 'msg': '文本上传失败！'}), 500
        finally:
            pass
# jieba 分词
@app.route('/cut/jieba', methods=['POST'])
def cut_jieba():
    if request.method == 'POST':
        try:
            content = request.json.get('content', None)
```

```python
        segment = jieba.lcut(content)    # 精确模式
        return jsonify({'data': segment}), 200
    except:
        return jsonify({'code': -1, 'msg': 'Jieba 分词失败！'}), 500
    finally:
        pass

# 去除停用词
@app.route('/remove/stopwords', methods=['POST'])
def remove_stopwords():
    if request.method == 'POST':
        try:
            segment = request.json.get('segment', None)
            new_segment = [x for x in segment if x not in ['\n', ' ']]
            with open("stopwords.txt", 'r', encoding='gbk') as f:
                stopwords = f.readlines()
                stopwords = [x.strip() for x in stopwords]
            words = [x for x in new_segment if x not in stopwords]
            return jsonify({'data': words}), 200
        except:
            return jsonify({'code': -1, 'msg': '去停用词失败！'}), 500
        finally:
            pass


# 生成词云图
@app.route('/genetate/cloud', methods=['POST'])
def generate_cloud():
    if request.method == 'POST':
        try:
            words = request.json.get('words', None)
            mask = imread(r'mask.jpg')    # 设置词云背景图
            wordcloud = WordCloud(font_path="simhei.ttf",    # 设置字体以显示中文
                                  background_color="white",
                                  mask=mask,
                                  scale=2,    # 缩放比例, 清晰度
                                  # width=400, height=400    # 设置图片默认大小, 若有背景图,
                                                             # 则依照背景图大小
                                  )
            wc = wordcloud.generate(words)
            wc.to_file("result.png")
            with open("result.png", 'rb') as f:
                image = f.read()
            image_base64 = str(base64.b64encode(image), encoding='utf-8')
            os.remove("result.png")    # 将指定路径下的原始图片删除, 方便后续选取图片存储位置
```

```
        return jsonify({'data': image_base64}), 200
    except :
        return jsonify({'code': -1, 'msg': '生成词云图失败！'}), 500
    finally :
        pass
if __name__ == '__main__':
    app.run(debug=True)    # 启用调试模式
```

第五步：创建用于显示词云分析的前端网页。

在工作目录中创建"templates"文件夹，并在此文件夹中创建文件"index. html"，编写前端页面，代码如下：

```
<!DOCTYPE html>
<html>
<head>
    <!--指定编码格式,防止出现中文乱码-->
    <meta charset="utf-8">
    <title>ECharts</title>
    <!-- 引入各项 JS 文件 -->
    <script src="{{ url_for('static', filename='echarts. min. js') }}"></script>
    <script src="{{ url_for('static', filename='map. js') }}"></script>
    <script src="{{ url_for('static', filename='tagcanvas. min. js') }}"></script>
    <script src="{{ url_for('static', filename='d3. layout. cloud. js') }}"></script>
    <script src="{{ url_for('static', filename='d3. v3. min. js') }}"></script>
        <!-- 词云部分页面设置 -->
    <link rel="shortcut icon" href="#" />
    <meta charset="UTF-8" />
    <meta name="viewport" content="width=device-width, initial-scale=1" />
    <title>wordcloud_generate</title>
    <style>
        . text{
            display: block;
            width: 100%;
            height: 140px;
            margin-top: 10px;
            margin-bottom: 20px;
        }
    </style>
</head>
<!-- 词云部分 body -->
<body style="padding: 0 20px 0 20px">
    <h2 align="center" style="color: darkslateblue">对电影豆瓣影评的词云分析</h2>
    <div style="display: flex; justify-content: space-between" >
        <div style="width: 45%">
```

```html
            <div>
                Step 1
                <input id="file" name="file" type="file" accept="text/plain" onchange="upload
(this)" />
                <button onclick="get_text()">获取爬虫内容</button>
                <textarea id="txt" class="text"></textarea>
            </div>
            <div>
                Step 2
                <button onclick="cut()">Jieba 分词</button>
                <textarea id="jieba" class="text"></textarea>
            </div>
            <div>
                Step 3
                <button onclick="remove()">去除停用词</button>
                <textarea id="stopwords" class="text"></textarea>
            </div>
        </div>
        <div style="width: 45%">
        <div>
            Step 4
            <button onclick="generate()">生成词云图</button>
            <button onclick="download()">下载词云图</button>
            <div style="width: 100%; min-height: 500px; border: 1px solid gray; margin-top: 10px">
                    <img src="../static/background.png" id="img" alt="词云图展示区" width=
"100%"/>
            </div>
        </div>
    </div>
</div>
<script src="https://ajax.aspnetcdn.com/ajax/jquery/jquery-3.5.1.min.js"></script>
<script>
    // 上传 TXT 文件
    function upload(obj) {
        let file = obj.files[0];
        let formFile = new FormData();
        formFile.append("file", file);  //加入文件对象
        $.ajax({
            url: "/upload/file",
            data: formFile,
            type: "POST",
            dataType: "json",
            cache: false,
            processData: false,
```

```javascript
            contentType: false,
            success: function (res) {
                document.getElementById('txt').value = res.data;
            },
            error: function(err) {
                alert('error: 文件上传失败! ');
                throw new Error();
            }
        })
    }
    // 获取爬虫内容
    function get_text() {
        $.ajax({
            url: "/get/douban",
            type: "POST",
            headers: {
                'Content-Type': 'application/json',
            },
            success: function (res) {
                document.getElementById('txt').value = res.data;
            },
            error: function (err) {
                alert('error: 爬虫文本获取失败! ');
                throw new Error();
            }
        })
    }
    // jieba 分词
    function cut() {
        const content = document.getElementById('txt').value
        $.ajax({
            url: "/cut/jieba",
            data: JSON.stringify({'content': content}),
            type: "POST",
            headers: {
                'Content-Type':'application/json',
            },
            success: function (res) {
                document.getElementById('jieba').value = res.data;
            },
            error: function(err) {
                alert('error: Jieba 分词失败! ');
                throw new Error();
```

```
        }
    })
}
// 去除停用词
function remove() {
    const content = document.getElementById('jieba').value.split(',')
    $.ajax({
        url: "/remove/stopwords",
        data: JSON.stringify({'segment': content}),
        type: "POST",
        headers: {
            'Content-Type':'application/json',
        },
        success: function (res) {
            document.getElementById('stopwords').value = JSON.stringify(res.data);
        },
        error: function(err) {
            alert('error: 去除停用词失败!');
            throw new Error();
        }
    })
}
// 生成词云图
function generate() {
    const content = document.getElementById('stopwords').value
    $.ajax({
        url: "/genetate/cloud",
        data: JSON.stringify({'words': content}),
        type: "POST",
        headers: {
            'Content-Type':'application/json',
        },
        success: function (res) {
            document.getElementById('img').src = 'data:image/jpeg;base64,' + res.data;
        },
        error: function(err) {
            alert('error: 生成词云图失败!');
            throw new Error();
        }
    })
}
// 下载词云图
function download() {
```

```
            let img = document. getElementById ('img') ,
            let url = img. src;
            var a = document. createElement ('a') ;
            a. href = url;
            a. download = "词云图 . png";
            var e = new MouseEvent ("click") ;
            a. click ( ) ;
        }
    </script>
  </body>
</html>
```

部分代码语句解释如下。

（1） from flask import Flask, render_template, request, jsonify

Flask 是一个使用 Python 编写的轻量级 Web 应用框架。它使用 BSD 授权，其 WSGI 工具箱采用 Werkzeug，模板引擎则使用 Jinja2。

（2） import base64

Base64 模块用来进行 Base64 编码和解码，常用于小型数据传输。编码后的数据是一个字符串，包括 0~9、a~z、A~Z、/、+共 64 个字符。

（3） import jieba

jieba 分词有三种模式：精确模式——把文本精确切分，不存在冗余词汇；全模式——把文本中所有可能的词汇都扫描出来，有冗余；搜索引擎模式——在精确模式的基础上，对长词汇再次切分。

在本可视化项目的电影豆瓣影评分析中，使用了精确模式进行分词。

（4） from imageio import imread

imageio 是一个 Python 库，提供了一个简单的接口来读取和写入各种图像数据，包括动画图像、视频、体积数据和科学格式。在本可视化项目的词云生成过程中，设置了基于 mask. jpg 的词云图。

（5） from wordcloud import WordCloud

wordcloud 是一个轻量级的 Python 词云生成库，依赖 NumPy、PIL(Pillow) 和 Matplotlib 等第三方库。

（6） import os

OS 模块是 Python 标准库中一个用于访问操作系统功能的模块，提供了一种可移植的方法来使用操作系统的功能。使用 OS 模块中提供的接口，可以实现跨平台访问。但是，OS 模块中的接口并不是在所有平台都通用的，有些接口的实现依靠特定平台下的接口。OS 模块中提供了一系列访问操作系统功能的接口，便于编写跨平台的应用。

（7） from douban import GetText

引入之前编写好的 douban. py 文件（该文件用于爬取相关电影的豆瓣影评）。

【任务总结】

通过学习本任务内容，在知识层面熟悉了 CSV 格式数据集的读取方法，在代码开发方面掌握了基于 Python 语言和 Matplotlib 库实现折线图、饼图、散点图与柱状图的可视化方法。可依据思考与练习扩展可视化应用的开发能力。

【思考与练习】

一、选择题

1. 在 2.1.1 节中，向服务器端发出 HTTP 请求时，调用的 Python 开源包是（　　）。

    A. request
                   B. jsons

    C. requests
                 D. json

2. 在 2.2.2 节中使用 plt.pie() 函数绘制饼图时，对其相关参数的描述中正确的是（　　）。

    A. explode：列表，表示每个扇区与圆心的距离，用于突出显示某些扇区

    B. center：(x,y)元组，表示饼图的中心位置，默认为(1,1)

    C. colors：每个饼块的颜色；类数组结构；颜色不可以循环使用

    D. shadow：饼图下是否有阴影，默认值为 True

3. CSV 文件的格式特点是（　　）。

    A. 数据间使用逗号分隔

    B. 数据间使用分号分隔

    C. 数据间使用 Tab 制表符分隔

    D. 数据间使用自定义字符分隔

4. 在 2.2.4 节中使用 plt.bar() 函数绘制柱状图时，对其相关参数的描述，不正确的是（　　）。

    A. align：表示柱子在 x 轴上的对齐方式，默认为'center'

    B. color：柱状图的边框颜色

    C. tick_label：柱状图的刻度标签

    D. linewidth：柱状图边框宽度

5. Matplotlib 工具包的特点不包括（　　）。

    A. 它是一种开源的可视化工具包

    B. 它是一种非开源的可视化工具包

    C. 它能够绘制散点图、折线图等基础图表

    D. 它能够绘制热力图等一些复杂的图表

二、实操练习题

1. 实现对"豆瓣电影分类排行榜——剧情片"数据的爬取。

2. 对"豆瓣电影分类排行榜——剧情片"数据进行过滤，只输出豆瓣评分大于 9.0 的排行记录。

3. 对"豆瓣电影分类排行榜——剧情片"数据进行统计分析，计算爬取的记录条数和评分的平均值。

项目 3　　Pyecharts 应用

在介绍 Matplotlib 之后，本项目将介绍 Pyecharts 绘图。与 Matplotlib 相比，Pyecharts 可实现丰富多样的绘图效果，同时具有独有的特点。Pyecharts 在基本图表、地图、3D 图表、层叠多图绘制，以及动画效果、交互控件等方面都有出色表现，是功能全面的绘图包，所以学习和使用 Pyecharts 是非常有必要的。

在 Pyecharts 出现之后，Python 的可视化工作方便了很多。因为它是开源项目，所以其图表种类丰富、使用方便，而且图表制作美观、运行稳定。本项目将 Pyecharts 基础知识与综合绘图融为一体，着重介绍 Pyecharts 常用配置项和图表的应用，同时结合综合应用对所学内容进行讲解。

本项目所有任务均在 Jupyter Notebook 中完成。

本项目具体工作如下：

1）Pyecharts 安装与入门。

2）Pyecharts 配置项简介与应用。

3）Pyecharts 常用图表绘制。

【学习目标】

通过本项目的学习，可掌握 Pyecharts 全局配置和系统配置项使用方法及数据类型，熟练调用、修改配置项参数以实现想要的功能，掌握 Pyecharts 绘制图表的基本方法和基本技能，重点掌握基础图表和直角系图表的绘制。了解 Pyecharts 绘图软件与 ECharts 在本质上的异同。

任务 3.1　Pyecharts 入门

ECharts 是一个开源的数据可视化 JavaScript 库，凭借其良好的交互性，精巧的图表设计，得到了众多开发者的认可。Python 是一门富有表达力的语言，很适合用于数据处理。当数据分析遇上数据可视化时，Pyecharts 便诞生了。

本任务将对 Pyecharts 的特点、安装、配置项等进行讲解与实践，初步了解 Pyecharts 的使用方法，掌握 Pyecharts 部分全局配置项的设置。另外，以实际数据为基础，绘制可视化图表，切身体会 Pyecharts 可视化工具的作用，拓宽大数据可视化知识面，利用 Pyecharts 绘制精美图表，激发学习兴趣与积极性。

通过学习本任务内容，了解 ECharts 与 Pyecharts 的特点，掌握 Pyecharts 的安装和主题应用，快速入门 Pyecharts，了解 Pyecharts 全局配置项类别，掌握绘图动画配置项、初始化配置项、工具箱配置项、工具箱工具配置项等的设置，并依据思考与练习巩固所学知识。

【知识与技能】

1. ECharts、Pyecharts 简介

Pyecharts 是一个用于生成 ECharts 图表的 Python 库，ECharts 是一个 JavaScript 库。Pyecharts 是连接 Python 与 ECharts 的桥梁，通过渲染机制，输出一个包含 JavaScript 代码的 HTML 文件。

Pyecharts 包含绘制基本图表、地图、三维图、多子图、动画五个功能。作为 Python 可视化浪潮的产物，它有简洁的 API 设计，而且包含 30 多种常见的图表函数。

此外，在代码编写方面，Pyecharts 支持主流的 Jupyter Notebook、JupyterLab 和 PyCharm 等编程环境，还可轻松集成至 Flask、Django 等主流 Web 框架。更为重要的是，它拥有 400 多种地图文件以及原生百度地图，为地理数据可视化提供强有力的支持。

Matplotlib 擅长绘制二维图表，尤其擅长在研究领域进行数据分析与可视化，具有稳定和使用方法简单的特点，同时能够满足对图表的定制化需求。Pyecharts 更擅长结合 Web 进行可视化大屏展示，使用非常方便，并且可与主流 Web 控件结合，形成交互式可视化大屏，在地图领域表现尤为突出。

2. AnimationOpts：动画配置项

顾名思义，动画配置项就是控制图表绘图过程的动画效果。动画配置项参数及说明见表 3-1。

表 3-1　动画配置项参数及说明

序号	名　　称	说　　明
1	animation：bool = True	是否开启动画，默认值为 True，表示开启
2	animation_threshold：Numeric = 2000	是否开启动画的阈值，当单个系列显示的图形数量大于这个阈值时，会关闭动画。默认值为 2000
3	animation_duration：Union[Numeric,JSFunc] = 1000	初始动画的时长，默认值为 1000，支持回调函数，可以通过每个数据返回不同的 delay 时间来实现更戏剧化的初始动画效果
4	animation_easing：Union[str] = "cubicOut"	初始动画的缓动效果
5	animation_delay：Union[Numeric,JSFunc] = 0	初始动画的延迟，默认值为 0。支持回调函数，可以通过每个数据返回不同的 delay 时间来实现更戏剧化的初始动画效果
6	animation_duration_update：Union[Numeric,JSFunc] = 300	数据更新动画的时长，默认值为 300。支持回调函数，可以通过每个数据返回不同的 delay 时间来实现更戏剧化的更新动画效果
7	animation_easing_update：Union[Numeric] = "cubicOut"	数据更新动画的缓动效果
8	animation_delay_update：Union[Numeric,JSFunc] = 0	数据更新动画的延迟，默认值为 0，支持回调函数，可以通过每个数据返回不同的 delay 时间来实现更戏剧化的更新动画效果

3. InitOpts：初始化配置项

在绘图开始前，绘图的准备工作均需要由初始化配置项中的函数来完成。初始化配置项参数及说明见表 3-2。

表 3-2　初始化配置项参数及说明

序号	名　　称	说　　明
1	width：str="900px"	图表画布宽度，CSS 长度单位
2	height：str="500px"	图表画布高度，CSS 长度单位
3	chart_id：Optional[str]=None	图表 ID，图表唯一标识，用于在多图表时区分不同图表
4	renderer：str=RenderType. CANVAS	渲染风格，可选项有"CANVAS"和"SVG"
5	page_title：str="Awesome-pyecharts"	网页标题
6	theme：str="white"	图表主题
7	bg_color：Optional[str]=None	图表背景颜色
8	js_host：str=""	远程 js_host，如果不设置，默认为 https：//assets. pyecharts. org/assets/
9	animation_opts：Union[AnimationOpts,dict]=AnimationOpts()	绘图动画初始化配置

之前讲到的绘图动画配置项其实包含在初始化配置项中，只是因为初始化配置项涉及多个函数，所以单独强调一下。初始化配置项不同于全局配置项和系列配置项，其函数都有默认值，如果不引用函数更改程序，就会自动取默认值来绘制图表。如图 3-1 所示便是取默认值时所绘的图表。

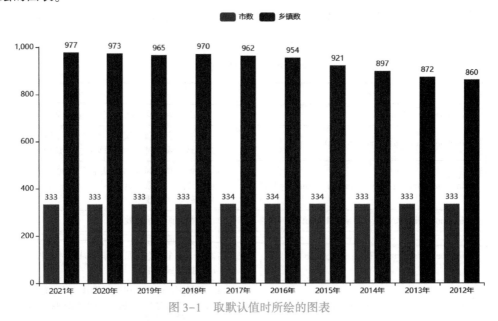

图 3-1　取默认值时所绘的图表

4. ToolboxOpts：工具箱配置项

工具箱配置项是一个调整、美化图标的工具，ToolboxOpts 类里包含了 6 个参数，它们共同控制工具栏组件的位置和大小。工具箱配置项参数及说明见表 3-3。

表 3-3　工具箱配置项参数及说明

序号	名　　称	说　　明
1	is_show：bool=True	工具栏组件显示开关
2	orient：str="horizontal"	工具栏的布局方向，可选项有'horizontal'和'vertical'

（续）

序号	名　称	说　明
3	pos_left : str = " 80% "	工具栏组件与容器左侧的距离，left 可以是像 20 这样的具体像素值，也可以是像'20%'这样相对于容器高、宽的百分比，还可以是'left'、'center'或 'right'。 如果 left 的值为'left'、'center'或'right'，则组件会根据相应的位置自动对齐
4	pos_right : Optional[str] = None	工具栏组件与容器右侧的距离，right 可以是像 20 这样的具体像素值，也可以是像 '20%' 这样相对于容器高、宽的百分比
5	pos_top : Optional[str] = None	工具栏组件与容器上侧的距离，top 可以是像 20 这样的具体像素值，也可以是像'20%'这样相对于容器高、宽的百分比，还可以是'top'、'middle'或'bottom'。如果 top 的值为'top'、'middle'或'bottom'，则组件会根据相应的位置自动对齐
6	pos_bottom : Optional[str] = None	工具栏组件与容器下侧的距离，bottom 可以是像 20 这样的具体像素值，也可以是像'20%'这样相对于容器高、宽的百分比

5. ToolBoxFeatureOpts：工具箱工具配置项

工具箱工具配置项参数及说明见表 3-4。

表 3-4　工具箱工具配置项参数及说明

序号	名　称	说　明
1	save_as_image : ToolBoxFeatureSaveAsImageOpts( )	保存图片
2	restore : ToolBoxFeatureRestoreOpts( )	配置项还原
3	data_view : ToolBoxFeatureDataViewOpts( )	数据视图工具，可以展现当前图表所用的数据，编辑后可以动态更新
4	data_zoom : ToolBoxFeatureDataZoomOpts( )	数据区域缩放（目前只支持直角坐标系的缩放）
5	magic_type : ToolBoxFeatureMagicTypeOpts( )	动态类型切换
6	brush : ToolBoxFeatureBrushOpts( )	选框组件的控制按钮

【任务实施】

3.1.1　Pyecharts 的安装

1. 安装 Pyecharts

使用 pip 安装，在命令行窗口输入以下命令：

3.1.1 Pyecharts 的安装

```
pip install pyecharts = = 1.9.1
```

注意，上述安装方法指定了版本 1.9.1，该版本是本书程序演示时所使用的版本。

2. 查看 Pyecharts 版本

```
# 导入包并输出版本
import pyecharts
print( pyecharts. __version__)
```

3.1.2 Pyecharts 快速入门

Pyecharts 可以绘制的图表种类很多，这里先总体了解一下它的使用风格、调用方式，再具体学习图表的绘制技巧。

第一步：导入包。

```
# 导入包
import pandas as pd
from pyecharts.charts import Bar
import sqlalchemy as sql
```

第二步：导入数据库数据。

这一步导入后续会用到的数据，因此后续步骤仅展示操作内容而不再重新导入数据。

```
# (1) 连接数据库
engine = sql.create_engine('mysql+pymysql://root:root@localhost:3306/dataproject')    # My3QL 名称
sql1 = '''select * from quxianrenshu'''              # MySQL 中表的名称
df = pd.read_sql(sql1, engine)
# (2) 将表中的数据赋值给变量
x_data = list(df["year"].values)
y_data1 = list(df["Number of prefecture level divisions"].values)
y_data1 = [int(i) for i in y_data1]
y_data2 = list(df["Number of municipal districts"].values)
print(type(y_data2[0]))
y_data2 = [int(i) for i in y_data2]
print(type(y_data2))
```

* 小提示 *

这里需要注意的是，因为 Pyecharts 的图表仅接受 list（列表）格式的数据，list 中的值应为 int，虽然直接从表格中赋值的数据也是 list 格式，但是其中的值为 numpy.int，如果不进行循环转化，那么在后续运行的时候，Pyecharts 图表就没有办法读取到值，而会输出一张空表。数据格式如图 3-2 所示。

```
y_data2=list(df["Number of municipal districts"].values)
print(type(y_data2[0]))
y_data2=[int(i) for i in y_data21]
print(type(y_data2))
```

```
<class 'numpy.int64'>
<class 'list'>
```

图 3-2　数据格式

第三步：读取数据并渲染。

本例首先创建一个柱状图 Bar 的对象 bar，并向 add_xaxis() 和 add_yaxis() 方法中分别传入 x 轴与 y 轴的标签设置参数，最后调用 render() 方法生成柱状图。

代码如下：

```
# 绘制柱状图函数
bar = Bar( )
# 传入 x、y 轴标签设置参数
bar. add_xaxis( x_data)
bar. add_yaxis("市数", y_data1)
bar. add_yaxis("乡镇数", y_data2)
bar. render( )
```

程序运行结果如图 3-3 所示。

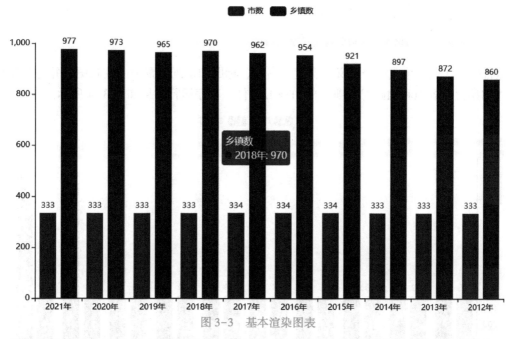

图 3-3　基本渲染图表

在简单了解了 Pyecharts 的使用风格及调用方式后，下面将详细讲解具体图形的绘制方法。

3.1.3　初始化配置项和动画配置项

本例首先从 pyecharts. charts 库中导入柱状图 Bar 类，通过 Bar 类的 init_opts 参数设置初始化配置项，其中 width 参数设置图表的宽度为"800px"，height 参数设置图表的高度为"400px"，page_title 参数设置生成的页面标题为"市数和乡镇数"，animation_opts 参数设置

3.1.3　初始化配置项和动画配置项

动画配置项为 False，即关闭动画效果。使用 add_xaxis( ) 方法传入 x 轴数据，使用 add_yaxis( ) 方法传入 y 轴数据。

代码如下：

```
# 导入包
from pyecharts. charts import Bar
from pyecharts import options as opts
# 创建 InitOpts 参数变量并输入数据
c = (
```

```
Bar(Init_opts = opts. InitOpts(
        width = "800px",
        height = "400px",
        page_title = "市数和乡镇数",
        # 下面的选项是开关动画的选项,当数据量大的时候,可以选择关闭
        animation_opts = opts. AnimationOpts( animation = False)
    ))
    .add_xaxis(x_data)
    .add_yaxis("市数", y_data1)
    .add_yaxis("乡镇数", y_data2))
# 输出结果
c. render("初始化配置项和动画配置项 .html")
```

运行以上代码,生成一个定义了宽度、高度、标题和动画配置项的柱状图,并将其保存为名为"初始化配置项和动画配置项"的 HTML 文件。程序运行结果如图 3-4 所示。

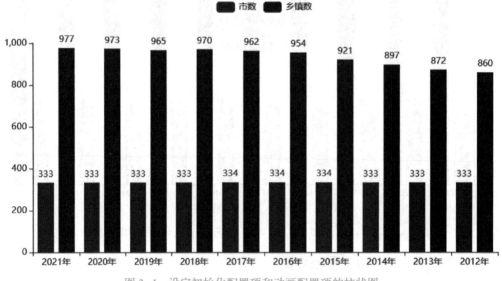

图 3-4　设定初始化配置项和动画配置项的柱状图

知识拓展

在上述代码中,动画配置项参数 animation_opts 设置成了 False,若设置为 True,则请读者自行观察和比较二者产生效果的不同之处。

InitOpts 类可以配置图像宽度、图像高度、图表 ID、渲染风格、网页标题、图表主题、背景颜色、远程 js_host、画图图表初始化动画配置。InitOpts 初始化类的应用方法对应的参数分别为:width、height、chart_id、renderer、page_title、theme、bg_color、js_host、animation_opts。

3.1.4　工具箱配置项和工具箱工具配置项

1. ToolboxOpts 应用

本例将通过 Bar( ) 函数创建一个柱状图 Bar 的对象 c,并使用 init_opts 参数设置初始化配

置项，其中 animation_opts 参数用来设置是否关闭动画效果。add_xaxis( ) 方法添加 x 轴数据，add_yaxis( ) 方法分别添加市数和乡镇数对应的 y 轴数据。.set_global_opts( ) 方法用于设置全局配置项，本例将设置标题、图例和工具箱选项，其中 title_opts 参数用于设置标题相关的选项，如标题内容、字体大小和位置等；legend_opts 参数用于设置图例的选项，包括布局、位置和选择模式等；toolbox_opts 参数用于设置工具箱的选项。

示例程序如下：

```
# 导入包
from pyecharts. charts import Bar
from pyecharts import options as opts
# 创建 InitOpts 参数变量并输入数据
c = (
    Bar( init_opts = opts. InitOpts(
        # 下面的选项是开关动画的选项，当数据量大的时候,可以选择关闭
        animation_opts = opts. AnimationOpts( animation = False)
    ))
. add_xaxis( x_data)
. add_yaxis( "市数", y_data1)
. add_yaxis( "乡镇数", y_data2)
        # 全局配置项中工具箱配置项的应用
. set_global_opts(
    title_opts = opts. TitleOpts(
    title = "2012—2021 年市数和乡镇数",
    title_textstyle_opts = opts. TextStyleOpts( font_size = 22),
    pos_right = " center"),
# 全局配置项中图例配置项的应用
    legend_opts = opts. LegendOpts(
        type_ = 'scroll',
        selected_mode = 'double',
        pos_left = 'center',
        pos_top = '95%',
        orient = 'horizontal',
            ),
        toolbox_opts = opts. ToolboxOpts( )
    )
)
# 输出结果
c. render_notebook( )
```

程序运行结果如图 3-5 所示。

2. 布局设置

toolbox_opts 是全局配置项中的工具箱配置项，用于设置工具箱的选项，包括布局和位置等。在本示例代码中，toolbox_opts 的具体设置如下，orient = 'vertical' 表示将工具箱垂直排列，

pos_left='90%'表示将工具箱水平位置设置为相对于图表容器宽度的 90%，pos_top='10%'表示将工具箱垂直位置设置为相对于图表容器高度的 10%。这样设置后，工具箱将以垂直方向排列，并显示在图表容器的右上角位置。

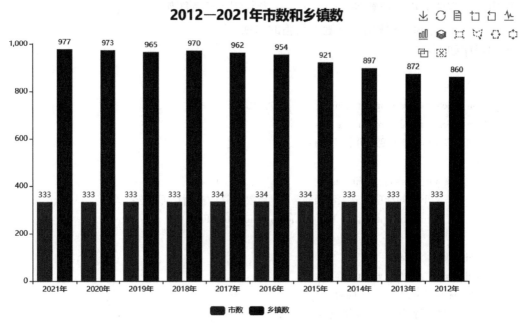

图 3-5　设置工具箱配置项的柱状图

示例程序如下：

```
# 导入包
from pyecharts. charts import Bar
from pyecharts import options as opts
# 创建 InitOpts 参数变量并输入数据
c = (
    Bar( init_opts = opts. InitOpts( ) )
. add_xaxis( x_data)
. add_yaxis("市数", y_data1)
. add_yaxis("乡镇数", y_data2)
# 全局配置项中标题配置项（以 22 号字体大小居中显示）
    . set_global_opts(
    title_opts = opts. TitleOpts(
        title = "2012—2021 年市数和乡镇数",
        title_textstyle_opts = opts. TextStyleOpts( font_size = 22) ,
        pos_right = " center") ,
# 全局配置项中图例配置项
    legend_opts = opts. LegendOpts(
        type_ = 'scroll',
        selected_mode = 'double',
        pos_left = 'center',
```

```
                pos_top = '95%',
                orient = 'horizontal',
            ),
        # 全局配置项中工具箱配置项
        toolbox_opts = opts. ToolboxOpts(
            orient = 'vertical',
            pos_left = '90%',
            pos_top = '10%')
    )
)
# 输出结果
c. render_notebook( )
```

程序运行结果如图 3-6 所示。

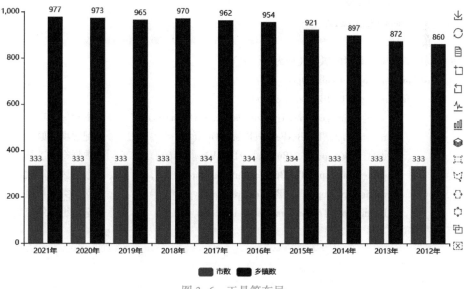

2012—2021年市数和乡镇数

图 3-6　工具箱布局

3. 工具箱工具配置项 ToolBoxFeatureOpts

在工具箱工具配置项中，使用 opts. ToolBoxFeatureOpts( )来设置工具箱的功能选项，其中包括多个功能项，如保存图片、还原配置、数据视图工具、数据区域缩放、动态类型切换和选框组件的控制按钮。这些选项可以根据需求进行启用或禁用，默认情况下均为启用状态。

示例程序如下：

```
# 导入包
from pyecharts. charts import Bar
from pyecharts import options as opts
# 创建 InitOpts 参数变量
c = (
```

```
Bar( init_opts = opts. InitOpts( ) )
. add_xaxis( x_data )
. add_yaxis( "市数", y_data1 )
. add_yaxis( "乡镇数", y_data2 )
# 全局配置项中标题配置项
. set_global_opts(
    title_opts = opts. TitleOpts(
        title = "2012—2021 年市数和乡镇数",
        title_textstyle_opts = opts. TextStyleOpts( font_size = 22 ),
        pos_right = " center" ),
# 全局配置项中图例配置项
    legend_opts = opts. LegendOpts(
        type_ = 'scroll',
        selected_mode = 'double',
        pos_left = 'center',
        pos_top = '95%',
        orient = 'horizontal',
    ),
# 全局配置项中工具箱配置项（均为默认值）
    toolbox_opts = opts. ToolboxOpts(
        feature = opts. ToolBoxFeatureOpts(
            save_as_image = opts. ToolBoxFeatureSaveAsImageOpts( ),    # 图片保存项
            restore = opts. ToolBoxFeatureRestoreOpts( ),              # 配置项还原
            data_view = opts. ToolBoxFeatureDataViewOpts( ),          # 数据视图工具
            data_zoom = opts. ToolBoxFeatureDataZoomOpts( ),          # 数据区域缩放
            magic_type = opts. ToolBoxFeatureMagicTypeOpts( ),        # 动态类型切换
            brush = opts. ToolBoxFeatureBrushOpts( )                  # 选框组件的控制按钮
        )
    )
)
)
# 输出图表
c. render_notebook( )
```

程序运行结果如图 3-7 所示。

【任务总结】

通过本任务的学习，了解 Pyecharts 的发展、演变过程，认识 ECharts 的发展带动并加快了 Python 可视化进程，从而衍生出了 Pyecharts，学习了 Pyecharts 初始化配置项内容，如初始化配置项、动画配置项、工具箱配置项等。

本任务的重点是学习 Pyecharts 发展过程以及 Pyecharts 初始化配置项的代码实例。

基于本任务，完成了 Pyecharts 可视化配置项的部分内容，为后续学习可视化图表打好了基础。

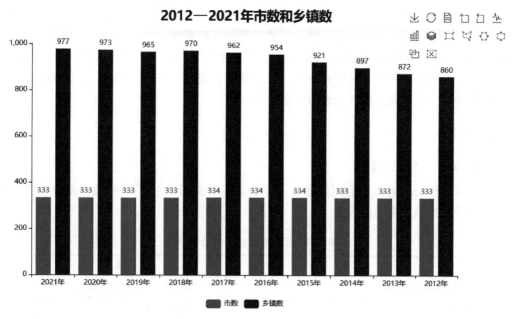

图 3-7 工具箱配置项设置后的柱状图

任务 3.2 设置全局配置项

什么是全局配置项？Pyecharts 中并没有给出一个具体的概念解释，而是提供了一张图，如图 3-8 所示。

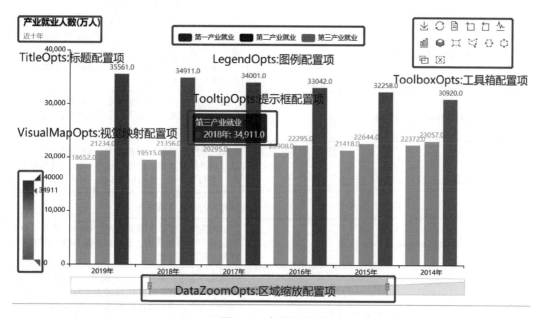

图 3-8 全局配置项

全局配置项包括标题配置项、图例配置项、工具箱配置项、视觉映射配置项、提示框配置项和区域缩放配置项等组件。全局配置项中具体的组件作用于全局，即作用在整个图形中。官方文件中一共介绍了 22 个组件，大多有异曲同工之处。本任务通过常用的数据实例，将这些配置项具体应用到可视化图表当中，展示如何设置全局配置项。

通过学习本任务内容，可了解 Pyecharts 全局配置项的功能、参数和特点，熟悉 Pyecharts 全局配置项中工具箱配置项、标题配置项、区域缩放配置项、图例配置项、视觉映射配置项、提示框配置项等，最后通过思考与练习巩固所学知识。

【知识与技能】

1. TitleOpts：标题配置项

顾名思义，标题配置项是给图表命名一个标题。标题分为主、副标题，都可以为一个链接。标题配置项参数及说明见表 3-5。

表 3-5　标题配置项参数及说明

序号	名　　称	说　　明
1	title:Optional[str]=None	主标题文本，支持使用\n 换行
2	title_link:Optional[str]=None	主标题跳转 URL 链接
3	title_target:Optional[str]=None	主标题跳转链接方式，默认值是 blank。可选参数有'self'和'blank'，其中'self'表示在当前窗口打开，'blank'表示在新窗口打开
4	subtitle:Optional[str]=None	副标题文本，支持使用\n 换行
5	subtitle_link:Optional[str]=None	副标题跳转 URL 链接
6	subtitle_target:Optional[str]=None	副标题跳转链接方式，默认值是 blank。可选参数有'self'和'blank'，其中'self'表示在当前窗口打开，'blank'表示在新窗口打开
7	pos_left:Optional[str]=None	title 组件与容器左侧的距离，left 的值可以是像 20 这样的具体像素值，也可以是像'20%'这样相对于容器高、宽的百分比，还可以是'left'、'center'或'right'。如果 left 的值为'left'、'center'或'right'，则组件会根据相应的位置自动对齐
8	pos_right:Optional[str]=None	title 组件与容器右侧的距离，right 的值可以是像 20 这样的具体像素值，也可以是像'20%'这样相对于容器高、宽的百分比
9	pos_top:Optional[str]=None	title 组件与容器上侧的距离，top 的值可以是像 20 这样的具体像素值，也可以是像'20%'这样相对于容器高、宽的百分比，还可以是'top'、'middle'或'bottom'。如果 top 的值为'top'、'middle'或'bottom'，则组件会根据相应的位置自动对齐
10	pos_bottom:Optional[str]=None	title 组件与容器下侧的距离，bottom 的值可以是像 20 这样的具体像素值，也可以是像'20%'这样相对于容器高、宽的百分比
11	padding:Union[Sequence,Numeric]=5	标题内边距，单位为 px（像素），默认各方向内边距为 5。可使用数组分别设定上、右、下、左 4 个方向的内边距，如设置内边距为 5，即 padding:5；设置上下的内边距为 5，左右的内边距为 10，即 padding:[5,10]；分别设置上、右、下、左 4 个方向的内边距，即 padding:[5,10,5,10]
12	item_gap:Numeric=10	主、副标题之间的距离

2. LegendOpts：图例配置项

图例配置项是指对选定数据的标识。图例配置项参数及说明见表 3-6。

表 3-6　图例配置项参数及说明

序号	名　　称	说　　明
1	type_：Optional[str] = None	图例的类型。可选值有'plain'和'scroll'。 'plain'：普通图例，默认值；'scroll'：可滚动翻页的图例，当图例数量较多时，可以使用它
2	selected_mode：Union[str,bool,None] = None	图例选择的模式，控制是否可以通过单击图例改变系列的显示状态。默认开启图例选择，可以设成 false 以关闭此模式。也可以设成'single'（单选）或者'multiple'（多选）
3	is_show：bool = True	是否显示图例组件
4	pos_left：Union[str,Numeric,None] = None	图例组件与容器左侧的距离。left 的值可以是像 20 这样的具体像素值，也可以是像'20%'这样相对于容器高、宽的百分比，还可以是'left'、'center'或'right'。 　如果 left 的值为'left'、'center'或'right'，则组件会根据相应的位置自动对齐
5	pos_right：Union[str,Numeric,None] = None,	图例组件与容器右侧的距离。right 的值可以是像 20 这样的具体像素值，也可以是像'20%'这样相对于容器高、宽的百分比
6	pos_top：Union[str,Numeric,None] = None	图例组件与容器上侧的距离。top 的值可以是像 20 这样的具体像素值，也可以是像'20%'这样相对于容器高、宽的百分比，还也可以是'top'、'middle'或'bottom'。 　如果 top 的值为'top'、'middle'或'bottom'，则组件会根据相应的位置自动对齐
7	pos_bottom：Union[str,Numeric,None] = None	图例组件与容器下侧的距离。bottom 的值可以是像 20 这样的具体像素值，也可以是像'20%'这样相对于容器高、宽的百分比
8	orient：Optional[str] = None	图例列表的布局方向。可选值有'horizontal'和'vertical'
9	align：Optional[str] = None	图例标记和文本的对齐。可选值有'auto'、'left'和'right'。默认值为自动（auto），即由组件的位置和 orient 决定。 　当组件的 left 值为'right'以及纵向布局（orient 为'vertical'）时，为右对齐，即'right'
10	padding：int = 5	图例内边距，单位为 px，默认各方向内边距为 5
11	item_gap：int = 10	图例每项之间的间隔。横向布局时为水平间隔，纵向布局时为纵向间隔，默认间隔为 10
12	item_width：int = 25,	图例标记的图形宽度。默认宽度为 25
13	item_height：int = 14	图例标记的图形高度。默认高度为 14
14	inactive_color：Optional[str] = None	图例关闭时的颜色。默认是 #ccc
15	legend_icon：Optional[str] = None	图例项的图标。ECharts 提供的图标类型包括'circle'、'rect'、'roundRect'、'triangle'、'diamond'、'pin'、'arrow'和'none'。 　可以通过'image://url'将图标设置为图片，其中 url 为图片的链接或者 data URI，也可以通过'path://'将图标设置为任意的矢量路径

3. VisualMapOpts：视觉映射配置项

视觉映射配置项在全局配置项中包含参数最多，因为它掌控了可观察图标的所有可视项的参数，见表3-7。

表3-7 视觉映射配置项参数及说明

序号	名 称	说 明
1	is_show：bool=True	是否显示视觉映射配置
2	type_：str="color"	映射过渡类型，可选值有"color"、"size"
3	min_：Union[int,float]=0	指定 visualMapPiecewise 组件的最小值
4	max_：Union[int,float]=100	指定 visualMapPiecewise 组件的最大值
5	range_text：Union[list,tuple]=None	两端的文本，如［'High','Low']
6	range_color：Union[Sequence[str]]=None	visualMap 组件过渡颜色
7	range_size：Union[Sequence[int]]=None	visualMap 组件过渡 symbol 大小
8	range_opacity：Optional[Numeric]=None	visualMap 图元及其附属物（如文字标签）的透明度
9	orient：str="vertical"	表示如何放置 visualMap 组件，即水平（'horizontal'）或者垂直（'vertical'）
10	pos_left：Optional[str]=None	visualMap 组件与容器左侧的距离，left 的值可以是像 20 这样的具体像素值，也可以是像'20%'这样相对于容器高、宽的百分比，还可以是'left'、'center'或'right'。 如果 left 的值为'left'、'center' 或 'right'，则组件会根据相应的位置自动对齐
11	pos_right：Optional[str]=None	visualMap 组件与容器右侧的距离，right 的值可以是像 20 这样的具体像素值，也可以是像'20%' 这样相对于容器高、宽的百分比
12	pos_top：Optional[str]=None	visualMap 组件与容器上侧的距离，top 的值可以是像 20 这样的具体像素值，也可以是像'20%'这样相对于容器高、宽的百分比，还可以是 'top'、'middle' 或 'bottom'。 如果 top 的值为'top'、'middle'或'bottom'，则组件会根据相应的位置自动对齐
13	pos_bottom：Optional[str]=None	visualMap 组件与容器下侧的距离，bottom 的值可以是像 20 这样的具体像素值，也可以是像'20%'这样相对于容器高、宽的百分比
14	split_number：int=5	对于连续型数据，自动平均切分成几段，默认为 5 段。连续数据的范围由 max 和 min 共同指定
15	series_index：Union[Numeric,Sequence,None]=None	指定取哪个系列的数据，默认取所有系列
16	dimension：Optional[Numeric]=None	组件映射维度
17	is_calculable：bool=True	是否显示拖拽用的手柄（手柄能拖拽调整选中范围）
18	is_piecewise：bool=False	是否为分段型
19	is_inverse：bool=False	是否翻转 visualMap 组件
20	precision：Optional[int]=None	数据展示的小数精度。连续型数据平均分段，精度根据数据自适应；连续型数据自定义分段或离散数据根据类别分段，精度默认为 0（没有小数）

（续）

序号	名　称	说　明
21	pieces：Optional［Sequence］＝None	自定义的每一段的范围、每一段的文字，以及每一段的特别样式
22	out_of_range：Optional［Sequence］＝None	定义在选中范围外的视觉元素。用户可以和 visualMap 组件交互，用鼠标或点触选择范围。可选的视觉元素有： • symbol，图元的图形类别； • symbolSize，图元的大小； • color，图元的颜色； • colorAlpha，图元的颜色的透明度； • opacity，图元及其附属物（如文字标签）的透明度； • colorLightness，颜色的明暗度，参见 HSL； • colorSaturation，颜色的饱和度，参见 HSL； • colorHue，颜色的色调，参见 HSL
23	item_width：int＝0	图形的宽度，即长条的宽度
24	item_height：int＝0	图形的高度，即长条的高度
25	background_color：Optional［str］＝None	visualMap 组件的背景色
26	border_color：Optional［str］＝None	visualMap 组件的边框颜色
27	border_width：int＝0	visualMap 边框线宽，单位为 px

4. TooltipOpts：提示框配置项

提示框配置项是指光标移动到图上之后显示数据的框架指示框。提示框配置项参数及说明见表 3-8。需要说明的是，formatter 参数支持回调函数，应注意回调函数的格式。

表 3-8　提示框配置项参数及说明

序号	名　称	说　明
1	is_show：bool＝True	是否显示提示框组件，包括提示框浮层和 axisPointer
2	trigger：str＝"item"	触发类型。可选值有： • 'item'，数据项图形触发，主要在散点图，饼图等无数目轴的图表中使用； • 'axis'，坐标轴触发，主要在柱状图，折线图等使用类目轴的图表中使用； • 'none'，什么都不触发
3	trigger_on：str＝"mousemove ｜ click"	提示框触发的条件。可选值有： • 'mousemove'，鼠标移动时触发； • 'click'，单击鼠标时触发；'mousemove｜click'，同时移动和单击鼠标时触发； • 'none'，不在 'mousemove' 或 'click' 时触发
4	axis_pointer_type：str＝"line"	指示器类型。可选值有： • 'line'，直线指示器； • shadow'，阴影指示器； • 'none'，无指示器； • 'cross'，十字准星指示器，其实这是一种简写，表示启用两个正交轴的 axisPointer

（续）

序号	名　称	说　明
5	is_show_content:bool＝True	是否显示提示框浮层,默认为显示。 在只需要 tooltip 触发事件或显示 axisPointer 而不需要显示内容时,可配置该项为 False
6	is_always_show_content:bool＝False	是否永远显示提示框内容。默认情况下,在移出可触发提示框区域的一定时间后隐藏。设置为 True 可保证一直显示提示框内容
7	show_delay:Numeric＝0	浮层显示的延迟,单位为 ms。默认没有延迟,不建议设置延迟
8	hide_delay:Numeric＝100	浮层隐藏的延迟,单位为 ms。在 alwaysShowContent 为 True 时无效
9	position:Union[str,Sequence,JSFunc]＝None	提示框浮层的位置。默认为不设置,位置会跟随光标的位置。 ● 通过数组配置:绝对位置,相对于容器左侧10px、上侧10px,即 position:[10,10];相对位置,放置在容器正中间,即 position:['50%','50%']。 ● 通过回调函数配置。 ● 固定参数配置:包括设置'inside'、'top'、'left'、'right'和'bottom'
10	formatter:Optional[str]＝None	标签内容格式器,支持字符串模板和回调函数两种形式,字符串模板与回调函数返回的字符串均支持用 \n 换行
11	background_color:Optional[str]＝None	提示框浮层的背景颜色
12	border_color:Optional[str]＝None	提示框浮层的边框颜色
13	border_width:Numeric＝0	提示框浮层的边框宽度

【任务实施】

3.2.1　标题配置项

全局配置项使用 set_global_opts 方法设置,主要包括标题（即主标题）、副标题、标题链接、标题样式、副标题样式、位置等。下面结合第一、二、三产业的就业数据进行可视化演示。本示例主要用到以下几个参数:opts. TitleOpts( )可设置全局配置项中的标题配置项;参数 title 用来设置标题的文本内容;参数 subtitle 用来设置副标题的文本内容;参数 title_link 用来设置标题跳转链接,单击标题时会在新标签页中打开该链接;title_target 用来设置标题跳转打开方式,其中 'self' 表示在当前窗口打开,'blank'表示在新窗口打开。

示例程序如下:

```
# 载入包
from pyecharts. charts import Bar
from pyecharts import options as opts
```

```
import sqlalchemy as sql
import pandas as pd
# 连接数据库
# MySQL 数据库名称
engine = sql. create_engine('mysql+pymysql://root:root@localhost:3306/dataproject')
sql1 = '''select * from jiuye'''      # MySQL 数据库中表的名称
df = pd. read_sql(sql1,engine)
# 将表中的数据赋值给变量
x_data = list(df["时间"].values)
y_data1 = list(df["第一产业就业人员(万人)"].values)
y_data2 = list(df["第二产业就业人员(万人)"].values)
y_data3 = list(df["第三产业就业人员(万人)"].values)
# 设置初始化配置项并传入参数
c = (
     Bar(init_opts = opts. InitOpts())
     . add_xaxis(x_data)
     . add_yaxis("第一产业就业", y_data1)
     . add_yaxis("第二产业就业", y_data2)
     . add_yaxis("第三产业就业", y_data3)
# 全局配置项中的标题配置项
     . set_global_opts(title_opts = opts. TitleOpts(
          title = "2012—2021 年三种产业就业人员数量",
          subtitle = '近十年',
          title_link = 'https://data. stats. gov. cn/easyquery. htm?cn = C01',   # 主标题跳转链接
          title_target = 'blank',
          title_textstyle_opts = opts. TextStyleOpts(font_size = 22),
          subtitle_textstyle_opts = opts. TextStyleOpts(
               color = '# f987a2', font_size = 22),
          pos_right = "center"),
          # 全局配置项中的图例配置项
          legend_opts = opts. LegendOpts(
               type_ = 'scroll',
               selected_mode = 'double',
               pos_left = 'center',
               pos_top = '95%',
               orient = 'horizontal')
     )
)
# 输出图表
c. render_notebook()
```

程序运行结果如图 3-9 所示。

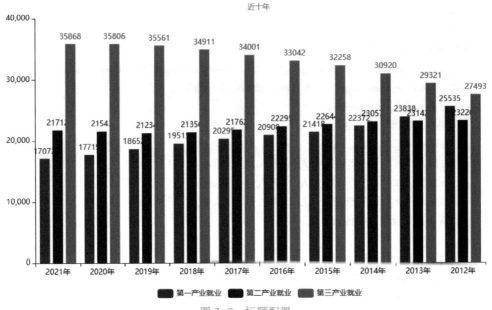

图 3-9　标题配置

3.2.2　图例配置项

图例用于标识不同系列的数据，方便用户对图表进行交互和数据筛选。柱状图的图例的设置包括图例类型、选择模式、位置和排列方式等。本示例沿用 3.2.1 节中的操作的数据集，这里省略相关代码，相同操作也不再赘述。

示例程序如下：

```python
c = (
        Bar(init_opts = opts. InitOpts( ))
    . add_xaxis( x_data)
    . add_yaxis("第一产业就业", y_data1)
    . add_yaxis("第二产业就业", y_data2)
    . add_yaxis("第三产业就业", y_data3)
. set_global_opts(
# 全局配置项中的标题配置项
    title_opts = opts. TitleOpts(
        title = "2012—2021 年三种产业就业人员数量",
        title_textstyle_opts = opts. TextStyleOpts( font_size = 22),
        pos_right = " center"),
# 全局配置项中的图例配置项
    legend_opts = opts. LegendOpts(
        type_ = 'scroll',
        selected_mode = 'double',
        pos_left = 'center',
        pos_top = '5%',
```

```
            orient = 'horizontal'
        ) ) )
    c. render_notebook ( )
```

本示例涉及的关键参数的解释如下。

- pos_right = "center"：设置标题在图表中水平居中显示。
- legend_opts = opts. LegendOpts ( )：设置全局配置项中的图例配置项。
- type_ = 'scroll'：设置图例的类型为滚动型，当图例项过多时，可以滚动查看。
- selected_mode = 'double'：设置图例的选择模式为双选，即可以同时选择多个图例项。
- pos_left = 'center'：设置图例在图表中水平居中显示。
- pos_top = '5%'：设置图例在图表中距离顶部的位置为 5%。
- orient = 'horizontal'：设置图例的排列方式为水平排列。

程序运行结果如图 3-10 所示。

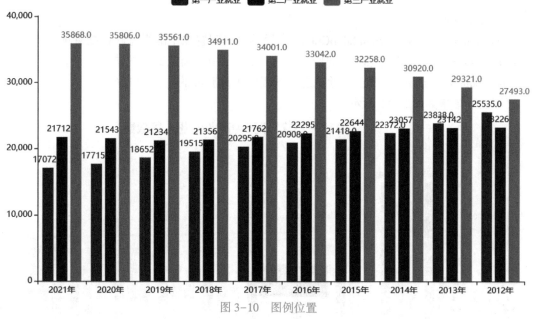

图 3-10   图例位置

3.2.3   视觉映射配置项

视觉映射是一种通过颜色或其他视觉手段来表示数据变化的方式。在柱状图中，通常会将不同的"柱子"根据其数值大小着色，而视觉映射配置项则可以用于控制这种着色的范围和位置。通过设置最大值和位置等参数，可以调整视觉映射的效果以及在图表中的展示位置。下面的代码用于设置全局配置项中的视觉映射配置项。

```
c = (
        Bar(init_opts = opts. InitOpts ( ))
    . add_xaxis (x_data)
    . add_yaxis ("第一产业就业", y_data1)
```

```
            .add_yaxis("第二产业就业", y_data2)
            .add_yaxis("第三产业就业", y_data3)
            .set_global_opts(
        # 全局配置项中的视觉映射配置项
            visualmap_opts = opts.VisualMapOpts(
                max_ = 40000,
                pos_bottom = "10%"),
        # 全局配置项中的标题配置项
            title_opts = opts.TitleOpts(
                title = "2012—2021 年三种产业就业人员数量",
                title_textstyle_opts = opts.TextStyleOpts(font_size = 22),
                pos_right = "center")
        # 全局配置项中的图例配置项，请参考之前的代码
        ))
            c.render_notebook()
```

关键参数解释如下。

- visualmap_opts = opts.VisualMapOpts()：设置全局配置项中的视觉映射配置项。
- max_ = 40000：设置视觉映射的最大值为 40000，用于确定颜色的映射范围。
- pos_bottom = "10%"：设置视觉映射在图表中距离底部的位置为 10%。

程序运行结果如图 3-11 所示。

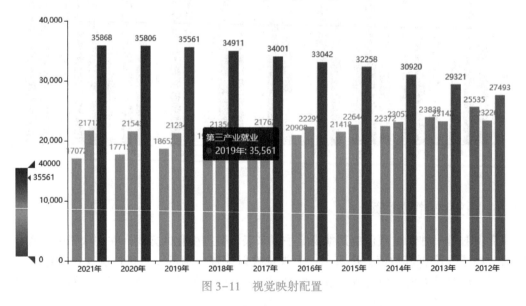

图 3-11　视觉映射配置

3.2.4　提示框配置项

提示框在图表中提供了详细的数据信息展示功能。通过配置提示框，可以让用户在交互式地浏览柱状图时获取更多的数据细节信息，提升图表的可读性和可用性。

下面通过 opts.TooltipOpts() 设置提示框的相关配置。本示例没有传入任何参数，即使用默

认的提示框的样式和行为。当光标悬停在柱状图的"柱子"上时，会显示"柱子"对应的数据信息。也可以根据需要，通过修改 TooltipOpts 的参数自定义提示框的样式和行为。

示例程序如下：

```
c = (
        Bar( init_opts = opts. InitOpts( ))
    . add_xaxis( x_data)
    . add_yaxis( "第一产业就业", y_data1)
    . add_yaxis( "第二产业就业", y_data2)
    . add_yaxis( "第三产业就业", y_data3)
    . set_global_opts(
# 全局配置项中的提示框配置项
        tooltip_opts = opts. TooltipOpts( ),
# 全局配置项中的标题配置项
        title_opts = opts. TitleOpts(
        title = "2012—2021 年三种产业就业人员数量",
        title_textstyle_opts = opts. TextStyleOpts( font_size = 22),
        pos_right = "center" )
# 全局配置项中的图例配置项，请参考之前的代码

)))
c. render_notebook( )
```

程序运行结果如图 3-12 所示。

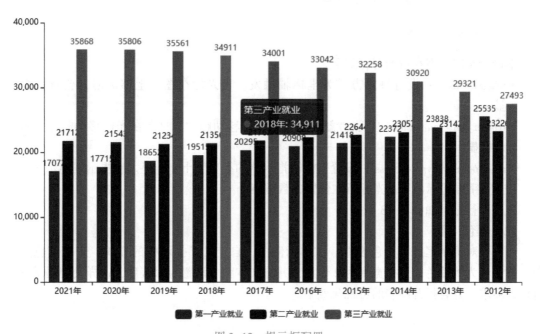

图 3-12　提示框配置

除了上述简单的输出以外，还可以在 Tooltip_opts = opts. TooltipOpts( ) 的 TooltipOpts( ) 中添加相应的方法，丰富提示框的样式和行为。

（1）框架使用

本例要求在光标移动到图表上时，以十字准星的形式显示提示框，并且仅在光标移动时触发提示框的显示。

示例部分程序如下：

```
c = (
            Bar( init_opts = opts. InitOpts( ) )
        . add_xaxis( x_data)
        . add_yaxis( "第一产业就业", y_data1)
        . add_yaxis( "第二产业就业", y_data2)
        . add_yaxis( "第三产业就业", y_data3)
    . set_global_opts(
    # 全局配置项中的提示框配置项
    tooltip_opts = opts. TooltipOpts(
        trigger = 'axis',
        trigger_on = 'mousemove',
        axis_pointer_type = 'cross'),
    # 全局配置项中的标题配置项
        title_opts = opts. TitleOpts(
            title = "2012—2021 年三种产业就业人员数量",
            title_textstyle_opts = opts. TextStyleOpts( font_size = 22),
            pos_right = "center")
    # 全局配置项中的图例配置项，请参考之前的代码
    ))
    c. render_notebook( )
```

本例涉及的关键参数的解释如下。

- trigger = 'axis'：设置触发方式为坐标轴触发。当光标在图表上移动时，会触发提示框显示。
- trigger_on = 'mousemove'：设置触发条件为光标移动触发。只有在光标移动时才会触发提示框显示。
- axis_pointer_type = 'cross'：设置坐标轴指示器的类型为十字准星。在提示框显示时，会通过十字准星标识当前光标所在位置的数据点。

程序运行结果如图 3-13 所示。

（2）颜色设置

还可以对提示框进行颜色设置。在本示例中，自定义了提示框的样式，边框颜色为浅绿色，背景色为浅粉色，边框宽度为 2 像素，并将文本颜色设置为深蓝色，这样会使提示框更符合设计需求，并且提升图表的可视化效果。

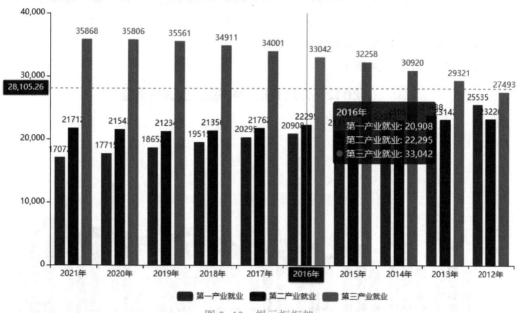

图 3-13 提示框框架

示例程序如下：

```
c = (
    Bar(init_opts = opts.InitOpts())
    .add_xaxis(x_data)
    .add_yaxis("第一产业就业", y_data1)
    .add_yaxis("第二产业就业", y_data2)
    .add_yaxis("第三产业就业", y_data3)
.set_global_opts(
# 全局配置项中的提示框配置项(边框背景颜色)
tooltip_opts = opts.TooltipOpts(
    trigger = 'axis',
    border_color = "#69d6c1",
    background_color = "#f987a2",
    border_width = 2,
    textstyle_opts = opts.TextStyleOpts(color = '#2521E5')),
# 全局配置项中的标题配置项
    title_opts = opts.TitleOpts(
        title = "2012—2021 年三种产业就业人员数量",
        title_textstyle_opts = opts.TextStyleOpts(font_size = 22),
        pos_right = "center")
# 全局配置项中的图例配置项，请参考之前的代码
))
c.render_notebook()
```

本例涉及的关键参数的解释如下。

● tooltip_opts = opts.TooltipOpts()：设置全局配置项中的提示框配置项。

- trigger='axis'：设置触发方式为坐标轴触发。
- border_color="#69d6c1"：设置提示框边框颜色为"#69d6c1"，即一种浅绿色。
- background_color="#f987a2"：设置提示框背景色为"#f987a2"，即一种浅粉色。
- border_width=2：设置提示框边框宽度为2像素。

程序运行结果如图3-14所示。

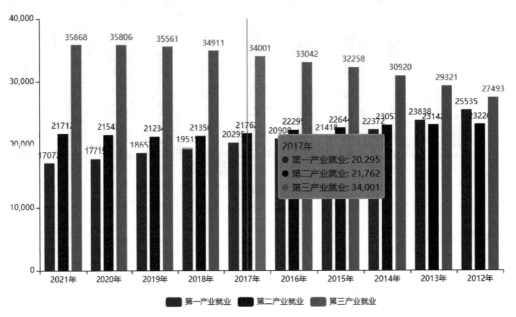

图3-14　提示框框架颜色

【任务总结】

通过本任务的学习，了解了Pyecharts的全局配置项，如标题配置项、区域缩放配置项、图例配置项、视觉映射配置项、提示框配置项等。

本任务的重点是学习Pyecharts的全局配置项概念，以及Pyecharts的全局配置项内容的代码实例，可通过反复练习、继续学习相关知识等方式来巩固所学知识。

基于本任务，完成了Pyecharts可视化配置项的部分内容，为后续学习可视化图表打好了基础。

任务3.3　设置系列配置项

和全局配置项一样，Pyecharts并没有给系列配置项下一个明确的定义。系列配置项通常指可对局部某一系列参数进行设置的配置项。这里的"局部某一系列"，可以是柱状图里某个"柱子"、折线图里某一系列数据对应的一条折线、图表里的某部分文字等。为了更好地展现数据，在作图时需要对图表里的某部分做出个性化修改，此时就是系列配置项大展身手的时候了。

系列配置项里包括图元样式配置项、文字样式配置项和标签配置项等组件，这些具体组件作用在系列上，即作用在整个图形中。在 Pyecharts 的官方文档中，系列配置项共包含 17 个组件，它们大多有异曲同工之处。本任务通过常用的数据实例将这些配置项具体应用到可视化图表当中，学习如何设置系列配置项。

通过学习本任务内容，可了解 Pyecharts 系列配置项的功能、参数和特点，熟悉 Pyecharts 系列配置项中的图元样式配置项、文字样式配置项、标签配置项、线样式配置项、分割线配置项、分隔区域配置项、标记点数据项、标记点配置项、标记线数据项、标记线配置项，并可通过思考与练习巩固所学知识。

【知识与技能】

1. ItemStyleOpts：图元样式配置项

图元样式配置项主要包括图表内容的颜色、透明度、边框样式等参数，这里只介绍常用的 3 个参数，见表 3-9。

表 3-9　图元样式配置项常用参数及说明

序号	名　称	说　明
1	color：Optional[str] = None	图形的颜色。颜色可以使用 RGB 表示，如'rgb(128, 128,128)'。如果想加上 alpha 通道以表示不透明度，则可以使用 RGBA，如'rgba(128,128,128,0.5)'。也可以用十六进制格式，如'#ccc'。 除了纯色之外，也支持渐变色和纹理填充线性渐变。前 4 个参数分别是 x0、y0、x2、y2，范围为 0~1，相当于在图形包围盒中的百分比。如果 globalCoord 为 True，则这 4 个参数值是绝对的像素位置
2	border_color：Optional[str] = None	图形的边框颜色。支持的颜色格式同 color，不支持回调函数
3	opacity：Optional[Numeric] = None	图形透明度。支持 0~1 的数字，为 0 时，表示不绘制图形

2. TextStyleOpts：文字样式配置项

文字样式配置项负责控制图表中绝大部分文字的样式。文字样式配置项参数及说明见表 3-10。

表 3-10　文字样式配置项参数及说明

序号	名　称	说　明
1	color：Optional[str] = None	文字颜色
2	font_style：Optional[str] = None	文字字体风格。有 3 个可选项：'normal'、'italic'和'oblique'
3	font_weight：Optional[str] = None	主标题文字字体的粗细类型，可选项有'normal'、'bold'、'bolder'和'lighter'
4	font_family：Optional[str] = None	文字的字体系列，可选项有'serif'、'monospace'、'Arial'、'Courier New'和 'Microsoft YaHei'
5	font_size：Optional[Numeric] = None	文字的字体大小
6	align：Optional[str] = None	文字水平对齐方式，默认为自动
7	vertical_align：Optional[str] = None	文字垂直对齐方式，默认为自动

（续）

序号	名　称	说　明
8	line_height：Optional[str]=None	设置行高
9	background_color：Optional[str]=None	文字块背景色。可以是直接的颜色值，例如'#123234'、'red'、'rgba(0,23,11,0.3)'
10	border_color：Optional[str]=None	文字块边框颜色
11	border_width：Optional[Numeric]=None	文字块边框宽度
12	border_radius：Union[Numeric,Sequence,None]=None	文字块的圆角
13	padding：Union[Numeric,Sequence,None]=None	文字块的内边距
14	shadow_color：Optional[str]=None	文字块的背景阴影颜色
15	shadow_blur：Optional[Numeric]=None	文字块的背景阴影长度
16	width：Optional[str]=None	文字块的宽度
17	height：Optional[str]=None	文字块的高度
18	rich：Optional[dict]=None	在 rich 里面，可以自定义富文本样式。利用富文本样式，可以为标签设计丰富的效果

3. LabelOpts：标签配置项

标签配置项负责控制图表中标签的样式。标签配置项参数及说明见表3-11。

表 3-11　标签配置项参数及说明

序号	名　称	说　明
1	is_show：bool=True	是否显示标签
2	position：Union[str,Sequence]="top"	标签的位置。可选项有：'top'、'left'、'right'、'bottom'、'inside'、'insideLeft'、'insideRight'、'insideTop'、'insideBottom'、'insideTopLeft'、'insideBottomLeft'、'insideTopRight'、'insideBottomRight'
3	color：Optional[str]=None	文字的颜色，如果设置为 'auto'，则为视觉映射得到的颜色，如系列色
4	distance：Union[Numeric,Sequence,None]=None	与图形元素的距离。当 position 为字符描述值（如'top'、'insideRight'）时有效
5	font_size：Numeric=12	文字的字体大小，默认值为12
6	font_style：Optional[str]=None	文字字体的风格，可选项有：'normal'、'italic'、'oblique'
7	font_weight：Optional[str]=None	文字字体的粗细，可选项有：'normal'、'bold'、'bolder'、'lighter'
8	font_family：Optional[str]=None	文字的字体系列，可选项有：'serif'、'monospace'、'Arial'、'Courier New'和'Microsoft YaHei'
9	rotate：Optional[Numeric]=None	旋转标签。旋转角度范围为-90°~90°。正值表示按逆时针旋转，负值表示按顺时针旋转
10	margin：Optional[Numeric]=8	刻度标签与轴线之间的距离
11	horizontal_align：Optional[str]=None	文字水平对齐方式，默认为自动。可选项有：'left'、'center'、'right'
12	vertical_align：Optional[str]=None	文字垂直对齐方式，默认为自动。可选项有：'top'、'middle'、'bottom'

4. LineStyleOpts: 线样式配置项

线样式配置项负责控制图表中绝大部分文字的样式。线样式配置项参数及说明见表 3–12。

表 3–12 线样式配置项参数及说明

序号	名 称	说 明
1	is_show: bool = True	是否显示
2	width: Numeric = 1	线宽
3	opacity: Numeric = 1	图形透明度。支持 0~1 的数字。为 0 时，表示不绘制图形
4	curve: Numeric = 0	线的弯曲度，0 表示完全不弯曲
5	type_: str = " solid"	线的类型。可选项有：'solid'、'dashed'和'dotted'
6	color: Union[str, Sequence, None] = None	线的颜色。颜色可以使用 RGB 表示，如'rgb(128, 128,128)'。如果想加上 alpha 通道以表示不透明度，则可以使用 RGBA，如'rgba(128,128,128,0.5)'，也可以使用十六进制格式，如'#ccc'。 除了纯色之外，还支持渐变色和纹理填充线性渐变。Color 的前 4 个参数分别是 x0、y0、x2、y2，范围为 0~1，相当于在图形包围盒中的百分比。如果 global-Coord 为 True，则这 4 个参数值是绝对像素位置

5. SplitLineOpts（分割线配置项）和 SplitAreaOpts（分隔区域配置项）

分割线配置项和分隔区域配置项中的第一个参数分别表示是否显示分割线与分隔区域，其余参数均与线样式配置项相同。具体说明见表 3–13。

表 3–13 分割线配置项和分隔区域配置项参数及说明

序号	类 别	名 称	说 明
1	分割线配置项参数	is_show: bool = False	是否显示分割线
2		linestyle_opts: LineStyleOpts = LineStyleOpts( )	线样式风格配置项，可参考 `series_options. SplitLineOpts`
3	分隔区域配置项参数	is_show: bool = True	是否显示分隔区域
4		areastyle_opts: AreaStyleOpts = AreaStyleOpts( )	分隔区域样式配置项，可参考 `series_options. AreaStyleOpts`

6. MarkPointItem: 标记点数据项

标记点数据项负责控制标记图像 x、y 轴数据的显示样式，涉及气泡显示、标记类型、标记位置、标记值等。标记点数据项参数及说明见表 3–14。

表 3–14 标记点数据项参数及说明

序号	名 称	说 明
1	name: Optional[str] = None	标注名称
2	type_: Optional[str] = None	特殊的标记类型，用于标注最大值、最小值等。可选项有：'min'（最小值）、'max'（最大值）和'average'（平均值）

（续）

序号	名 称	说 明
3	value_index：Optional［Numeric］= None	在使用 type 时有效，用于设定在哪个维度上指定最大值、最小值。可选项有：0（xAxis、radiusAxis）和 1（yAxis、angleAxis）。默认使用第一个数值轴所在的维度
4	value_dim：Optional［str］= None	使用 type 时有效，用于设定在哪个维度上指定最大值、最小值。value_dim 参数的值可以直接是维度的名称，例如，绘制折线图时，可以使用 x、angle 等维度名称；绘制 candlestick（蜡烛）图时，可以使用 open、close 等维度名称
5	coord：Optional［Sequence］= None	标记的坐标。坐标格式视系列的坐标系而定，可以是直角坐标系上的 x、y，也可以是极坐标系上的 radius、angle。例如［121,2323］、［'aa',998］
6	x：Optional［Numeric］= None	相对容器的屏幕的 x 坐标，单位为 px
7	y：Optional［Numeric］= None	相对容器的屏幕的 y 坐标，单位为 px
8	value：Optional［Numeric］= None	标注值，可以不设
9	symbol：Optional［str］= None	标记的图形。ECharts 提供的标记类型有：'circle'、'rect'、'roundRect'、'triangle'、'diamond'、'pin'、'arrow' 和'none' 可以通过'image://url'将标记点的显示信息设置为图片，其中 url 为图片的链接，或者 data URI
10	symbol_size：Union［Numeric，Sequence］= None	标记的大小，可以设置成诸如 10 这样单一的数字，也可以用数组分开表示宽和高，如［20,10］表示标记的宽为 20、高为 10
11	itemstyle_opts：Union［ItemStyleOpts，dict，None］= None	标记点样式配置项，可参考 `series_options. ItemStyleOpts`

7. MarkPointOpts：标记点配置项

标记点配置项负责控制图像 x、y 轴数据的显示样式，涉及气泡显示、标记类型、标记位置、标记值等。标记点配置项参数及说明见表 3-15。

表 3-15 标记点配置项参数及说明

序号	名 称	说 明
1	data：Sequence［Union［MarkPointItem，dict］］= None	标记点数据，可参考 `series_options. MarkPointItem`
2	symbol：Optional［str］= None	标记的图形。ECharts 提供的标记类型包括 'circle'、'rect'、'roundRect'、'triangle'、'diamond'、'pin'、'arrow' 和'none' 可以通过'image://url'将标记点的显示信息设置为图片，其中 url 为图片的链接，或者 dataURI
3	symbol_size：Union［None，Numeric］= None	标记的大小，可以设置成诸如 10 这样单一的数字，也可以用数组分开表示宽和高，例如［20,10］表示标记的宽为 20、高为 10。 如果需要每个数据对应的图形大小不一样，则可以设置为如下格式的回调函数：（value：Array｜number，params：Object）= > number｜Array，其中第一个参数 value 为 data 中的数据值，第二个参数 params 是其他数据项参数
4	label_opts：LabelOpts = LabelOpts（position = " inside"，color = " #fff"）	标签配置项，可参考 `series_options. LabelOpts`

8. MarkLineItem：标记线数据项

标记线数据项参数及说明见表 3-16。

表 3-16　标记线数据项参数及说明

序号	名　　称	说　　明
1	name:Optional[str] = None	标注名称
2	type_:Optional[str] = None	特殊的标注类型，用于标注最大值、最小值等。可选项有：'min'，最小值；'max'，最大值；'average'，平均值
3	x:Union[str,Numeric,None] = None	相对容器的屏幕的 x 坐标，单位为 px
4	y:Union[str,Numeric,None] = None	相对容器的屏幕的 y 坐标，单位为 px
5	value_index:Optional[Numeric] = None	在使用 type 时有效，用于设定在哪个维度上指定最大值、最小值，可选项有 0（xAxis、radiusAxis）、1（yAxis、angleAxis），默认使用第一个数值轴所在的维度
6	value_dim:Optional[str] = None	在使用 type 时有效，用于设定在哪个维度上指定最大值、最小值。value_dim 参数的值可以是维度的直接名称，例如绘制折线图时可以使用 x、angle 等，绘制 candlestick 图时可以使用 open、close 等维度名称
7	coord:Optional[Sequence] = None	起点或终点的坐标。坐标格式视序列的坐标系而定，可以是直角坐标系上的 x、y，也可以是极坐标系上的 radius、angle
8	symbol:Optional[str] = None	终点标记的图形。ECharts 提供的标记类型包括 'circle'、'rect'、'roundRect'、'triangle'、'diamond'、'pin'、'arrow'和'none'。可以通过'image://url'将标记点的显示信息设置为图片，其中 url 为图片的链接，或者 data URI
9	symbol_size:Optional[Numeric] = None	标记的大小，可以设置成诸如 10 这样单一的数字，也可以用数组分开表示宽和高，例如 [20,10] 表示标记的宽为 20、高为 10

9. MarkLineOpts：标记线配置项

标记线配置项参数及说明见表 3-17。

表 3-17　标记线配置项参数及说明

序号	名　　称	说　　明
1	is_silent:bool = False	图形是否不响应和触发鼠标事件，默认值为 False，即响应和触发鼠标事件
2	data:Sequence[Union[MarkLineItem,dict]] = None	标记线数据，可参考 `series_options.MarkLineItem`
3	symbol:Optional[str] = None	标记线两端的标记类型，可以是一个数组，分别指定两端，也可以是单个值，即统一指定，具体格式见 data.symbol
4	symbol_size:Union[None,Numeric] = None	标记线两端的标记大小，可以是一个数组，分别指定两端，也可以是单个值，即统一指定
5	precision:int = 2	标记线数值的精度，在显示平均值线的时候有用
6	label_opts:LabelOpts = LabelOpts()	标签配置项，可参考 `series_options.LabelOpts`
7	linestyle_opts:Union[LineStyleOpts,dict,None] = None	标记线样式配置项，可参考 `series_options.LineStyleOpts`

【任务实施】

3.3.1　图元样式配置项

opts. ItemStyleOpts( )为 Pyecharts 库中用于设置图表元素样式的类。通过 opts. ItemStyleOpts( )，可以设置图表中元素（如系列、数据项等）的样式选项。本例涉及的关键参数的解释如下。

- color='#69d6c1'：设置项的颜色为'#69d6c1'。
- border_color='black'：设置项的边框颜色为黑色。
- opacity=0.8：设置项的透明度为 0.8。

示例程序如下：

```
import sqlalchemy as sql
import pandas as pd
from pyecharts.charts import Bar
from pyecharts import options as opts
# 连接数据库并将数据库中的数据进行格式处理
engine=sql. create_engine('mysql+pymysql://root:root@ localhost:3306/dataproject ')
sql1 ='''select * from singleperson'''
df=pd. read_sql(sql1,engine)
x_data=list(df["时间"]. values)
y_data1=list(df["个体户数(万户)"]. values)
y_data1 =[float(i) for i in y_data1]
y_data2=list(df["个体就业人数(万人)"]. values)
y_data2=[float(i) for i in y_data2]
y_data3=list(df["城镇就业人数(万人)"]. values)
y_data3=[float(i) for i in y_data3]
y_data4=list(df["乡村个体就业人数(万人)"]. values)
y_data4=[float(i) for i in y_data4]
# 系列配置项中的标签配置项(开关)
c=(
        Bar( init_opts=opts. InitOpts(
        ))
        . add_xaxis(x_data)
        . add_yaxis("个体户数", y_data1)
        . add_yaxis("个体就业人数", y_data2)
        . add_yaxis("城镇就业人数", y_data3)
        . add_yaxis("乡村个体就业人数", y_data4)
    # 系列配置项中的图元样式配置项(颜色): opts. LabelOpts(is_show=True)
        . set_series_opts(label_opts=opts. LabelOpts(is_show=True, position='inside'),
    itemstyle_opts=opts. ItemStyleOpts(color='#69d6c1',border_color='black', opacity=0. 8))
        . set_global_opts(
            title_opts=opts. TitleOpts(
```

```
                title = "2012—2019 年个体就业人员数量",
                title_textstyle_opts = opts. TextStyleOpts(
                    font_size = 22, font_style = "italic"),
                pos_right = "center"),
            legend_opts = opts. LegendOpts(
                type_ = 'scroll',
                selected_mode = 'double',
                pos_left = 'center',
                pos_top = '95%',
                orient = 'horizontal'
            )
        ))
    c. render_notebook( )
```

程序运行结果如图 3-15 所示。

2012—2019年个体就业人员数量

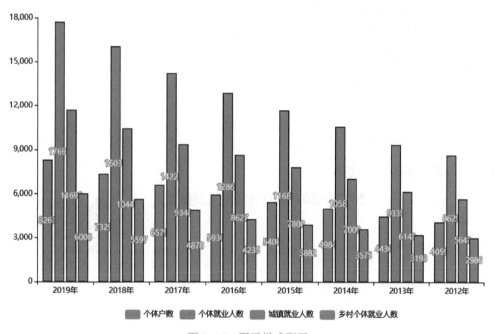

图 3-15 图元样式配置

3.3.2 线样式配置项

本例使用 Pyecharts 库创建一个折线图，并设置相应的数据和样式选项，展示 2012～2019 年个体、城镇和乡村个体就业人员数量的趋势。本例代码在原有折线图基础上，为每条折线设置不同的线条样式，width = 5 表示线条宽度为 5，type_ = 'dotted' 表示类型为点线，type_ = 'solid' 表示类型为实线，type_ = 'dashed' 表示类型为虚线。

示例程序如下：

3.3.2 线样式配置项

```
from pyecharts. charts import Line
# 线样式配置项（线宽和线型）
c = (
        Line( init_opts = opts. InitOpts(
            ) )
        . add_xaxis( x_data )
        . add_yaxis( "个体户数" , y_data1 , linestyle_opts = opts. LineStyleOpts( width = 5 , type_ = 'dotted' ) )
        . add_yaxis( "个体就业人数" , y_data2 , linestyle_opts = opts. LineStyleOpts( width = 1 , type_ = 'dotted' ) )
        . add_yaxis( "城镇就业人数" , y_data3 , linestyle_opts = opts. LineStyleOpts( width = 3 , type_ = 'solid' ) )
        . add_yaxis( "乡村个体就业人数， " y_data4 , linestyle_opts = opts. LineStyleOpts( width = 2 , type_ =
'dashed' ) )
        . set_global_opts(
        title_opts = opts. TitleOpts(
        title = "2012—2019 年个体就业人员数量" ,
        title_textstyle_opts = opts. TextStyleOpts( font_size = 22 ) ,
        pos_right = " center" ) ,
        legend_opts = opts. LegendOpts(
            type_ = 'scroll' ,
            selected_mode = 'double' ,
            pos_left = 'center' ,
            pos_top = '95%' ,
            orient = 'horizontal'
                        ) ) )
    c. render_notebook( )
```

程序运行结果如图 3-16 所示。

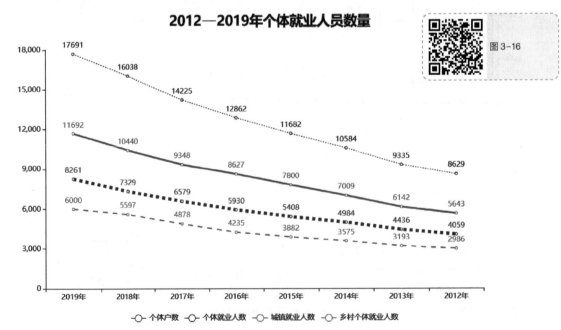

图 3-16　线样式配置

3.3.3　标记点数据项与标记点配置项

本示例使用标记点标记特殊值。标记点数据项与标记点配置项
通过 set_series_opts 方法设置，通过 label_opts 关闭标签选项的显示，
以免影响后续的标记点配置。然后通过 markpoint_opts 配置了标记点
选项，添加了最大值、最小值和平均值的标记点。

示例程序如下：

```
c = (
    Bar( init_opts = opts. InitOpts(
    ))
    . add_xaxis( x_data )
    . add_yaxis( "个体户数", y_data1 )
    . add_yaxis( "个体就业人数", y_data2 )
    . add_yaxis( "城镇就业人数", y_data3 )
    . add_yaxis( "乡村个体就业人数", y_data4 )
    . set_series_opts(
# 为了不影响标记点，这里把标签功能关闭
label_opts = opts. LabelOpts( is_show = False ),
# 系列配置项中的标记点配置项( max、min、average)
markpoint_opts = opts. MarkPointOpts(
data = [
opts. MarkPointItem( type_ = "max", name = "最大值" ),
opts. MarkPointItem( type_ = "min", name = "最小值" ),
opts. MarkPointItem( type_ = "average", name = "平均值" )
            ] ) )
    . set_global_opts(
title_opts = opts. TitleOpts(
title = "2012—2019 年个体就业人员数量",
title_textstyle_opts = opts. TextStyleOpts( font_size = 22 ),
pos_right = "center" ),
legend_opts = opts. LegendOpts(
type_ = 'scroll',
selected_mode = 'double',
pos_left = 'center',
pos_top = '95%',
orient = 'horizontal'
        )
    ) )
c. render_notebook( )
```

程序运行结果如图 3-17 所示。

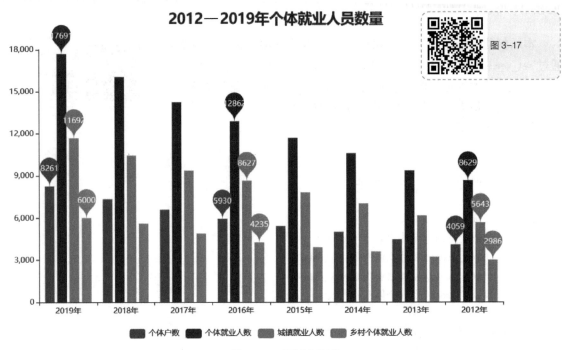

图 3-17 标记点配置

3.3.4 标记线数据项与标记线配置项

本例通过 label_opts 配置项关闭标签的显示，markline_opts 配置项用于设置标记线的样式和位置。这里对最小值、最大值、平均值等有关标记线的设置进行了举例。同时，可以根据坐标轴上的数值或者名称设置标记线的位置。

示例程序如下：

```
engine = sql. create_engine(
    'mysql+pymysql://root:root@ localhost:3306/dataproject')
sql1 = '''select * from company'''
df = pd. read_sql( sql1, engine)
x_data = list( df[ "时间"]. values)
y_data1 = list( df[ "私营企业户数(万户)"]. values)
y_data1 = [ float( i) for i in y_data1]
y_data2 = list( df[ "私营企业就业人数(万人)"]. values)
y_data2 = [ float( i) for i in y_data2]
y_data3 = list( df[ "城镇私营企业就业人数(万人)"]. values)
y_data3 = [ float( i) for i in y_data3]
y_data4 = list( df[ "乡村私营企业就业人数(万人)"]. values)
y_data4 = [ float( i) for i in y_data4]

c = (
    Bar( init_opts = opts. InitOpts( ) )
```

```
            . add_xaxis(x_data)
            . add_yaxis("私营企业户数",y_data1)
            . add_yaxis("私营企业就业人数",y_data2)
            . add_yaxis("城镇私营企业就业人数",y_data3)
            . add_yaxis("乡村私营企业就业人数",y_data4)
            . set_series_opts(
                    # 为了不影响标记线,这里把标签功能关闭
                    label_opts = opts. LabelOpts(is_show = False),
                    # 系列配置项中的标记线配置项 (max、min、average)
                    markline_opts = opts. MarkLineOpts(
                            data = [
                                    opts. MarkLineItem(type_ = "min", name = "最小值"),
                                    opts. MarkLineItem(type_ = "max", name = "最大值"),
                                    opts. MarkLineItem(type_ = "average", name = "平均值"),
                                    opts. MarkLineItem(x = "私营企业户数", name = "x = 私营企业户数"),
                                    opts. MarkLineItem(y = 14567, name = "y = 14567")
                            ]))
            . set_global_opts(
                    title_opts = opts. TitleOpts(
                            title = "2012—2019 年私营企业就业人员数量",
                            title_textstyle_opts = opts. TextStyleOpts(font_size = 22),
                            pos_right = "center"),
                    legend_opts = opts. LegendOpts(
                            type_ = 'scroll',
                            selected_mode = 'double',
                            pos_left = 'center',
                            pos_top = '95%',
                            orient = 'horizontal'
                    )
            ))
    c. render_notebook()
```

程序运行结果如图 3-18 所示。

【任务总结】

　　通过本任务的学习,了解了 Pyecharts 的系列配置项,如图元样式配置项、文字样式配置项、标签配置项、线样式配置项、分割线配置项、分隔区域配置项、标记点数据项、标记点配置项、标记线数据项和标记线配置项等。

　　本任务的重点是学习 Pyecharts 的系列配置项概念,以及 Pyecharts 的系列配置项内容的代码示例,后续可通过反复练习、继续学习相关知识等方式来巩固所学知识。

　　基于本任务,完成了 Pyecharts 可视化配置项的部分内容,为后续学习可视化图表打好了基础。

图 3-18

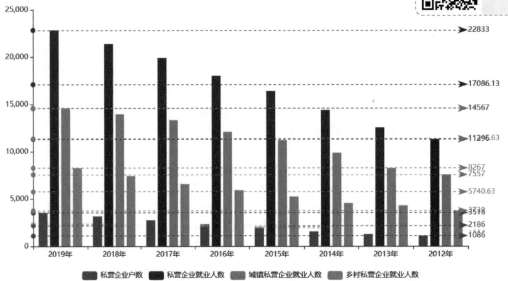

图 3-18 标记线配置

任务 3.4 绘制基础图表

图表是探索和优化方案的一部分，例如作家使用思维导图和层次图来构思作品。粗略的草图和可视化原型比书面描述更加精准，同时能更快地生成最佳解决方案。

通过学习本任务内容，可了解 Pyecharts 图表绘制中的基础图表的参数和特点，熟悉 Pyecharts 图表绘制功能中的极坐标图、雷达图、桑基图、饼图、词云图、箱形图等的绘制方法，逐步掌握 Pyecharts 各绘图函数以及全局配置项和系列配置项两种配置项在图表当中的具体应用，熟悉 Pyecharts 绘图风格和原理，逐步加深对 Pyecharts 的理解与应用。

【知识与技能】

1. RadiusAxisItem（极坐标系径向轴数据项）和 RadiusAxisOpts（极坐标系径向轴配置项）

（1）极坐标系径向轴数据项

RadiusAxisItem 设置极坐标的值和文字风格，见表 3-18。

表 3-18 极坐标系径向轴数据项及说明

序号	名　称
1	value：Optional［str］= None
2	textstyle_opts：Optional［TextStyleOpts］= None

（2）极坐标系径向轴配置项

RadiusAxisOpts 设置极坐标，极坐标系径向轴配置项及说明见表 3-19。

表 3-19 极坐标系径向轴配置项及说明

序号	名　称	说　明
1	polar_index：Optional[int]=None	径向轴所在的极坐标系的索引，默认使用第一个极坐标系
2	data：Optional[Sequence[Union[RadiusAxisItem, dict, str]]]=None	数据项，可参考 `global_options. RadiusAxisItem`
3	boundary_gap：Union[bool, Sequence]=None	坐标轴两边留白策略。类目轴和非类目轴的设置与表现不一样，类目轴中的 boundaryGap 可以配置为 True 和 False。默认为 True，这时候刻度只是作为分隔线，标签和数据点都会在两个刻度之间的带（band）的中间。非类目轴，包括时间轴、数值轴、对数轴，boundaryGap 是一个有两个值的数组，分别表示数据最小值和最大值的延伸范围，可以直接设置数值或者相对的百分比，如 boundaryGap：['20%','20%']，在设置 min 和 max 后无效
4	type_：Optional[str]=None	坐标轴类型。可选项：'value'，数值轴，适用于连续数据；'category'，类目轴，适用于离散的类目数据，为该类型时必须通过 data 设置类目数据，'time'，时间轴，适用于连续的时序数据，与数值轴相比，时间轴带有对时间的格式化，在刻度计算上也有所不同，例如，根据跨度的范围，决定是使用月、星期、日，还是小时范围的刻度；'log'，对数轴，适用于对数数据
5	name：Optional[str]=None	坐标轴名称
6	name_location：Optional[str]=None	坐标轴名称显示位置。可选项有 'start'、'middle'（或者'center'）、'end'
7	min_：Union[str, Numeric, None]=None	坐标轴刻度最小值，可以设置成特殊值'dataMin'，此时取数据在坐标轴上的最小值作为最小刻度，不设置时会自动计算最小值以保证坐标轴刻度的均匀分布。在类目轴中，也可以设置为类目的序数（如在类目轴 data：['类 A','类 B','类 C']中，序数 2 表示'类 C'，也可以设置为负数，如'-3'）
8	max_：Union[str, Numeric, None]=None	坐标轴刻度最大值，可以设置成特殊值'dataMax'，此时取数据在该轴上的最大值作为最大刻度，不设置时会自动计算最大值以保证坐标轴刻度的均匀分布。在类目轴中，也可以设置为类目的序数（如在类目轴 data：['类 A','类 B','类 C']中，序数 2 表示'类 C'，也可以设置为负数，如'-3'）
9	is_scale：bool=False	只在数值轴（type：'value'）中有效，表示是否是脱离 0 值比例。在设置成 True 后，坐标刻度不会强制包含零刻度。在双数值轴的散点图中比较有用，在设置 min 和 max 之后，该配置项无效
10	interval：Optional[Numeric]=None	强制设置坐标轴分割间隔
11	z：Optional[int]=None	半短轴组件的所有图形的 z 值。控制图形的前后顺序。z 值小的图形会被 z 值大的图形覆盖

2. 雷达图

（1）雷达图配置函数

雷达图配置函数及说明见表 3-20。

表 3-20 雷达图配置函数及说明

序号	名　称	说　明
1	schema：Sequence［Union［opts. RadarIndicatorItem，dict］］	雷达指示器配置项列表，参考 `RadarIndicatorItem`
2	shape：Optional［str］= None	雷达图绘制类型，可选项有'polygon'和'circle'
3	center：Optional［types. Sequence］= None	雷达图的中心（圆心）坐标，数组的第一项是横坐标，第二项是纵坐标。支持设置成百分比，设置成百分比时第一项是相对于容器的宽度，第二项是相对于容器的高度
4	radius：types. Optional［types. Union［types. Sequence，str］］= None	雷达图的半径，可以是具体数值、字符串或包含具体数值和字符串的数组。具体数值表示外半径值，字符串表示外半径相对于可视区尺寸的百分比
5	start_angle：types. Numeric = 90	坐标系起始角度，也就是第一个指示器轴的角度，默认为 90°
6	textstyle_opts：Union［opts. TextStyleOpts，dict］= opts. TextStyleOpts()	文字样式配置项，可以设置字体颜色、字号等
7	splitline_opt：Union［opts. SplitLineOpts，dict］= opts. SplitLineOpts（is_show = True）	分割线配置项，用于设置雷达图的分割线样式
8	splitarea_opt：Union［opts. SplitAreaOpts，dict］= opts. SplitAreaOpts()	分隔区域配置项，用于设置雷达图的分隔区域样式
9	axisline_opt：Union［opts. AxisLineOpts，dict］= opts. AxisLineOpts()	坐标轴轴线配置项，用于设置坐标轴轴线的样式
10	radiusaxis_opts：types. RadiusAxis = None	极坐标系的径向轴配置项
11	angleaxis_opts：types. AngleAxis = None	极坐标系的角度轴配置项
12	polar_opts：types. Polar = None	极坐标系整体配置项

（2）雷达图指示器函数

雷达图指示器函数及说明见表 3-21。

表 3-21 雷达图指示器函数及说明

序号	名　称	说　明
1	name：Optional［str］= None	指示器名称
2	min_：Optional［Numeric］= None	指示器的最大值，可选，建议设置
3	max_：Optional［Numeric］= None	指示器的最小值，可选，默认值为 0
4	color：Optional［str］= None	标签的特定颜色

（3）雷达图数据项函数

雷达图数据项函数及说明见表 3-22。

表 3-22 雷达图数据项函数及说明

序号	名　称	说　明
1	name：Optional［str］= None	数据项名称
2	value：Optional［Numeric］= None	单个数据项的数值

（续）

序号	名 称	说 明
3	symbol：Optional［str］＝None	单个数据标记的图形
4	symbol_size：Union［Sequence［Numeric］，Numeric］＝None	单个数据标记的大小
5	symbol_rotate：Optional［Numeric］＝None	单个数据标记的旋转角度（而非弧度）
6	symbol_keep_aspect：bool＝False	如果 symbol 是"path：//"形式，则表示是否在缩放时保持图形的长宽比
7	symbol_offset：Optional［Sequence］＝None	单个数据标记相对于原本位置的偏移
8	label_opts：Union［LabelOpts，dict，None］＝None	标签配置项，用于设置数据标签的样式
9	itemstyle_opts：Union［ItemStyleOpts，dict，None］＝None	图元样式配置项，用于设置数据项的样式
10	tooltip_opts：Union［TooltipOpts，dict，None］＝None	提示框组件配置项，用于设置提示框的样式和内容
11	linestyle_opts：Union［LineStyleOpts，dict，None］＝None	线样式配置项，用于设置数据项的线样式
12	areastyle_opts：Union［AreaStyleOpts，dict，None］＝None	区域填充样式配置项，用于设置数据项的区域填充样式

3. 桑基图

桑基图配置函数及说明见表 3-23。

表 3-23　桑基图配置函数及说明

序号	名 称	说 明
1	series_name：str，nodes：Sequence，links：Sequence	系列名称，用于 tooltip 的显示，以及 legend 的图例筛选
2	is_selected：bool＝True	是否选中图例
3	pos_left：types. Union［str，types. Numeric］＝"5%"	Sankey 组件与容器左侧的距离
4	pos_top：types. Union［str，types. Numeric］＝"5%"	Sankey 组件与容器上侧的距离
5	pos_right：types. Union［str，types. Numeric］＝"20%"	Sankey 组件与容器右侧的距离
6	pos_bottom：types. Union［str，types. Numeric］＝"5%"	Sankey 组件与容器下侧的距离
7	node_width：Numeric＝20	桑基图中每个矩形节点的宽度
8	node_gap：Numeric＝8	桑基图中每一列任意两个矩形节点之间的间隔
9	node_align：str＝"justify"	桑基图中节点的对齐方式，默认是双端对齐，可以设置为左对齐或右对齐。对应的值分别是：justify，节点双端对齐；left，节点左对齐；right，节点右对齐
10	layout_iterations：types. Numeric＝32	布局的迭代次数，用来不断优化图中节点的位置，以减少节点和边之间相互遮盖的范围。默认布局迭代次数：32。注意，布局迭代次数不要低于默认值
11	orient：str＝"horizontal"	桑基图中节点的布局方向，可以是水平的，即从左往右，也可以是垂直的，即从上往下，对应的参数值分别是 horizontal、vertical
12	is_draggable：bool＝True	控制节点拖拽的交互，默认开启。开启后，用户可以将图中任意节点拖拽到任意位置。若想关闭此交互，则只需要将值设为 False

（续）

序号	名　称	说　明
13	focus_node_adjacency : types. Union［bool,str］= False	是否开启光标 hover 到节点或边时，相邻节点和边高亮的交互，默认关闭，可手动开启。False：在 hover 到节点或边时，只有被 hover 的节点或边才高亮。True：同下面介绍的'allEdges'。'allEdges'：在 hover 到节点时，与节点邻接的所有边以及边对应的节点全部高亮；在 hover 到边时，边和相邻节点都高亮。'outEdges'：hover 的节点、节点的出边、出边邻接的另一节点都会被高亮；在 hover 到边时，边和相邻节点都高亮。'inEdges'：hover 的节点、节点的入边、入边邻接的另一节点都会被高亮；在 hover 到边时，边和相邻节点都高亮
14	levels : types. SankeyLevel = None	桑基图每一层的设置。可以逐层设置

4. 饼图

（1）饼图可用方法

饼图可用方法及说明见表 3 24。

表 3-24　饼图可用方法及说明

序号	名　称	说　明
1	series_name : str	系列名称，用于 tooltip 的显示，以及 legend 的图例筛选
2	data _ pair : types. Sequence［types. Union［types. Sequence, opts. PieItem,dict］］	系列数据项，格式为［（key1，value1），（key2，value2）］
3	color : Optional［str］= None	系列标签颜色
4	color_by : types. Optional［str］= "data" , "data"	按照数据项分配调色盘中的颜色，每个数据项都使用不同的颜色
5	is_legend_hover_link : bool = True	是否启用图例 hover 时的联动高亮
6	selected_mode : types. Union［str,bool］= False	选中模式的配置，表示是否支持多个选中，默认关闭，支持布尔值和字符串。字符串取值可选'single'、'multiple'、'series'，分别表示单选、多选以及选择整个系列
7	selected_offset : types. Numeric = 10	选中扇区的偏移距离
8	radius : Optional［Sequence］= None	饼图的半径，数组的第一项是内半径。第二项是外半径。默认设置成百分比，是相对于容器高、宽中较小的一项的一半
9	center : Optional［Sequence］= None	饼图的中心（圆心）坐标，数组的第一项是横坐标，第二项是纵坐标。默认设置成百分比，设置成百分比时，第一项是相对于容器的宽度，第二项是相对于容器的高度
10	rosetype : Optional［str］= None	是否展示成南丁格尔图。通过半径区分数据大小，有'radius'和'area'两种模式。radius：以扇区圆心角展现数据的百分比，半径展现数据的大小。area：所有扇区圆心角相同，仅通过半径展现数据大小
11	is_clockwise : bool = True	饼图的扇区是否按顺时针方向排布
12	start_angle : types. Numeric = 90	起始角度，支持区间为［0,360］
13	min_angle : types. Numeric = 0	最小的扇区角度（0~360°），用于防止某个值过小而导致扇区太小，继而影响交互
14	min_show_label_angle : types. Numeric = 0	小于这个角度（0~360°）的扇区，不显示标签（label 和 labelLine）

（2）饼图数据项

饼图数据项及说明见表 3-25。

表 3-25　饼图数据项及说明

序号	名　称	说　明
1	name：Optional［str］= None	数据项名称
2	value：Optional［Numeric］= None	数据值
3	is_selected：bool = False	数据项是否被选中
4	label_opts：Union［LabelOpts，dict，None］= None	标签配置项，可参考 `series_options. LabelOpts`
5	itemstyle_opts：Union［ItemStyleOpts，dict，None］= None	图元样式配置项，可参考 `series_options. ItemStyleOpts`
6	tooltip_opts：Union［TooltipOpts，dict，None］= None	提示框组件配置项，可参考 `series_options. TooltipOpts`

5. 词云图

词云图可用方法及说明见表 3-26。

表 3-26　词云图可用方法及说明

序号	名　称	说　明
1	series_name：str	系列名称，用于 tooltip 的显示，以及 legend 的图例筛选
2	data_pair：Sequence	系列数据项，［（word1，count1），（word2，count2）］
3	shape：str = " circle"	词云图轮廓，有'circle'、'cardioid'、'diamond'、'triangle-forward'、'triangle'、'pentagon'、'star'可选
4	mask_image：types. Optional［str］= None	自定义的图片路径（目前仅支持 JPG、JPEG、PNG、ICO 格式）或 Base64 编码，可以为 None。如果指定了该参数，则词云图将以该图片为轮廓。注意，如果使用了 mask_image，那么第一次渲染时会出现空白的情况，刷新一次就可以了
5	word_gap：Numeric = 20	单词间隔
6	word_size_range = None	单词字体大小范围
7	rotate_step：Numeric = 45	旋转单词角度
8	pos_left：types. Optional［str］= None	与左侧的距离
9	pos_top：types. Optional［str］= None	与顶部的距离
10	pos_right：types. Optional［str］= None	与右侧的距离
11	pos_bottom：types. Optional［str］= None	与底部的距离
12	width：types. Optional［str］= None	词云图的宽度
13	height：types. Optional［str］= None	词云图的高度
14	is_draw_out_of_bound：bool = False	允许词云图的数据展示在画布范围之外
15	textstyle_opts：types. TextStyle = None	词云图文字的配置
16	emphasis_shadow_blur：types. Optional［types. Numeric］= None	词云图文字阴影的范围
17	emphasis_shadow_color：types. Optional［str］= None	词云图文字阴影的颜色

6. 箱形图

箱形图可用方法及说明见表3-27。

表3-27　箱形图可用方法及说明

序号	名　称	说　明
1	series_name：str	系列名称，用于 tooltip 的显示，以及 legend 的图例筛选
2	y_axis：types. Sequence［types. Union［opts. BoxplotItem，dict］］	系列数据
3	is_selected：bool = True	是否选中图例
4	xaxis_index：Optional［Numeric］= None	使用的 x 轴的 index，在单个图表实例中存在多个 x 轴时，有用
5	yaxis_index：Optional［Numeric］= None	使用的 y 轴的 index，在单个图表实例中存在多个 y 轴时，有用

【任务实施】

3.4.1　绘制极坐标图

在利用 Pyecharts 库创建极坐标图时，程序相对简单。使用 Polar( )创建极坐标图对象，并在 add( )方法中添加数据。这里采用散点类型，并通过 label_opts 关闭标签的显示。

示例程序如下：

```
import pandas as pd
from pyecharts import options as opts
import sqlalchemy as sql
from pyecharts. charts import Polar
# 数据库连接
engine = sql. create_engine('mysql+pymysql://root:root@ localhost:3306/dataproject')
sql1 = '''select * from nengyuan'''
df = pd. read_sql( sql1,engine)
x_data = list(df[ "指标"]. values)
y_data1 = list(df[ "2020 年"]. values)
y_data1 = [ float(i) for i in y_data1]
# 极坐标函数(散点类型)
c = (
    Polar( )
    . add( "", y_data1, type_ = "scatter", label_opts = opts. LabelOpts( is_show = False))
    . set_global_opts( title_opts = opts. TitleOpts( title = "2020 年生活能源各项指标"))
    )
c. render_notebook( )
```

程序运行结果如图3-19所示。

2020年生活能源各项指标

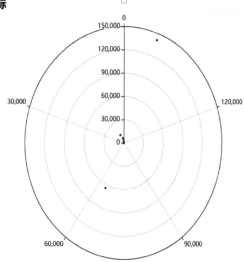

图 3-19　极坐标图

3.4.2　绘制雷达图

本例使用 Pyecharts 库创建雷达图，展示消费指数数据。首先，使用 Radar( )创建雷达图对象 radar。其次，在 add_schema( )方法中指定雷达图的指标项，每个指标项包括名称和最大值。接着，通过 set_global_opts( )方法设置全局配置项，包括标题的样式和位置。然后，调用 add( )方法将数据添加到雷达图中。最后，将图表渲染到 Jupyter Notebook 中以进行显示。

3.4.2　绘制雷达图

示例程序如下：

```
from pyecharts import options as opts
from pyecharts. charts import Radar
# 输入数据，注意格式
data = [
    [78, 91, 123, 78, 82, 67],
    [89, 101, 127, 88, 86, 75],
    [86, 93, 101, 84, 90, 73]]
# 绘制雷达图函数传入参数(注意格式)
radar = ( Radar()
        . add_schema( schema = [
            opts. RadarIndicatorItem( name = "运动", max_ = 150),
            opts. RadarIndicatorItem( name = "学习", max_ = 150),
            opts. RadarIndicatorItem( name = "日常", max_ = 150),
            opts. RadarIndicatorItem( name = "游戏", max_ = 100),
            opts. RadarIndicatorItem( name = "饮食", max_ = 100),
            opts. RadarIndicatorItem( name = "出行", max_ = 100),
        ])
        . set_global_opts(
    title_opts = opts. TitleOpts(
```

```
            title = "消费指数",
        pos_right = "center",
        pos_top = "0%",
                title_textstyle_opts = opts. TextStyleOpts ( color = 'black', font_size = 22 ) , ) )


        . add ( '', data ) )
    radar. render_notebook ( )
```

程序运行结果如图 3-20 所示。

消费指数

图 3-20

图 3-20　雷达图

3. 4. 3　绘制桑基图

3. 4. 3　绘制桑基图

本例首先使用 Sankey ( ) 创建桑基图对象 sankey；然后，通过 set_ global_opts ( ) 方法设置全局配置项，包括标题的样式和位置；接着，调用 add ( ) 方法将节点列表和连接列表添加到桑基图中；最后，使用 render_notebook ( ) 将图表渲染到 Jupyter Notebook 中以进行显示。

示例程序如下：

```
from pyecharts import options as opts
from pyecharts. charts import Sankey
# 桑基图传入参数格式
nodes = [
    { "name" : "访问" },
    { "name" : "注册" },
    { "name" : "付费" },
]
links = [
```

```
    {"source"："访问", "target"："注册", "value"：50},
    {"source"："注册", "target"："付费", "value"：30},
]
# 桑基图绘制函数
sankey = (
    Sankey()
            . set_global_opts(
    title_opts = opts. TitleOpts(
    title = "网站注册访问人员流动",
    pos_right = "30%",
    pos_top = "0%",
                title_textstyle_opts = opts. TextStyleOpts( color = 'black', font_size = 22),))
    . add("", nodes, links)
)
sankey. render_notebook()
```

程序运行结果如图 3-21 所示。

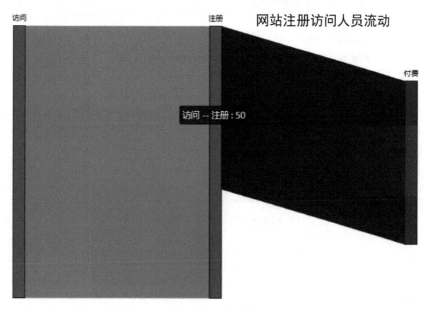

图 3-21　桑基图

3.4.4　绘制饼图

本示例使用 pyecharts 库创建饼图，展示服装销售统计结果。首先，导入所需的库和模块，包括 Pie 类和相关的配置项 opts。然后定义两个列表 x 和 y，分别表示服装类型和对应的销售数量。接下来，通过 zip() 函数将 x 和 y 列表进行组合，生成一个元组列表 data，其中每个元组都包含服装类型和对应的销售数量。

在 set_global_opts() 方法中，设置饼图的标题、位置和样式。其中 title_opts 参数设置标题的位置为居中、距离顶部为 0%、标题字体大小为 22；legend_opts 参数设置图例的方向为垂直、距离顶部为 15%，距离右侧为 2%。

在 add()方法中，通过传入数据对，将数据添加到饼图中。其中第一个参数为饼图的系列名称（本例此处为空），第二个参数为数据对列表 data。在 label_opts 参数中，使用 formatter 设置数据标签的格式化字符串，使其显示服装类型和对应的占比。

示例程序如下：

```python
from pyecharts import options as opts
from pyecharts. charts import Pie
x = ['皮衣', '西裤', '衬衣', '休闲裤', '运动鞋', '休闲鞋', '围巾', '长袖', '短袖']
y = [180, 58, 30, 46, 89, 24, 29, 50, 100]
# 组合数据
data = [(i, j) for i, j in zip(x, y)]
# 创建饼图对象
pie = (
    Pie()
    . set_global_opts(
        title_opts = opts. TitleOpts(
            title = "服装销售统计",
            pos_right = "center",
            pos_top = "0%",
            title_textstyle_opts = opts. TextStyleOpts(font_size = 22)
        ),
        # 设置图例位置
        legend_opts = opts. LegendOpts(orient = "vertical", pos_top = "15%", pos_left = "2%")
    )
    . add(
        "",
        data_pair = data,
        label_opts = opts. LabelOpts(
        formatter = "{b}: {c} ({d}%)"
        )
    )
)
# 渲染饼图
pie. render_notebook()
```

程序运行结果如图 3-22 所示。

3.4.5　绘制词云图

本例使用 Pyecharts 库创建词云图。首先创建一个 WordCloud 类的对象 wc。然后使用 set_global_opts()方法设置全局配置项，包括 title_opts（标题选项）。在标题选项中，通过 title 设置标题文本为 "国内社会服务基本架构"，通过 pos_right 和 pos_top 设置标题在图表中的位置。通过 TextStyleOpts()设置标题的颜色为黑色，字体大小为 22。

3.4.5　绘制词云图

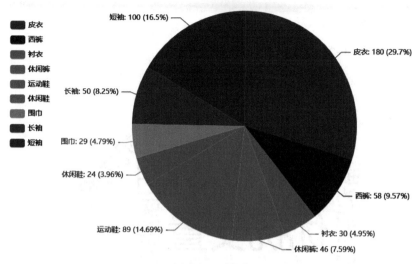

图 3-22　饼图

示例程序如下：

```
from pyecharts import options as opts
from pyecharts. charts import WordCloud
# 词云图绘制函数传入参数格式
words = [
    ("社会救助", 230),
    ("医疗救助", 124),
    ("优抚安置", 436),
    ("福利彩票销售", 255),
    ("社会捐赠", 247),
    ("社区机构服务", 244),
    ("婚姻服务", 138),
    ("殡葬服务", 184),
    ("社会组织", 12),
    ("自治组织", 165),
    ("社会福利业", 247),
]
# 词云图绘制函数
wc = (
WordCloud( )
    . set_global_opts(
    title_opts = opts. TitleOpts(
    title = "国内社会服务基本架构",
    pos_right = "center",
    pos_top = "5%",
title_textstyle_opts = opts. TextStyleOpts( color = 'black', font_size = 22), ) )
    . add( "", words)
```

```
)
wc. render_notebook( )
```

程序运行结果如图3-23所示。

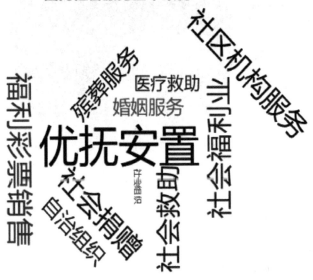

图 3-23　词云图

3.4.6　绘制箱形图

本例使用Pyecharts库创建箱形图，并设置全局配置项和标题。首先创建Boxplot类的对象Box，其次调用add_xaxis( )方法设置x轴数据为x_data，即箱形图的横坐标，接着使用add_yaxis( )方法添加y轴数据，然后使用set_global_opts( )方法设置全局配置项，最后使用opts.LegendOpts( )设置图例的相关选项。

示例程序如下：

```
from pyecharts import options as opts
from pyecharts. charts import Boxplot
import random
# 随机数编写格式, 注意, 格式为列表(使用中括号)
x_data=["煤炭消耗量(万吨)","煤油消耗量(万吨)","天然气消耗量(亿立方米)","液化石油气
消费量(万吨)"]
y_data=[[random. randint(100, 200)for i in range(10)] for item in x_data]
# 箱形图绘制函数
Box = (
Boxplot( )
    . add_xaxis(x_data)
. add_yaxis("", Boxplot. prepare_data(y_data))
    . set_global_opts(
    title_opts=opts. TitleOpts(
```

```
        title="基本能源消耗",
        title_textstyle_opts=opts.TextStyleOpts(font_size=22),
        pos_right="center"),
    legend_opts=opts.LegendOpts(
        type_='scroll',
        selected_mode='double',
        pos_left='center',
        pos_top='95%',
        orient='horizontal',
        )
    ))
Box.render_notebook()
```

程序运行效果如图 3-24 所示。

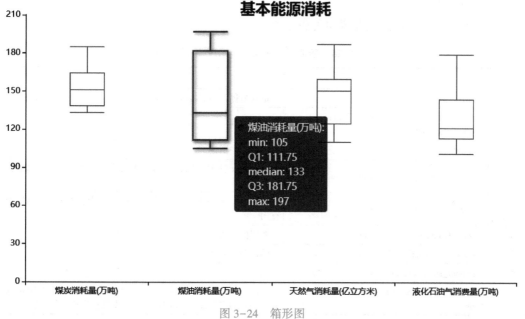

图 3-24　箱形图

【任务总结】

通过本任务的学习，了解了 Pyecharts 图表（基础图）绘制的基本方法，如极坐标图、雷达图、桑基图、饼图、词云图，箱形图等。

本任务的重点是学习 Pyecharts 图表（基础图）的绘制方法及其代码示例，后续可通过反复练习、继续学习相关知识等方式来巩固所学内容。

基于本任务，完成了 Pyecharts 可视化配置项的部分内容，为后续学习可视化图表打好了基础。

任务 3.5 绘制直角坐标系图形

直角坐标系的创建,在代数和几何之间架起了一座"桥梁",使几何概念、图形可以用数来表示。随着技术的发展,直角坐标系的 x、y 轴也不再局限于数字、文字、符号等,一切有意义的东西都可以作为 x、y 轴的值来反映它们之间的关系。因此 Pyecharts 也提供了直角坐标系图的绘制函数及其参数,可以用 Python 代码将数据可视化展示。

本任务学习使用 Pyecharts 绘制如涟漪特效散点图、折线图、象形柱状图、散点图、层叠多图等图表,并对这些图表进行讲解和实践,初步掌握 Pyecharts 各项绘图函数以及全局配置项和系列配置项两种配置项在图表当中的具体应用,熟悉 Pyecharts 绘图风格和原理,逐步加深对 Pyecharts 的理解与使用,并通过思考与练习巩固所学知识。

【知识与技能】

1. 涟漪特效散点图

涟漪特效散点图可用方法及说明见表 3-28。

表 3-28 涟漪特效散点图可用方法及说明

序号	名 称	说 明
1	series_name:str	系列名称,用于 tooltip 的显示,以及 legend 的图例筛选
2	y_axis:types.Sequence[types.Union[opts.BoxplotItem,dict]]	系列数据
3	is_selected:bool = True	是否选中图例
4	xaxis_index:Optional[Numeric] = None	使用的 x 轴的索引,在单个图表实例中存在多个 x 轴的时候有用
5	yaxis_index:Optional[Numeric] = None	使用的 y 轴的索引,在单个图表实例中存在多个 y 轴的时候有用
6	color:Optional[str] = None	系列标签颜色
7	symbol:Optional[str] = None	标记图形形状
8	symbol_size:Numeric = 10	标记的大小
9	symbol_rotate:types.Optional[types.Numeric] = None	标记的旋转角度。注意,在 markLine 中,当 symbol 为'arrow'时,会忽略 symbolRotate,强制将旋转角度设置为切线的角度

2. 折线图

折线图可用方法及说明见表 3-29。

表 3-29 折线图可用方法及说明

序号	名 称	说 明
1	series_name:str	系列名称,用于 tooltip 的显示,以及 legend 的图例筛选
2	y_axis:types.Sequence[types.Union[opts.LineItem,dict]]	系列数据
3	is_selected:bool = True	是否选中图例
4	is_connect_nones:bool = False	是否连接空数据。空数据使用 'None'填充
5	xaxis_index:Optional[Numeric] =None	使用的 x 轴的索引,在单个图表实例中存在多个 x 轴的时候有用

（续）

序号	名　称	说　明
6	yaxis_index:Optional[Numeric]=None	使用的 y 轴的索引，在单个图表实例中存在多个 y 轴的时候有用
7	color:Optional[str]=None	系列标签颜色
8	is_symbol_show:bool = True	是否显示 symbol。如果设为 False，则只有在 tooltip hover 的时候才显示
9	symbol:Optional[str]=None	标记的图形。标记类型包括'circle'、'rect'、'roundRect'、'triangle'、'diamond'、'pin'、'arrow'和'none'。可以通过'image://url'将标记点的显示信息设置为图片，其中 url 为图片链接，或者 data URI
10	symbol_size:Union[Numeric,Sequence]=4	标记的大小，可以设置成诸如'10'这样单一的数字，也可以用数组分开表示宽和高，例如[20,10]表示标记的宽为20、高为10
11	stack:Optional[str]=None	数据堆叠。同一个类目轴上系列配置相同的 stack 值可以堆叠放置
12	is_smooth:bool=False	是否对曲线进行平滑处理
13	is_clip:bool=True	是否裁剪超出坐标系部分的图形。对于折线图，裁剪所有超出坐标系的折线部分，拐点图形的逻辑按照散点图处理
14	is_step:bool=False	是否显示为阶梯图
15	is_hover_animation:bool=True	是否开启 hover 在拐点标记上的动画效果
16	z_level:types. Numeric=0	折线图上所有图形的 zlevel 值。zlevel 用于 Canvas 分层，不同 zlevel 值的图形会放置在不同的 Canvas 中。Canvas 分层是一种常见的优化手段，zlevel 大的 Canvas 会放在 zlevel 小的 Canvas 的上面
17	z:types. Numeric=0	折线图组件的所有图形的 z 值。控制图形的前后顺序。z 值小的图形会被 z 值大的图形覆盖。相比 zlevel，z 的优先级更低，而且不会创建新的 Canvas

3. 象形柱状图

象形柱状图可用方法及说明见表3-30。

表 3-30　象形柱状图可用方法及说明

序号	名　称	说　明
1	series_name:str	系列名称，用于 tooltip 的显示，以及 legend 的图例筛选
2	y_axis:Sequence	系列数据
3	symbol:Optional[str]=None	图形类型。其类型包括 'circle'、'rect'、'roundRect'、'triangle'、'diamond'、'pin'、'arrow'和 'none'。可以通过'image://url'将标记点的显示信息设置为图片，其中 url 为图片链接，或者 data URI。url 为图片链接时的示例：'image://http://xxx. xxx. xxx/a/b. png'，url 为 data URI 的示例：'image://data:image/gif;base64,R0lGODlhEAAQAMQAAORHHOVSKudfO...'可以通过'path://'将图标设置为任意矢量路径。相比使用图片的方式，使用这种方式时不用担心因为缩放而产生锯齿或模糊，而且可以设置为任意颜色。路径图形会自适应调整为合适的大小。路径的格式参见 SVG PathData，可以从 Adobe Illustrator 等工具中编辑导出。例如：'path://M30. 9,53. 2C16. 8,53. 2,5. 3,41. 7,5. 3,27. 6S16. 8,2,30. 9,2C45,2,56. 4,13. 5,56. 4 ,2...'
4	symbol_size:Union[Numeric,Sequence,None]=None	图形的大小。可以用数组分开表示宽和高，例如[20,10]表示标记的宽为20、高为10；可以设置成诸如'10'这样单一的数字，表示[10,10]；可以设置成绝对值（如10）；可以设置成百分比（如'120%'、['55%',23]）
5	symbol_pos:Optional[str]=None	图形的定位位置。可选项有： • 'start'，图形边缘与"柱子"开始的地方内切； • 'end'：图形边缘与"柱子"结束的地方内切； • 'center'，图形在"柱子"里居中

（续）

序号	名　称	说　明
6	symbol_offset:Optional[Sequence]=None	图形相对于原本位置的偏移。symbolOffset 是图形定位中最后一个计算步骤，可以对图形计算出来的位置进行微调。可以设置成绝对值（如 10），也可以设置成百分比（如 '120%'、['55%',23]）。当设置为百分比时，表示相对于自身尺寸 symbolSize 的百分比，例如 [0,'-50%'] 就是把图形向上移动自身尺寸一半的位置
7	symbol_rotate:Optional[Numeric]=None	图形的旋转角度。symbolRotate 并不会影响图形的定位（哪怕超过基准柱的边界），而只是单纯地绕自身中心旋转。此属性可以被设置在系列的根部，表示对此系列中所有数据都生效，也可以被设置在 data 中的每个数据项中，表示只对此数据项生效
8	symbol_repeat:Optional[str]=None	指定图形元素是否重复。可选项有： • False/Null/Undefined，不重复，即每个数据值用一个图形元素表示； • True，使图形元素重复，即每个数据值用一组重复的图形元素表示，重复的次数依据 data 计算得到 • a number，使图形元素重复，即每个数据值用一组重复的图形元素表示，重复的次数是给定的定值； • Fixed：使图形元素重复，即每个数据值用一组重复的图形元素表示，重复的次数依据 symbolBoundingData 计算得到，与 data 无关。此属性在图形用于背景时有用
9	symbol_repeat_direction:Optional[str]=None	在图形元素重复时，指定绘制的顺序。这个属性在下列两种情况下有用：当 symbolMargin 设置为负值时，重复的图形会互相覆盖，这时可以使用 symbolRepeatDirection 来指定覆盖顺序；当 animationDelay 或 animationDelayUpdate 被使用时，symbolRepeatDirection 指定了索引顺序，这个属性的值可以是'start'或'end'
10	symbol_margin:Union[Numeric,str,None]=None	图形的两边间隔（"两边"是指数值轴方向的两边）。可以是绝对数值（如 20），也可以是百分比（如'-30%'），表示相对于自身尺寸 symbolSize 的百分比。只有当 symbolRepeat 被使用时才有意义。可以是正值，表示间隔大；也可以是负数。当 symbolRepeat 被使用时，负数设置能使图形重叠，默认会紧贴边界。可以在设置值结尾处加上一个"!"，如 "30%!"或 25!，表示第一个图形的开始和最后一个图形结尾留白，不紧贴边界
11	is_symbol_clip:bool=False	是否剪裁图形。False/Null/Undefined：图形本身表示数值大小；True：图形剪裁后的剩余部分表示数值大小；SymbolClip 常在同时表达"总值"和"当前数值"的场景下使用，在这种场景下，可以使用两个系列，一个系列是完整的图形，当作"背景"来表达总值，另一个系列是使用 symbolClip 剪裁过的图形，表达当前数值
12	is_selected:bool=True	是否选中图例
13	xaxis_index:Optional[Numeric]=None	使用的 x 轴的索引，在单个图表实例中存在多个 x 轴的时候有用
14	yaxis_index:Optional[Numeric]=None	使用的 y 轴的索引，在单个图表实例中存在多个 y 轴的时候有用
15	color:Optional[str]=None	系列标签颜色
16	category_gap:Union[Numeric,str]="20%"	同一系列的柱间距离，默认为类目间距的 20%，可设固定值
17	gap:Optional[str]=None	不同系列的柱间距离，为百分比（如'30%'，表示柱子宽度的 30%）。如果想要两个系列的柱子重叠，则可以设置 gap 为'-100%'，此操作在用"柱子"做背景时有用

4. 散点图

散点图可用方法及说明见表 3-31。

表 3-31　散点图可用方法及说明

序号	名　　　称	说　　　明
1	series_name:str	系列名称，用于 tooltip 的显示，以及 legend 的图例筛选
2	y_axis:Sequence	系列数据
3	is_selected:bool = True	是否选中图例
4	xaxis _ index:Optional〔Numeric〕= None	使用的 x 轴的索引，在单个图表实例中存在多个 x 轴的时候有用
5	yaxis _ index:Optional〔Numeric〕= None	使用的 y 轴的索引，在单个图表实例中存在多个 y 轴的时候有用
6	color:Optional〔str〕= None	系列标签颜色
7	symbol:Optional〔str〕= None	标记的图形。其类型包括'circle'、'rect'、'roundRect'、'triangle'、'diamond'、'pin'、'arrow'和'none'。可以通过'image://url'将标记点的显示信息设置为图片，其中 url 为图片链接，或者 data URI
8	symbol_size:Numeric = 10	标记的大小，可以设置成诸如 10 这样单一的数字，也可以用数组分开表示宽和高，例如〔20,10〕表示标记的宽为 20、高为 10
9	symbol_rotate:types. Optional〔types. Numeric〕= None	标记的旋转角度。注意，在 markLine 中，当 symbol 为'arrow'时，会忽略 symbolRotate，强制设置为切线的角度

【任务实施】

3.5.1　绘制涟漪特效散点图

3.5.1　绘制涟漪特效散点图

　　涟漪特效散点图是一种具有动态效果的散点图，通过在散点位置产生涟漪效果来突出展示数据的分布和关联性。这种图表可以使用 Pyecharts 库中的 EffectScatter 类来创建。本例绘制带有涟漪特效的散点图，并设置全局配置项和标题，需要导入 options 模块和 EffectScatter 模块。对于本例中涉及的其他参数，上文均有解释，本例不再重复阐述。

　　示例程序如下：

```
import pandas as pd
import sqlalchemy as sql
# 连接数据库
engine = sql. create_engine('mysql+pymysql://root:root@ localhost:3306/dataproject')
sql1 = '''select * from xiaofei'''
df = pd. read_sql(sql1,engine)
x_data = list(df〔"时间"〕. values)
y_data1 = list(df〔"居民消费水平(元)"〕. values)
y_data1 = 〔float(i) for i in y_data1〕
y_data2 = list(df〔"城镇居民消费水平(元)"〕. values)
y_data2 = 〔float(i) for i in y_data2〕
y_data3 = list(df〔"农村居民消费水平(元)"〕. values)
y_data3 = 〔float(i) for i in y_data3〕
from pyecharts import options as opts
from pyecharts. charts import EffectScatter
effectScatter = (EffectScatter()
        . add_xaxis(x_data)
        . add_yaxis('居民消费水平', y_data1)
```

```
            . add_yaxis('城镇居民消费水平', y_data2)
            . add_yaxis('农村居民消费水平', y_data3)
      . set_global_opts(
        title_opts = opts. TitleOpts(
        title = "2012—2021 年居民消费水平",
        title_textstyle_opts = opts. TextStyleOpts( font_size = 22) ,
        pos_right = " center") ,
        legend_opts = opts. LegendOpts(
        type_ = 'scroll',
        selected_mode = 'double',
        pos_left = 'center',
        pos_top = '95%',
        orient = 'horizontal',
)))
effectScatter. render_notebook( )
```

程序运行结果如图 3-25 所示。

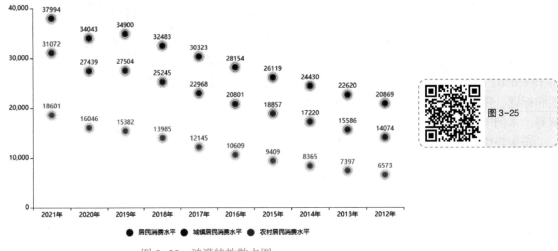

图 3-25 涟漪特效散点图

3.5.2 绘制折线图

折线图可以展示随时间变化的连续数据，因此非常适合展示相同时间间隔下数据的变化趋势。本例使用折线图来展示 2012～2021 年"居民消费水平""城镇居民消费水平"和"农村居民消费水平"的变化趋势，其绘制方法与其他图形类似，不同的是，在绘制折线图时，

3.5.2 绘制折线图

需要使用 Line()来创建一个折线图对象，并进行配置全局选项、添加数据系列等相关配置项操作。

示例程序如下：

```
from pyecharts. charts import Line
# 折线图绘制函数
```

```
line = (Line( )
        . add_xaxis (x_data)
        . add_yaxis('居民消费水平', y_data1)
        . add_yaxis('城镇居民消费水平', y_data2)
        . add_yaxis('农村居民消费水平', y_data3)
                        . set_global_opts(
    title_opts = opts. TitleOpts(
    title = "2012—2021 年居民消费水平",
    title_textstyle_opts = opts. TextStyleOpts(font_size = 22),
    pos_right = " center" ),
    legend_opts = opts. LegendOpts(
    type_ = 'scroll',
    selected_mode = 'double',
    pos_left = 'center',
    pos_top = '95%',
    orient = 'horizontal',
    )
) )
line. render_notebook( )
```

程序运行结果如图 3-26 所示。

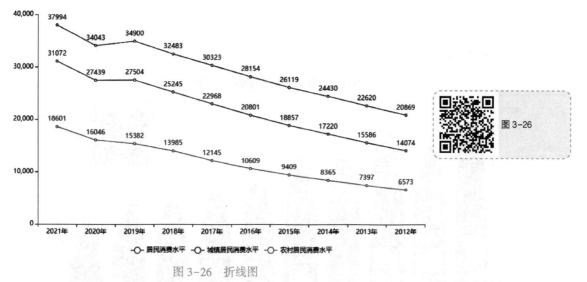

图 3-26   折线图

3.5.3   绘制象形柱状图

本例绘制象形柱状图，首先引入 PictorialBar 类来创建对象 pictorialBar，然后调用 add_xaxis( )方法设置 x 轴数据为 x_data，即象形柱状图的横坐标，接着使用 add_yaxis( )方法分别添加三个系列的 y 轴数据，通过参数 y_ data1、y_data2 和 y_data3 分别指定居民消费水平、城镇居民消费水平与农村居民消费水平的数据，最后设置标题配置项和图例配置项。

示例程序如下：

```
from pyecharts. charts import PictorialBar
# 象形柱状图绘制函数
pictorialBar = ( PictorialBar( )
        . add_xaxis( x_data)
        . add_yaxis('居民消费水平', y_data1)
        . add_yaxis('城镇居民消费水平', y_data2)
        . add_yaxis('农村居民消费水平', y_data3)
        . set_global_opts(
    title_opts = opts. TitleOpts(
    title = "2012—2021 年居民消费水平",
    title_textstyle_opts = opts. TextStyleOpts( font_size = 22),
    pos_right = "center"),
    legend_opts = opts. LegendOpts(
    type_ = 'scroll',
    selected_mode = 'double',
    pos_left = 'center',
    pos_top = '95%',
    orient = 'horizontal',
    )
) )
pictorialBar. render_notebook( )
```

程序运行结果如图 3-27 所示。

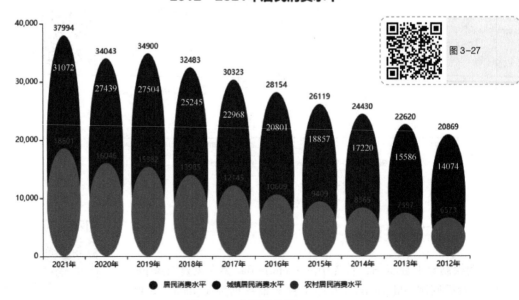

图 3-27 象形柱状图

3.5.4　绘制散点图

Pyecharts 提供 Scatter 类来创建散点图。本例和上例类似，创建散点图对象时，使用 add_xaxis( )方法设置 x 轴的数据，然后使用 add_yaxis( )方法添加三个系列的 y 轴数据。

示例程序如下：

```python
from pyecharts.charts import Scatter
# 散点图绘制函数
scatter = (Scatter()
    .add_xaxis(x_data)
    .add_yaxis('居民消费水平', y_data1)
    .add_yaxis('城镇居民消费水平', y_data2)
    .add_yaxis('农村居民消费水平', y_data3)
        .set_global_opts(
title_opts = opts.TitleOpts(
title = "2012—2021 年居民消费水平",
title_textstyle_opts = opts.TextStyleOpts(font_size = 22),
pos_right = "center"),
legend_opts = opts.LegendOpts(
type_ = 'scroll',
selected_mode = 'double',
pos_left = 'center',
pos_top = '95%',
orient = 'horizontal',
)
))
scatter.render_notebook()
```

程序运行结果如图 3-28 所示。

3.5.5　绘制层叠多图

层叠多图，属于复合图形，即在一张图表上绘制两个或者两个以上不同类型的图表。在掌握了单一柱状图和折线图绘制方法的基础上，本例实现了使用柱状图展示"居民消费水平"，折线图展示"城镇居民消费水平"。

示例程序如下：

```python
from pyecharts.charts import Bar, Line
# 柱状图绘制函数
bar = (Bar()
    .add_xaxis(x_data)
    .add_yaxis('', y_data1)
    .set_global_opts(
```

```
            title_opts = opts. TitleOpts(
            title = "2012—2021 年居民消费水平",
            title_textstyle_opts = opts. TextStyleOpts(font_size = 22),
            pos_right = "center"),
                ))
    # 折线图绘制函数
    line = (Line()
            . add_xaxis(x_data)
            . add_yaxis('', y_data2)
            )
            # 对 bar 使用 overlap() 函数,传入 line,在柱状图的基础上叠加折线图
    overlap = bar. overlap(line)
    overlap. render_notebook()
```

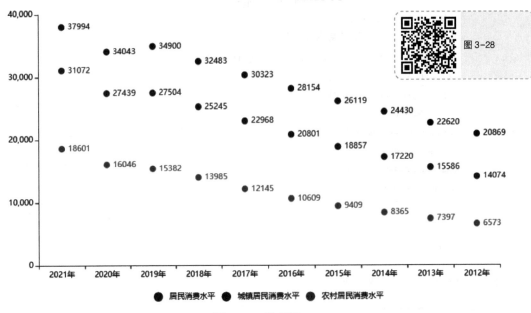

图 3-28 散点图

输出效果如图 3-29 所示。

【任务总结】

通过本任务的学习,了解了 Pyecharts 图表(直角坐标系图)绘制的方法,如涟漪特效散点图、折线图、象形柱状图、散点图、层叠多图等。

本任务的重点是学习 Pyecharts 图表(直角坐标系图)的绘制方法及其代码示例,后续可通过反复练习、继续学习相关知识等方式来巩固所学内容。

基于本任务,完成了 Pyecharts 可视化配置项的部分内容,为后续学习可视化图表打好了基础。

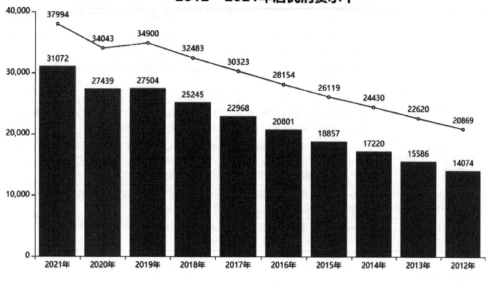

图 3-29　层叠多图

任务 3.6　绘制树状图及 3D 图

树状图，亦称树图。树状图是数据树的图形表示形式，以父子层次结构来组织对象。树状图是解决概率问题所需的一种图形。树状图是对从中心节点或"主干"开始的关系的相关性可视化描述，用来描述需要解决的问题或分析当下的想法。

通过学习本任务内容，可了解 Pyecharts 图表绘制中树状图参数和特点，熟悉 Pyecharts 中的树状图、矩形树图、3D 散点图、3D 折线图、3D 柱状图、3D 曲面图等图表的绘制方法，并通过思考与练习巩固所学知识。

【知识与技能】

1. 树状图

树状图可用方法及说明见表 3-32。

表 3-32　树状图可用方法及说明

序号	名　称	说　明
1	series_name:str	系列名称，用于 tooltip 的显示，以及 legend 的图例筛选
2	data:Sequence[Union[opts.TreeItem,dict]]	系列数据项
3	layout:str="orthogonal"	树状图的布局，有正交和径向两种。正交布局就是通常所说的水平和垂直方向，对应的参数值为'orthogonal'；径向布局是指以根节点为圆心，每一层节点为环，一层层向外发散绘制的布局，对应的参数为'radial'
4	symbol:types.JSFunc = "emptyCircle"	标记的图形。其类型包括'emptyCircle'、'circle'、'rect'、'roundRect'、'triangle'、'diamond'、'pin'、'arrow'和'none'
5	symbol_size:types.Union[types.JSFunc,types.Numeric,types.Sequence]=7	标记的大小，可以设置成诸如 10 这样单一的数字，也可以用数组分开表示宽和高，例如 [20,10] 表示标记的宽为 20、高为 10

（续）

序号	名　称	说　明
6	orient: str = "LR"	树状图中正交布局的方向，也就是说，只有在 layout = 'orthogonal' 的时候，该配置项才生效。对应有水平方向的从左到右、从右到左，以及垂直方向的从上到下、从下到上，取值分别为'LR'、'RL'、'TB'、'BT'。注意，之前的配置项值'horizontal'等同于'LR', 'vertical'等同于'TB'
7	pos_top: Optional [str] = None	tree 组件与容器上侧的距离，top 的值可以是像 20 这样的具体像素值，也可以是像'20%'这样相对于容器高、宽的百分比，还可以是'top'、'middle'或'bottom'。如果 top 的值为'top'、'middle'或'bottom'，则组件会根据相应的位置自动对齐
8	pos_left: Optional [str] = None	tree 组件与容器左侧的距离，left 的值可以是像 20 这样的具体像素值，也可以是像'20%'这样相对于容器高、宽的百分比，还可以是'left'、'center'或'right'。如果 left 的值为'left'、'center'或'right'，则组件会根据相应的位置自动对齐
9	pos_bottom: Optional [str] = None	tree 组件与容器下侧的距离，bottom 的值可以是像 20 这样的具体像素值，也可以是像'20%'这样相对于容器高、宽的百分比
10	pos_right: Optional [str] = None	tree 组件与容器右侧的距离，right 的值可以是像 20 这样的具体像素值，也可以是像'20%'这样相对于容器高、宽的百分比

2. 矩形树图

（1）面包屑参数

面包屑参数及说明见表 3-33。

表 3-33　面包屑参数及说明

序号	名　称	说　明
1	is_show: bool = True	是否显示面包屑
2	pos_left: Union[str, Numeric] = "center"	组件与容器左侧的距离，left 的值可以是像'20'这样的具体像素值，也可以是像'20%' 这样相对于容器高、宽的百分比，还可以是'left'、'center' 或'right'。如果 left 的值为'left'、'center'或'right'，则组件会根据相应的位置自动对齐
3	pos_right: Union[str, Numeric] = "auto"	组件与容器右侧的距离，right 的值可以是像 20 这样的具体像素值，也可以是像'20%' 这样相对于容器高、宽的百分比，默认自适应
4	pos_top: Union[str, Numeric] = "auto"	组件与容器上侧的距离，top 的值可以是像 20 这样的具体像素值，也可以是像'20%' 这样相对于容器高、宽的百分比，还可以是'top'、'middle'或'bottom'。如果 top 的值为'top'、'middle'或'bottom'，则组件会根据相应的位置自动对齐
5	pos_bottom: Union [str, Numeric] = 0	组件与容器下侧的距离，bottom 的值可以是像 20 这样的具体像素值，也可以是像'20%' 这样相对于容器高、宽的百分比，默认自适应
6	height: Numeric = 22	面包屑的高度
7	empty _ item _ width: Numeric = 25	当面包屑没有内容的时候，设一个最小宽度

（2）矩形参数

矩形参数及说明见表 3-34。

表 3-34　矩形参数及说明

序号	名　称	说　明
1	color: Optional[str] = None	矩形的颜色
2	color_alpha: Union[Numeric, Sequence] = None	矩形颜色的透明度；取值是0~1的浮点数
3	color_saturation: Union[Numeric, Sequence] = None	矩形颜色的饱和度；取值是 0~1 的浮点数

（续）

序号	名　称	说　明
4	border_color：Optional［str］=None	矩形边框和矩形间隔（gap）的颜色
5	border_width：Numeric=0	矩形边框线宽，为 0 时无边框；矩形内部子矩形（子节点）的间隔距离由 gapWidth 指定
6	border_color_saturation：Union［Numeric，Sequence］=None	矩形边框的颜色的饱和度；取值是 0~1 的浮点数
7	gap_width：Numeric=0	矩形内部子矩形（子节点）的间隔距离
8	stroke_color：Optional［str］=None	每个矩形的描边颜色
9	stroke_width：Optional［Numeric］=None	每个矩形的描边宽度

（3）可用方法

矩形树图可用方法及说明见表 3-35。

表 3-35　矩形树图可用方法及说明

序号	名　称	说　明
1	series_name：str	系列名称，用于 tooltip 的显示，以及 legend 的图例筛选
2	data：Sequence［Union［opts.TreeItem，dict］］	系列数据项
3	is_selected：bool=True	是否选中图例
4	leaf_depth	表示展示层数，层次更深的节点则被隐藏起来。在设置 leafDepth 后，下钻（drill down）功能开启。drill down 功能即单击后才展示层级，例如，leafDepth 设置为 1，表示展示一层节点
5	pos_left：Optional［str］=None	treemap 组件与容器左侧的距离，left 的值可以是像 20 这样的具体像素值，也可以是像'20%'这样相对于容器高、宽的百分比，还可以是'left'、'center'或'right'。如果 left 的值为'left'、'center'或'right'，则组件会根据相应的位置自动对齐
6	pos_right：Optional［str］=None	treemap 组件与容器右侧的距离，right 的值可以是像 20 这样的具体像素值，也可以是像'20%'这样相对于容器高、宽的百分比
7	pos_top：Optional［str］=None	treemap 组件与容器上侧的距离，top 的值可以是像 20 这样的具体像素值，也可以是像 '20%' 这样相对于容器高、宽的百分比，还可以是'top'、'middle'或'bottom'。如果 top 的值为'top'、'middle'或'bottom'，则组件会根据相应的位置自动对齐
8	pos_bottom：Optional［str］=None	treemap 组件与容器下侧的距离，bottom 的值可以是像 20 这样的具体像素值，也可以是像'20%'这样相对于容器高、宽的百分比
9	width：types.Union［str，types.Numeric］="80%"	treemap 组件的宽度
10	height：types.Union［str，types.Numeric］="80%"	treemap 组件的高度
11	square_ratio：types.Optional［types.JSFunc］=None	期望矩形长宽比例。布局计算时会尽量向这个比例靠近，默认为黄金比，即 0.5 * (1+Math.sqrt(5))
12	drilldown_icon：str="▶"	节点可以下钻时的提示符。只能是字符
13	roam：types.Union［bool，str］=True	是否开启拖拽漫游（移动和缩放）。可取值有：False，关闭；'scale'或'zoom'，只能缩放；'move'或'pan'，只能平移；True，缩放和平移均可
14	node_click：types.Union［bool，str］="zoomToNode"	单击节点后的行为。可取值有：false，单击节点后无反应；'zoomToNode'，单击节点后缩放到节点；'link'，如果节点数据中有 link，则单击节点后会进行超链接跳转
15	zoom_to_node_ratio：types.Numeric=0.32 * 0.32	单击某个节点，会自动放大该节点到合适的比例（节点面积占可视区域面积的比例），这个配置项就是指定这个比例

（续）

序号	名　称	说　明
16	levels：types. TreeMapLevel＝None	treemap 中采用"三级配置"："每个节点" → "每个层级" → "每个系列"，即可以对每个节点进行配置，也可以对树的每个层级进行配置，还可以在 series 上设置全局配置。节点上的设置优先级最高，最常用的是对每个层级进行配置，levels 配置项就是对每个层级的配置
17	visual_min：Optional［Numeric］＝None	当前层级的最小 value 值。如果不设置，则自动统计
18	visual_max：Optional［Numeric］＝None	当前层级的最大 value 值。如果不设置，则自动统计
19	color_alpha：types. Union［types. Numeric，types. Sequence］＝None	本系列默认的颜色透明度选取范围；数值范围为 0~1
20	color_saturation：types. Union［types. Numeric，types. Sequence］＝None	本系列默认的颜色饱和度选取范围；数值范围为 0~1
21	color_mapping_by：str＝"index"	表示同一层级节点，即表示在颜色列表（参见 color 属性）中选择时，按照什么来选择。可选值： ● 'value'，将节点的值（即 series-treemap. data. value）映射到颜色列表中，这样得到的颜色，反映了节点值的大小； ● 'index'，将节点的 index（序号）映射到颜色列表中，即同一层级中，第一个节点取颜色列表中第一个颜色，第二个节点取第二个，这样得到的颜色，便于区分相邻节点； ● 'id'，将节点的 id 映射到颜色列表中，id 是用户指定的，这样使得在 treemap 通过 setOption 变化数值时，同一 id 映射到同一颜色，保持一致性

3. 三维图

三维（3D）图包括 3D 柱状图、3D 折线图、3D 散点图、3D 曲面图。

（1）三维图配置项函数

3D 图表有一个共性，即它们的坐标系配置项都应用三维笛卡儿坐标系配置项，见表 3-36。

表 3-36　三维图配置项及说明

序号	名　称	说　明
1	width：Numeric＝200	三维笛卡儿坐标系组件在三维场景中的宽度
2	height：Numeric＝100	三维笛卡儿坐标系组件在三维场景中的高度
3	depth：Numeric＝80	三维笛卡儿坐标系组件在三维场景中的深度
4	is_rotate：bool＝False	是否开启视角绕物体的自动旋转查看
5	rotate_speed：Numeric＝10	物体自转的速度，单位为角度／秒，默认值为 10，也就是 36 秒转一圈
6	rotate_sensitivity：Numeric＝1	旋转操作的灵敏度，值越大越灵敏。支持使用数组分别设置横向和纵向的旋转灵敏度，设置为 0 后将无法旋转

（2）三维图可用方法

三维图可用方法及说明见表 3-37。

表 3-37　三维图可用方法及说明

序号	名　称	说　明
1	series_name：str	系列名称，用于 tooltip 的显示，以及 legend 的图例筛选
2	data：Sequence	系列数据

（续）

序号	名　称	说　明
3	shading：Optional［str］＝None	三维柱状图中三维图形的着色效果可选项有： • color：只显示颜色，不受光照等其他因素的影响； • lambert：通过经典的 lambert 着色表现光照带来的明暗； • realistic：真实感渲染，配合 light. ambientCubemap 和 postEffect 使用，可以让展示的画面效果和质感有质的提升，ECharts GL 中使用了基于物理的渲染（PBR）来表现真实感材质

【任务实施】

3.6.1　绘制树状图

树状图是用来展示层级结构数据的图表。在数据分析中，树状图往往用来展示数据随着层级变换的变化情况，或用来展示不同层级之间的数据分布情况。本例代码实现了一个树状图，顶级节点是"集团总公司"，它有两个子节点："办公大厦一区"和"办公大厦二区"。每个子节点又有自己的子节点（部门），以及对应的员工数量。

在下面的示例程序中，首先导入所需的类和模块，即 Tree 和 opts（选项模块）；接着，创建一个 Tree 类的对象 tree，并通过 add( )方法将数据 data 添加到树状图中；然后，在 set_global_opts( )方法中，设置全局选项。

示例程序如下：

```
from pyecharts. charts import Tree
from pyecharts import options as opts
data = [
    {"name":"集团总公司",
     "children"：[
             {"name":"办公大厦一区",
              "children"：[
                      {"name":"人力资源部","value":55},
                      {"name":"财务部","value":34},
                      {"name":"市场部","value":144},
                 ]},
             {"name":"办公大厦二区",
              "children"：[
                      {"name":"研发部","value":156},
                      {"name":"行政部","value":134},
                 ]},
         ],
     }]
# 树状图绘制函数
tree = (
    Tree( )
```

```
                . add( "", data)
                    . set_global_opts(
        title_opts = opts. TitleOpts(
        title = "集团组织结构",
        title_textstyle_opts = opts. TextStyleOpts( font_size = 22) ,
        pos_right = " center" ,
        pos_top = " 5% " )
    ) )
        tree. render( " tree. html" )
```

程序运行结果如图 3-30 所示。

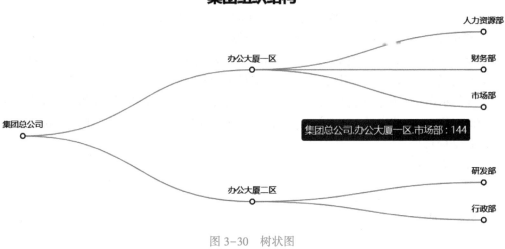

图 3-30　树状图

3.6.2　绘制矩形树图

矩形树图（Treemap）将层次数据可视化为矩形的图表。根据树的层次结构，矩形树图将整个区域划分为不同的矩形，每个矩形的大小表示该节点在整个层次结构中所占的比例。也可以使用颜色、亮度等其他视觉属性表示每个矩形的属性。

本例使用矩形树图进行可视化展示，其程序与绘制树状图程序的区别是使用 TreeMap，而不再使用 Tree。data 变量定义了树状图的数据结构，表示集团总公司的组织结构和员工分布。然后使用 TreeMap( )创建一个树状图对象，通过 add( )方法添加数据，并使用 set_global_opts( )方法设置全局选项，包括标题和样式。

示例程序如下：

```
from pyecharts. charts import TreeMap
from pyecharts import options as opts
data = [
    { "name" : "集团总公司",
    "children" : [
            { "name" : "办公大厦一区",
```

```
                        "children" : [
                                {"name" : "人力资源部", "value" : 55},
                                {"name" : "财务部", "value" : 34},
                                {"name" : "市场部", "value" : 144},
                        ]},
                    {"name" : "办公大厦二区",
                        "children" : [
                                {"name" : "研发部", "value" : 156},
                                {"name" : "行政部", "value" : 134},
                        ]},
            ],
        }]
# 矩阵树图绘制函数
treemap = (
        TreeMap()
        . add("", data)
                    . set_global_opts(
        title_opts = opts. TitleOpts(
        title = "集团公司组织结构员工分布",
        title_textstyle_opts = opts. TextStyleOpts(font_size = 22),
        pos_right = "center",
        pos_top = "5%")
))
treemap. render("treemap. html")
```

程序运行结果如图 3-31 所示。

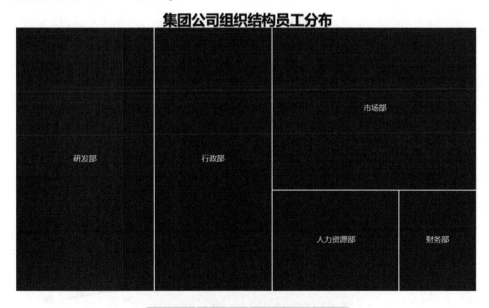

图 3-31　矩形树图

3.6.3 绘制 3D 图

在数据分析中，3D 图常用来展示三个变量之间的关系，或者某一个变量随另外两个变量变化的情况。本任务包括 3D 散点图、3D 折线图、3D 柱状图和 3D 曲面图的绘制。

1. 3D 散点图

在创建 3D 散点图时，首先使用 Scatter3D( ) 创建 3D 散点图对象，并通过 add( ) 方法将数据添加到图表中，然后通过 set_global_opts( ) 方法设置全局选项，包括标题文本样式和位置。

示例程序如下：

```
import random
from pyecharts. charts import Scatter3D
data = [( random. randint( 0, 100), random. randint( 0, 100), random. randint( 0, 100)) for _ in range
( 100)]
# 3D 散点图绘制函数
scatter3D = ( Scatter3D( )
    . add( "", data)
    . set_global_opts(
    title_opts = opts. TitleOpts(
        title = "3D 散点图示例",
        title_textstyle_opts = opts. TextStyleOpts( font_size = 22),
        pos_right = " center" )

) )
scatter3D. render_notebook( )
```

程序运行结果如图 3-32 所示。

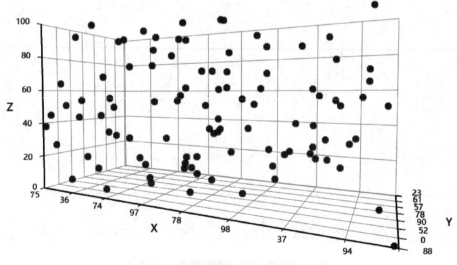

图 3-32　3D 散点图

2. 3D 折线图

在绘制 3D 折线图时，首先导入 math 模块和 Line3D 类；然后使用 math 模块生成三维坐标点，并将它们添加到列表 data 中；接着，使用 Line3D( )创建一个 3D 折线图对象，并通过 add( )方法将数据添加到图表中；然后，通过 xaxis3d_opts 和 yaxis3d_opts 参数设定坐标轴类型为数值型，对全局配置项中的标题文本样式和位置进行设置；最后将 3D 折线图进行渲染并显示。

示例程序如下：

```python
import math
from pyecharts.charts import Line3D
data = [ ]
for t in range(0, 1000):
    x = math.cos(t / 10)
    y = math.sin(t / 10)
    z = t / 10
    data.append([x, y, z])
# 3D 折线图绘制函数
line3D = (Line3D()
    .add("", data,
        xaxis3d_opts = opts.Axis3DOpts(type_ = "value"),
        yaxis3d_opts = opts.Axis3DOpts(type_ = "value"))
    .set_global_opts(
    title_opts = opts.TitleOpts(
        title = "3D 折线图示例",
        title_textstyle_opts = opts.TextStyleOpts(font_size = 22),
        pos_right = "center")

    ))
line3D.render_notebook()
```

程序运行结果如图 3-33 所示。

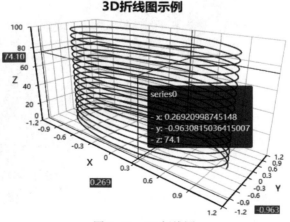

图 3-33 3D 折线图

3. 3D 柱状图

3.6.3 绘制 3D
图-3D 柱状图

本例将实现一个 3D 柱状图。与上述示例操作不同的是，示例通过导入的 Bar3D 类绘制 3D 柱状图，使用 hour_list 列表作为横轴刻度，week_list 列表作为纵轴刻度，" value" 表示纵轴为数值轴。本例绘制的 3D 柱状图以小时为横轴，星期为纵轴，随机生成的数据值作为柱体的高度。

示例程序如下：

```python
import random
from pyecharts. charts import Bar3D
data = [[ i, j, random. randint(0, 100)] for i in range(24) for j in range(7)]
hour_list = [ str(i) for i in range(24)]
week_list = ['周日', '周一', '周二', '周三', '周四', '周五', '周六']
# 3D 柱状图绘制函数
bar3D = (
    Bar3D()
        . add(
        "",
        data,
        xaxis3d_opts = opts. Axis3DOpts(hour_list, type_="category"),
        yaxis3d_opts = opts. Axis3DOpts(week_list, type_="category"),
        zaxis3d_opts = opts. Axis3DOpts(type_="value"),
    )
)
bar3D. render_notebook()
```

程序运行结果如图 3-34 所示。

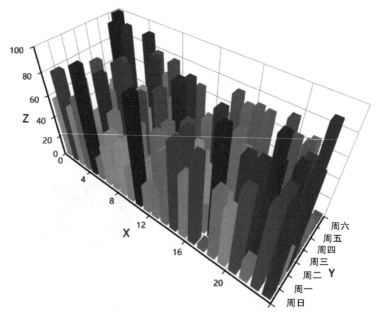

图 3-34　3D 柱状图

4. 3D 曲面图

本示例将绘制 3D 曲面图，展示一个函数在二维平面上的变化。首先定义两个辅助函数：float_range( )函数用于生成指定范围内的浮点数序列，surface3d_data( )函数使用 float_range( )生成一系列坐标点的数据。然后通过 Surface3D( )创建 3D 曲面图对象，使用 add( )方法将数据添加到图表中，其中横轴和纵轴的类型设置为"value"，并设置网格的宽度、高度和深度。

通过 set_global_opts( )方法设置全局选项，包括颜色映射的最大值、最小值和颜色范围。visualmap_opts 是一个可视化映射的选项对象，并通过 opts.VisualMapOpts( )进行初始化。opts.VisualMapOpts( )涉及的参数的解释如下。

- dimension＝2：指定可视化映射的维度为 2D，即根据 z 轴的值来映射颜色。
- max_＝1：设置可视化映射的最大值为 1。
- min_＝-1：设置可视化映射的最小值为 -1。
- range_color：一个包含颜色值的列表，用于定义可视化映射的颜色范围。

示例程序如下：

```python
import math
from typing import Union
import pyecharts.options as opts
from pyecharts.charts import Surface3D
# 参数设置函数
def float_range(start: int, end: int, step: Union[int, float], round_number: int=2):

    temp = []
    while True:
        if start < end:
            temp.append(round(start, round_number))
            start += step
        else:
            break
    return temp


def surface3d_data():
    for t0 in float_range(-3, 3, 0.05):
        y=t0
        for t1 in float_range(-3, 3, 0.05):
            x=t1
            z=math.sin(x ** 2 + y ** 2) * x / 3.14
            yield [x, y, z]
# 3D 曲面图绘制函数
C = (Surface3D(init_opts=opts.InitOpts(width="1600px", height="800px"))
    .add(
        series_name="",
        shading="color",
        data=list(surface3d_data()),
        xaxis3d_opts=opts.Axis3DOpts(type_="value"),
```

```
yaxis3d_opts = opts. Axis3DOpts(type_ = "value"),
grid3d_opts = opts. Grid3DOpts(width = 100, height = 40, depth = 100))
. set_global_opts(
visualmap_opts = opts. VisualMapOpts(
    dimension = 2,
    max_ = 1,
    min_ = -1,
    range_color = [
        "#313695",
        "#4575b4",
        "#74add1",
        "#abd9e9",
        "#e0f3f8",
        "#ffffbf",
        "#fee090",
        "#fdae61",
        "#f46d43",
        "#d73027",
        "#a50026"
    ]
)
)
)
C. render_notebook()
```

程序运行结果如图 3-35 所示。

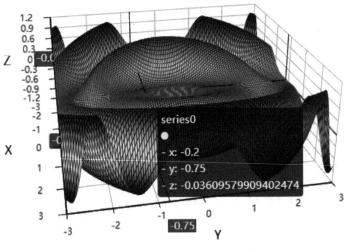

图 3-35　3D 曲面图

【任务总结】

通过本任务的学习，了解了 Pyecharts 图表的绘制方法，如树状图、矩形树图和 3D 图等。本任务的重点是学习 Pyecharts 图表绘制（树状图+3D 图）的方法及其代码示例，后续可通过反复练习、继续学习相关知识等方式来巩固提升。

　　基于本任务，完成了 Pyecharts 可视化配置项的部分内容，为后续学习可视化图表打好了基础。

【思考与练习】

一、选择题

1. （多选）下列关于工具箱工具配置项的描述中，正确的有（　　）。

　　A. ToolBoxFeatureSaveAsImageOpts( ) 表示保存图片

　　B. ToolBoxFeatureDataViewOpts( ) 表示数据视图工具

　　C. ToolBoxFeatureDataZoomOpts( ) 表示数据区域缩放

　　D. ToolBoxFeatureMagicTypeOpts( ) 表示动态类型切换

2. 图例配置项有两种类型，分别是（　　）。

　　A. 'plain'、'scroll'

　　B. 'horizontal'、'vertical'

　　C. 'line'、'bar'

　　D. 'True'、'False'

3. 下列词云图数据输入方式正确的是（　　）。

　　A. [（word1,count1）,（word2,count2）]

　　B. [word1,count1,word2,count2]

　　C. （word1,count1）,（word2,count2）

　　D. [｛word1,count1｝,｛word2,count2｝]

4. 象形柱状图绘制过程中的 symbol_repeat 函数用来指定图形元素是否重复，该函数可以取（　　）值。

　　A. false/null/undefined

　　B. arrow

　　C. start

　　D. orthogonal

5. 3D 柱状图绘制过程中的 shading 函数控制着三维图形的着色效果，该函数可以取（　　）值。

　　A. realistic

　　B. leafDepth

　　C. center

　　D. Radial

二、实操练习题

1. 在 3.2.1 节的基础上，更换标题位置，重新输出图表。

2. 在 3.2.1 节的基础上，更换标题颜色和大小，重新输出图表。

3. 以数据 words 绘制词云图，标题设置为"学科分类"，words = [（"数学"，230),（"语文"，124),（"英语"，436),（"物理"，255),（"化学"，247),（"生物"，244),（"地理"，138),（"历史"，184),（"政治"，12),（"考研辅导"，165),（"考研择校"，247)]。

<table>
<tr><td>项目 4</td><td>Pyecharts 实战——用户
行为数据可视化</td></tr>
</table>

本项目着重讲解如何将用户行为数据可视化。用户行为数据是企业运营过程中的重要参考依据，通常在数据仓库系统中进行分析，生成用户行为数据指标，并通过报表和可视化大屏等工具展示出来。用户行为数据可以帮助企业了解用户的消费习惯和偏好，从而根据分析结果改进营销策略和完善产品。

本项目将解析用户行为数据指标，重点是使用 Pyecharts 将用户行为数据分析结果绘制成大数据可视化大屏。在使用 Pyecharts 进行可视化大屏绘制时，并未使用前端组件，所以与常见的可视化产品效果略有不同。

本项目具体工作如下：

1）用户行为数据分析指标介绍。

2）用户行为数据集简介。

3）针对不同指标数据绘制图表以构成可视化大屏。

【学习目标】

通过学习本项目涉及的知识与操作，可了解用户行为数据可视化项目的背景及需求，同时对 Pyecharts 技术有深入的了解，学会灵活使用 Pyecharts 配置项，并掌握使用 Pyecharts 绘制直方图、散点图、折线图，以及可视化大屏，从而具备 Pyecharts 大数据可视化的基本技能，拓宽大数据专业学习视野。

任务 4.1 数据统计与分析

经过前面项目的学习，对如何使用 Pyecharts 进行大数据可视化有了一定的了解，本任务基于对 Pyecharts 的理解，使用 Pyecharts 对用户行为数据进行可视化分析实践。通过本任务，理解用户行为数据分析指标，将所学知识应用到实际业务场景中。

想要完成本任务，需要掌握用户行为数据指标体系，了解用户行为数据分析的意义，以及如何进行用户行为数据分析，最终使用 Pyecharts 根据用户行为数据分析指标结果绘制可视化大屏。通过学习用户行为数据可视化大屏案例，加深对 Pyecharts 应用的理解。

【知识与技能】

1. 什么是用户行为数据

随着数字经济的快速发展和数字技术的广泛应用，人类社会每天都会产生大量的数据，比如购买的商品、观看的视频等，这些有关个人行为的巨量数据，如给视频点赞、浏览商品等，统称为行为数据。

在绝大多数情况下，用户行为数据就是在用户使用 APP 或浏览网页过程中产生的日志数据。以电商为例，日志数据又分为页面数据、事件数据、曝光数据、启动数据和错误数据。

1）页面数据：主要记录用户在一个页面中的访问情况，如访问时间、停留时间、访问路径等信息。

2）事件数据：主要记录用户在 APP 中具体的操作行为，包括操作类型、操作对象、操作对象描述等信息，如在电商中点击浏览商品、添加收藏等。

3）曝光数据：APP 首页滚动界面中主要记录页面曝光的内容，包括曝光对象、曝光类型等。

4）启动数据：启动 APP 时显示的信息，一般是广告信息或者活动信息。

5）错误数据：主要记录用户在使用 APP 过程中产生的错误信息。

如何有效利用这些行为数据，判断出用户的购买偏好、消费习惯等，更加高效、精准地为用户推送感兴趣的内容，从而满足用户需求、促进用户消费，成为商家需要不断思考的问题。

2. 用户行为数据从哪里来

用户行为数据一般来源于用户的使用日志数据，而日志数据是怎么产生的呢？

一般而言，日志数据是采用页面埋点方式获取的。

不同的日志结构可能会有所区别，但是用户行为数据结构都大同小异，例如，一般含有地区编码、手机品牌、渠道、手机型号、操作系统、动作 id、事件时间、用户标识等。

3. 用户行为数据指标体系

用户行为数据指标体系见表 4-1~表 4-8。

表 4-1 PV/UV 统计

统计周期	指标	说明
最近 1 日	PV	Page View，页面浏览量
最近 1 日	UV	Unique Visitor，独立访客数

表 4-2 各渠道流量统计

统计周期	统计粒度	指标
最近 1、7、30 日	渠道	访客数
最近 1、7、30 日	渠道	会话平均停留时长
最近 1、7、30 日	渠道	会话平均浏览页面数
最近 1、7、30 日	渠道	会话总数
最近 1、7、30 日	渠道	跳出率

表 4-3 流失用户统计

统计周期	指标	说明
最近 1 日	流失用户数	之前活跃过，最近一段时间未活跃的用户，称为流失用户（统计每天之前 7 天的数据）

表 4-4　回流用户统计

统 计 周 期	指　标	说　明
最近 1 日	回流用户数	之前活跃，一段时间未活跃，现在又活跃的用户，称为回流用户

表 4-5　用户留存率统计

统 计 周 期	指　标	说　明
最近 1 日	留存率	统计每天之后的 1~7 日留存率或者每天之后的 1~30 日留存率，统计的是新增留存率

表 4-6　新增/活跃用户统计

统 计 周 期	指　标
最近 1、7、30 日	新增用户数
最近 1、7、30 日	活跃用户数

表 4-7　用户行为漏斗分析

统 计 周 期	指　标
最近 1、7、30 日	选择人数
最近 1、7、30 日	扫码人数
最近 1、7、30 日	领取人数

表 4-8　用户年龄统计

统 计 周 期	统 计 粒 度	指　标
最近 1、7、30 日	年龄段	下单人数

【任务实施】

4.1.1　行为数据需求分析

第一步：分析原始数据内容。

由于数据量较大，因此本任务使用 Hadoop 的 HDFS 存储数据，使用 Spark 处理数据。相关应用程序可以自行下载安装，本环境使用的版本为 Hadoop 3.3.3 和 Spark 3.3.0。

本案例将基于某小程序 2021 年 12 月脱敏后真实数据进行分析，包括用户行为数据 behavior_202112-part 和访问日志 access_202112-part。

首先使用 hdfs 命令将准备好的原始数据导入：

```
hdfs dfs -put /opt/software/data/behavior_202112-part /user/ysedu/
hdfs dfs -put /opt/software/data/access_202112-part /user/ysedu/
```

通过 hdfs 的 cat 命令可以查看原始数据：

```
hdfs dfs -cat /user/ysedu/behavior_202112-part/part-00000
2021-12-20 09:22:01 http://www.example.com/report/position   platform_arrive_poster   api_di_client_
access_token_61e4686bdbcbf362ebdebc1e6c013ce5 spot_weal_draw_tags 1639963323690 0 click pages/gift-
Cover/giftCover 2311219140313088   2316752792895488
hdfs dfs -cat /user/ysedu/access_202112-part/di_log. 2021122007. 209. log
219. 237. 184. * * *  - - [20/Dec/2021: 07: 59: 21  +0800] " GET /visual/bi/api/code/config/get/
e2072a6c74c44f16a3c9e015bf6a56b2? cas_token = undefined HTTP/1. 1" 200 21396 0. 048 " https://
www. example. com/pt/di_giftu_activity" "Mozilla/5. 0 (Macintosh; Intel Mac OS X 10_12_5) AppleWeb-
Kit/537. 36 (KHTML, like Gecko) Chrome/95. 0. 4638. 54 Safari/537. 36" "-" "api_access_platform_to-
ken:6674bacec1db61888342cba87de51183"
```

behavior_ 202112-part 记录了用户的行为数据，包括的列对应的列名分别为["day_time"，"url"，"channel_code"，"token"，"spot_code"，"spot_val"，"uuid"，"item_id"，"action"，"page"，"shopid"，"userid"]。

access_ 202112-part 记录了用户 Nginx 的请求数据，但其中 IP 地址需要解析为地理位置，浏览器信息可以解析为手机型号，token 需要转换为用户 id，以便进行用户行为数据的分析和展示。

第二步：根据需求制定分析指标。

根据以上数据，可以利用整体的 PV/UV，展示应用整体的访问量情况；也可以根据不同页面的 PV/UV，了解展示最多的页面，从而将主要功能放在该页面上。如果想要展示的页面因为隐藏较深而导致浏览量不高，则需要做操作流程上的优化处理。

根据用户通过不同渠道 channel_code 访问程序，可以展示各渠道的 PV/UV，了解哪些渠道可以带来更多的用户访问，哪些渠道效果不佳，从而筛选出更好的渠道来进行合作。

根据访问时长 spot_val，可以求得每次访问的平均停留时长，也可以得到每个用户的平均访问时长。另外，结合页面和日期时间等，可以分析出不同维度下的用户黏性，以此为依据了解什么时间段、什么样的功能页面更吸引用户。

根据访问日志，筛选 URL 为登录接口/di/reg/get_login_token，可以统计出每天各时段的启动次数/人数。也可以通过统计用户登录时段，了解用户在什么时段最活跃，从而可以优先考虑在该时段做活动。

根据省份/城市的 PV/UV，查找出当前最活跃的地区，以及找到有潜力成为下一个活跃地区的省份/城市。结合渠道信息，针对当地的情况找到合适的渠道，更快获取新客户、留住老客户。

还可以分析事件转化，如扫码领取事件，可以分别分析扫码事件、选商品事件和领取事件的数据量，通过漏斗图分析用户流失环节，从而有针对性地做出优化。

最后根据用户首次访问时间和之后再次访问时间，计算得出用户访问留存率，以此为数据支撑，对现有的业务做出合理评价，便于制定和调整计划。

留存率是反映运营情况的统计指标，其具体含义为：在统计周期（周/月）内，每日活跃用户在之后第 N 日仍启动该 APP 的占比的平均值，其中 N 通常取 2、4、8、16、32，分别对应次日留存率、三日留存率、七日留存率、半月留存率和月留存率。

4.1.2 原始数据简单处理

上面提到 access_202112-part 数据还需要处理，需要将 IP 地址解析为地理位置，浏览器信息解析为手机型号，token 解析为用户 id。

第一步：创建 user_behavior_analysis_1. py 文件并编写数据处理代码。

创建 user_behavior_analysis_1. py 文件：

```
vi user_behavior_analysis_1. py
```

数据处理代码如下：

```python
# - * - coding: utf-8 - * -
import sys
from pyspark. sql import SparkSession


from data_cleaning import DataCleaning
from data_cleaning import SplitType
from ip_area import IpArea
from user_agent import UserAgentParser
import time
# 获取 SparkSession
def get_spark_session( ):
    return SparkSession. builder. appName( "BehaviorLog" ). getOrCreate( )


def main( argv):
    if len( argv) > 1:
        input_path = argv[ 1]
    else:
        sys. stderr. write( "Usage：" + argv[ 0] + " <input path> [ <output path>]\n" )
        exit( 2)


    if len( argv) > 2:
        output_path = argv[ 2]
    else:
        output_path = None


    spark = get_spark_session( )
    rdd = spark. sparkContext. textFile( input_path)
    # 设定正则表达式格式
    reg_str = "^( \\S+) \\S+ \\S+ \\[ ( [ \\w:/] +\\s[ +\\-] \\d{4}) \\] \"( \\S+) ( \\S+) \\s * \\S+\\s * \" ( \\d{3}) ( \\S+) ( \\S+) \"( \\S * )\" \"( [ ^\\\"] +)\" \"\\S * \" \"( \\S * )\""
    colums = [ "ip", "day_time", "method", "url", "rt_code", "size", "cost", "refer_url", "ua", "token" ]
```

```python
def url_parse(r):
    url = r["url"]
    url_path = ""
    uuid = ""
    pos = url.find("?")
    if pos >= 0:
        # 切割 url 参数
        url_path = url[:pos]
        url_params = url[pos + 1:].split('&')
        for one_param in url_params:
            param_pos = one_param.find("=")
            if param_pos >= 0:
                key = one_param[:param_pos]
                val = one_param[param_pos + 1:]
                if key == "uuid":
                    uuid = val
    return (url_path, uuid)


ip_area = IpArea()
ip_area.set_dict(ip_area.load_ip_area_dict('./data/ip_region.data'),
                 ip_area.load_ip_area_dict('./data/ip_country.data'))


before_converts = {
    ("country", "province", "city"): lambda r: ip_area.get_area_by_ip(r["ip"]),
    "day_time": lambda r: time.strftime('%Y-%m-%d %H:%M:%S',
                                        time.strptime(r["day_time"][:20], '%d/%b/%Y:%H:%M:%S')),
    ("url_path", "uuid"): url_parse,
    ("browser", "os", "platform", "is_mobile"): lambda r: UserAgentParser().parse(r["ua"])
}
# 只筛选以/di 开头的 URL
filters = [lambda r: r["url_path"].startswith("/di")]
after_converts = {}
dc = DataCleaning(SplitType.regex, reg_str, colums, before_converts, filters, after_converts)

dc.remove_columns(["url", "refer_url", "ua"])


rdd = rdd.map(dc.format)
rdd = rdd.map(dc.convert).filter(lambda r: r != None)


rdd = rdd.map(dc.tab_text)
# 输出数据
if output_path:
    rdd.saveAsTextFile(output_path)
```

```
    else :
        print('\n'. join([ str(item) for item in rdd. take(10)]))


if __name__ == "__main__" :
    main( sys. argv)
```

这里用到了工具类 DataCleaning（数据清洗类），设定数据解析类型为正则表达式：

```
reg_str='^( \\S+) \\S+ \\S+ \\[([ \\w:/]+\\s[ +\\-]\\d{4})\\] \"( \\S+) ( \\S+)\\s * \\S+\\
s * \" ( \\d{3}) ( \\S+) ( \\S+) \"( \\S * )\" \"([^\\\"]+)\" \"\\S * \" \"( \\S * )\"'
```

解析出的字段对应为：

```
colums = [ "ip", "day_time", "method", "url", "rt_code", "size", "cost", "refer_url", "ua", "token" ]
```

字典 before_converts 定义了各类数据和对应的处理方法：

```
before_converts = {
    ("country", "province", "city") : lambda r: ip_area. get_area_by_ip( r["ip"]),
    "day_time" : lambda r: time. strftime('%Y-%m-%d %H:%M:%S', time. strptime( r[ "day_time" ]
[ :20], '%d/%b/%Y:%H:%M:%S')),
    ("url_path", "uuid") : url_parse,
    ("browser", "os", "platform", "is_mobile") : lambda r: UserAgentParser( ). parse( r[ "ua"])
}
```

筛选项目，指定 URL 为以/di 开头的数据：

```
filters = [ lambda r: r[ "url_path" ]. startswith( "/di") ]
```

最后处理数据：

```
dc = DataCleaning( SplitType. regex, reg_str, colums, before_converts, filters, after_converts)
# 删除多余列
dc. remove_columns([ "url", "refer_url", "ua"])

rdd = rdd. map( dc. format)
rdd = rdd. map( dc. convert). filter( lambda r: r ! = None )
# 保存数据
rdd = rdd. map( dc. tab_text)
```

第二步：将 IP 地址解析为地理位置。

```
("country", "province", "city") : lambda r: ip_area. get_area_by_ip( r[ "ip"]),
```

这里用到的是 ip_area. py 文件的 IpArea 类，引用方法如下：

```
from ip_area import IpArea
```

这里会用到两个文件：ip_country. data 和 ip_region. data，分别用于解析 IP 地址所属国家和所属地区。

　　创建 ip_area. py 文件，写入如下代码：

```python
# - * - coding:utf-8 - * -
# ip_area. py


class IpArea():
    # 分别指定 IP 地址所属地区和 IP 地址所属国家字典文件
    def __init__(self, ip_region_file=None, ip_country_file=None):
        if ip_region_file:
            self. ip_region_dict=self. load_ip_area_dict(ip_region_file)
        if ip_country_file:
            self. ip_country_dict=self. load_ip_area_dict(ip_country_file)


    def set_dict(self, ip_region_dict, ip_country_dict):
        self. ip_region_dict=ip_region_dict
        self. ip_country_dict=ip_country_dict


    def load_ip_area_dict(self, ip_region_file):
        res=[]
        fb=open(ip_region_file, 'r')
        try:
            while True:
                line=fb. readline()
                if not line:
                    break
                parts=line. split("\t")
                # 若有多个地域，则拼接成一个字符串
                res. append([ip_to_long(parts[0]), ip_to_long(parts[1]), ','. join(parts[2:]).
strip()])
        except IOError as err:
            print ("IOError:", err)
        finally:
            fb. close()
        # 排序
        return sorted(res, key=lambda k: k[:2])


    def get_area_by_ip(self, ip_str):
        ip=ip_str[7:] if ip_str. startswith("::ffff:") else ip_str


        ip_long=ip_to_long(ip_str)
        # 以 IP 地址查找城市
```

```python
        ip_region_dic_list = self.ip_region_dict
        ip_index = -1
        if len(ip_region_dic_list) > 0:
            ip_index = ip_search_section(ip_region_dic_list, 0, len(ip_region_dic_list) - 1, ip_long)


        country = None
        province = "未知"
        city = "未知"
        if -1 != ip_index:
            region_cell = ip_region_dic_list[ip_index]
            region_str = region_cell[2]
            if region_str != "其他":
                country = "中国"
                region_parts = region_str.split(",")
                province = region_parts[0]
                city = region_parts[1] if len(region_parts) > 1 else "其他"


        if None == country:
            # 以 IP 地址查找国家
            ip_country_dic_list = self.ip_country_dict
            country_index = -1
            if len(ip_country_dic_list) > 0:
                country_index = ip_search_section(ip_country_dic_list, 0, len(ip_country_dic_list) - 1, ip_long)
                if -1 != country_index:
                    country_cell = ip_country_dic_list[country_index]
                    country_str = country_cell[2]
                    if "China" == country_str:
                        country = "中国"
                    elif "Reserved" == country_str:
                        country = "其他"
        return (country, province, city)


    # 二分法查找 IP 地址
    def ip_search_section(ip_dict_list, low, high, ip_long):
        if low <= high:
            mid = int((low + high) / 2)
            dic = ip_dict_list[mid]
            s_ip = dic[0]
            e_ip = dic[1]
            if ip_long >= s_ip and ip_long <= e_ip:
                return mid
            elif ip_long > e_ip:
```

```
            return ip_search_section(ip_dict_list, mid + 1, high, ip_long)
        elif ip_long < s_ip:
            return ip_search_section(ip_dict_list, low, mid - 1, ip_long)
    return -1


# 将 IP 地址转换为长整型
def ip_to_long(ip_str):
    ip_long = [0,0,0,0]
    p1 = ip_str.find(".")
    if p1 == -1:
        return int(ip_str)
    p2 = ip_str.find(".", p1 + 1)
    p3 = ip_str.find(".", p2 + 1)
    ip_long[0] = int(ip_str[:p1])
    ip_long[1] = int(ip_str[p1+1:p2])
    ip_long[2] = int(ip_str[p2+1:p3])
    ip_long[3] = int(ip_str[p3+1:])
    return (ip_long[0] << 24) + (ip_long[1] << 16) + (ip_long[2] << 8) + ip_long[3]


if __name__ == "__main__":
    ip_area = IpArea("./data/ip_region.data", "./data/ip_country.data")
    print(ip_area.get_area_by_ip("124.193.211.***"))
```

在上述代码中，定义类 IpArea，利用 __init__() 方法指定 ip_region 和 ip_country 文件路径；load_ip_area_dict() 方法用于读取文件并按 IP 地址排序；get_area_by_ip() 为通过 IP 地址解析地理位置的方法；ip_to_long() 方法将 IP 地址转换为长整型（long），ip_search_section() 方法根据 IP 地址通过二分法递归查找所在位置下标。

第三步：将时间解析为 "%Y-%m-%d %H:%M:%S" 格式。

```
"day_time":
lambda r: time.strftime('%Y-%m-%d %H:%M:%S',time.strptime(r["day_time"][:20], '%d/
%b/%Y:%H:%M:%S')),
```

例如，将日志中的数据 "31/Dec/2021:23:45:12 +0800" 解析为 "2021-12-31 23:45:12" 并返回。

第四步：解析 URL 中的 UUID。

```
("url_path", "uuid"): url_parse,
```

url_parse 定义在 user_behavior_analysis_1.py 文件中，例如 URL 为：

```
/diclient/user/perfect_info?scene=a45bba09140ffedd96d8719f294b7cd1&uuid=1640965488711&version=8
```

将会解析并返回 "url_path:"/diclient/user/perfect_info",uuid:"1640965488711""。

第五步：将 ua 解析为手机型号。

```
("browser", "os", "platform", "is_mobile"): lambda r: uap. parse(r["ua"]),
```

这里引入了 user_agent. py 文件内的 UserAgentParser 类，引入方法如下：

```
from user_agent import UserAgentParser
```

需要复制手机型号数据文件 user_agent_dict. data，用于解析 ua 中的手机型号。
创建 user_agent. py 文件，写入如下代码：

```python
# - * - coding:utf-8 - * -
# user_agent. py

import user_agents

class UserAgentParser():

    def __init__(self):
        phone_map = {}
        # 打开字典文件
        with open('./data/user_agent_dict. data', 'r') as fb:
            while True:
                # 逐行读取文件
                line = fb. readline()
                if not line:
                    break
                parts = line. split("\t")
                if len(parts) != 2:
                    print("Unknow line split:" + str(parts))
                phone_map[parts[0]. strip()] = parts[1]. strip()
        # 记录 map
        self. phone_map = phone_map
    # 根据 map 解析
    def parse(self, ua_str):
        user_agent = user_agents. parse(ua_str)
        dev = user_agent. device. family
        platform = 'Other' if dev == 'Other' else self. phone_map. get(user_agent. device. family, user_agent. device. family)
        browser, os, platform, is_mobile = (user_agent. browser. family, user_agent. os. family, platform, 1 if user_agent. is_mobile else 0)
        return (browser, os, platform, is_mobile)
```

这里引入了 user_agents 库并使用了 parse() 方法解析 ua，如 "Mozilla/5. 0（Windows NT 6. 2；WOW64）AppleWebKit/537. 36（KHTML，like Gecko）Chrome/53. 0. 2785. 116 Safari/537. 36

QBCore/4. 0. 1326. 400 QQBrowser/9. 0. 2524. 400 Mozilla/5. 0（Windows NT 10. 0；WOW64）AppleWebKit/537. 36（KHTML, like Gecko）Chrome/53. 0. 2785. 116 Safari/537. 36 wxwork/3. 1. 11（MicroMessenger/6. 2）WindowsWechat”解析后为“PC / Windows 8 / QQ Browser 9. 0. 2524”。

调用 user_agent. browser. family 方法返回浏览器名称，user_agent. device. family 方法获取设备名称，user_agent. os. family 方法获取系统名称，user_agent. is_mobile 方法判断是否是手机；最终返回信息为“（'QQ Browser', 'Windows', 'Other', 0）”；对应参数为“（browser, os, platform, is_mobile）”。

第六步：将 token 解析为用户信息。

```
("shopid", "userid"): lambda r: tui. parse_userinfo(r['token'])
```

解析 token 时用到了 token_userinfo. py 文件内的 TokenUserinfo 类，引用方法如下：

```
from token_userinfo import TokenUserinfo
```

需要用到数据文件 user_token_map. csv，它用于将 token 转换为 userid 和 shopid。将文件复制到/home/ysedu/workspace/data/目录下。

```
cp /opt/software/data/user_token_map. csv /home/ysedu/workspace/data/
```

在/home/ysedu/workspace 目录下创建 token_userinfo. py 文件，写入如下代码：

```python
# - * - coding: utf-8 - * -


class TokenUserinfo():
    def __init__(self, token_userinfo_map_path = 'data/user_token_map. csv'):
        token_userinfo_map = {}
        # 打开用户 token 对应字典文件
        with open(token_userinfo_map_path, 'r') as fb:
            while True:
                line = fb. readline()
                if not line:
                    break
                parts = line. strip(). split('","')
                token = parts[0][1:]
                shopid = parts[1]
                shopid = shopid if shopid != '0' else ''
                userid = parts[2][:-1]
                userid = userid if userid != '0' else ''
                token_userinfo_map[token] = (shopid, userid)
        self. token_userinfo_map = token_userinfo_map


    def parse_userinfo(self, token):
        # 根据 map 解析
```

```
                    userinfo = self. token_userinfo_map. get( token)
                if userinfo:
                    return userinfo
                else :
                    return (", ")
```

第七步：进行数据处理。

编写启动文件 start_uba_spark_1. sh，内容如下：

```
#！/bin/bash
source /etc/profile
data_path =/user/ysedu/access_202112-part
res_path =/user/ysedu/uba/access_202112-part
hadoop fs -rm -r $res_path
SPARK_MASTER = local
spark-submit --master $SPARK_MASTER --py-files = data_cleaning. py, ip_area. py, user_agent. py,
token_userinfo. py user_behavior_analysis_1. py $data_path $res_path
```

执行上述代码后完成数据处理并将处理后的数据写入/user/ysedu/uba/access_202112-part。

4.1.3 用户行为数据统计

第一步：创建 user_behavior_analysis_2. py 文件并编写数据统计代码。

使用用户 ysedu，在 workspace 目录下创建 user_behavior_analysis_2. py 文件。

```
vi user_behavior_analysis_2. py
```

数据统计代码如下：

```
# -*- coding:utf-8 -*-
import sys
from pyspark. sql import SparkSession
from pyspark. sql import SQLContext
from pyspark. sql. types import *
import pandas as pd
from data_cleaning import DataCleaning
from data_cleaning import SplitType
from data_stat import *

def get_spark_session( ):
    return SparkSession. builder. appName("BehaviorStat"). getOrCreate( )


output_path = None
sc = None


def main( argv):
```

```
        if len(argv) > 2:
            input_request_path = argv[1]
            input_accesslog_path = argv[2]
        else:
            sys. stderr. write("Usage: " + argv[0] + " <input_request_path> <input_accesslog_path> [ <out-
put path>]\n")
            exit(2)
        global output_path
        global sc

        if len(argv) > 3:
            output_path = argv[2]
        spark = get_spark_session()
        sc = spark. sparkContext
        # 清洗请求日志数据
        rqt = DataCleaning(SplitType. field, "\t", ["day_time", "url", "channel_code", "token", "spot_
code", "spot_val", "uuid", "item_id", "action", "page", "shopid", "userid"])
        accesslog = DataCleaning(SplitType. field, "\t",["ip", "day_time", "method", "rt_code", "size",
"cost", "token","country", "province", "city","url_path", "uuid","browser", "os", "platform", "is_mo-
bile", "shopid", "userid"])
        # 读取 RDD 数据
        rqt_rdd = sc. textFile(input_request_path). map(rqt. format)
        access_rdd = sc. textFile(input_accesslog_path). map(accesslog. format)
        # 分别计算各个所需数据
        page_stat(rqt_rdd)
        total_stat(rqt_rdd)
        channel_stat(rqt_rdd)
        total_avg_access_duration_stat(rqt_rdd)
        user_avg_access_duration_stat(rqt_rdd)
        terminal_stat(access_rdd)
        province_city_stat(access_rdd)
        daily_stat(rqt_rdd)
        hour_stat(access_rdd)
        get_gift_convert_stat(access_rdd)

        retention_stat(sc. textFile(input_accesslog_path). map(accesslog. format))
        spark. stop()
```

上述代码将引入的 HDFS 文件/user/ysedu/data_cleaning/behavior_202112‐part 和/user/ysedu/uba/access_202112‐part 作为数据源，按以下数据解析。

```
        rqt = DataCleaning(SplitType. field, "\t", ["day_time", "url", "channel_code", "token", "spot_
code", "spot_val", "uuid", "item_id", "action", "page", "shopid", "userid"])
```

```
accesslog = DataCleaning( SplitType. field, " \t", [ " ip", " day_time", " method", " rt_code",
" size", " cost", " token"," country", " province", " city"," url_path", " uuid"," browser", " os",
" platform", " is_mobile", " shopid", " userid"])
```

接下来分别实现统计的各个函数，并最终调用输出数据。

提前编写好执行文件 start_uba_spark_2. sh，在每步写完一个函数后，即可通过 vi 命令执行并查看结果。

```
#！/bin/bash
source /etc/profile
request_data_path =/user/ysedu/data_cleaning/behavior_202112-part
access_data_path =/user/ysedu/uba/access_202112-part
res_path =/user/ysedu/uba/behavior_202112-part
hadoop fs −rm −r $res_path
SPARK_MASTER =local
spark-submit --master $SPARK_MASTER --py-files = data_cleaning. py, data_stat. py user_behavior_
analysis_2. py $request_data_path $access_data_path $res_path
```

第二步：计算整体 PV、UV。

total_stat(rdd)方法的代码如下：

```
# 计算整体 PV、UV
def total_stat(rdd):
    dim_columns = [ ]
    indices = [ Count( ), CountUniq( [ "userid" ]) ]
    ds = DataStat( dim_columns, indices)
    rdd = rdd. filter( lambda r：r[ " spot_code" ] == " spot_interval" ). map( ds. converts ). reduceByKey
( ds. calculates ).
    map( ds. map_results )
        # 保存
        fb = open( "data/stat_result/" + sys. _getframe( ). f_code. co_name, "w" )
        fb. write('\n'. join( rdd. map( ds. tab_text). collect( )))
```

使用数据统计类 DataStat，筛选" spot_code" 为" spot_interval" 的访问数据，然后分别计算总数和 userid 去重复项后的数量，得到 PV 和 UV。

将得到的数据保存到 data/stat_result/目录下，文件名为当前函数名，通过 sys. _getframe( ). f_code. co_name 获得。

执行上述代码后可查看文件 data/stat_result/total_stat 中得到的数据。

```
4522        543
```

第三步：计算页面 PV、UV。

page_stat(rdd)方法的代码如下：

```
# 计算页面 PV、UV
def page_stat(rdd):
```

```
    dim_columns = [ "page" ]
    indices = [ Count( ), CountUniq( [ "userid" ] ) ]
    ds = DataStat( dim_columns, indices)
    rdd = rdd. filter ( lambda r: r[ " spot_code" ] = = " spot_interval" ) . map ( ds. converts ) . reduceByKey
( ds. calculates) .
map( ds. map_results)
    # 对 pv 列进行排序
    rdd = rdd. sortBy( lambda r: r[ -2], False, 1)
    # 保存
    fb = open( " data/stat_result/" + sys. _getframe( ). f_code. co_name, " w" )
    fb. write( '\n'. join( rdd. map( ds. tab_text) . collect( ) ) )
```

使用数据统计类 DataStat，筛选" spot_code" 为" spot_interval" 的访问数据，这里对 page 列进行分组，分别计算总数和 userid 去重复项后的数量，得到 PV 和 UV，并使用倒数第二列（也就是 pv 列）进行倒序排序。

将得到的数据保存到 data/stat_result/目录下，文件名为当前函数名。

查看文件 data/stat_result/page_stat 中得到的数据，如图 4-1 所示。

```
pages/giftCover/giftCover       1569    490
pages/giftCenter/giftCenter     1188    184
pages/giftDetail/giftDetail     602     158
pages/writeOffInfo/writeOffInfo 348     76
pages/message/message   253     49
pages/chat/chat 213     67
pages/myWebView/myWebView       95      46
pages/inviteFriends/inviteFriends       90      16
pages/shopMap/shopMap   63      31
pages/shopDetail/shopDetail     62      35
pages/aboutUs/aboutUs   14      6
pages/shopAlbum/shopAlbum       9       3
pages/giftCenter/publicComment  6       1
pages/shopDetail/commentList    5       0
```

图 4-1　页面 PV/UV 统计结果

第四步：计算渠道 PV、UV。

channel_stat(rdd)方法的代码如下：

```
# 计算渠道 PV、UV
def channel_stat( rdd) :
    dim_columns = [ "channel_code" ]
    indices = [ Count( ), CountUniq( [ "userid" ] ) ]
    ds = DataStat( dim_columns, indices)
    rdd = rdd. filter ( lambda r: r[ " spot_code" ] = = " spot_interval" ) . map ( ds. converts ) . reduceByKey
( ds. calculates) .
map( ds. map_results)
    # 对 pv 列进行排序
    rdd = rdd. sortBy( lambda r: r[ -2], False, 1)
    # 保存
    fb = open( " data/stat_result/" + sys. _getframe( ). f_code. co_name, " w" )
    fb. write( '\n'. join( rdd. map( ds. tab_text) . collect( ) ) )
```

使用数据统计类 DataStat，筛选"spot_code"为"spot_interval"的访问数据，对 channel_code 列进行分组，分别计算总数和 userid 去重复项后的数量，得到 PV 和 UV，并对 pv 列进行倒序排序。

将得到的数据保存到 data/stat_result/目录下，文件名为当前函数名。

查看文件 data/stat_result/channel_stat 中得到的数据，如图 4-2 所示。

```
platform_sign_stand        1959    358
                           1225    102
platform_arrive_poster     795     141
wx_template_push           317     19
linlishanghuduan_duanxin   113     13
```

图 4-2　渠道 PV/UV 统计结果

第五步：计算平均访问时长。

total_avg_access_duration_stat(rdd)方法的代码如下：

```python
# 计算平均访问时长
def total_avg_access_duration_stat(rdd):
    dim_columns = []
    indices = [Avg(["spot_val"])]
    ds = DataStat(dim_columns, indices)
    rdd = rdd.filter(lambda r: r["spot_code"] == "spot_interval").map(ds.converts).reduceByKey(ds.calculates).
map(ds.map_results)
    # 保存
    fb = open("data/stat_result/" + sys._getframe().f_code.co_name, "w")
    fb.write('\n'.join(rdd.map(ds.tab_text).collect()))
```

使用数据统计类 DataStat，筛选"spot_code"为"spot_interval"的访问数据，计算 spot_val，也就是停留时长的平均值。将得到的数据保存到 data/stat_result/目录下，文件名为当前函数名。

第六步：计算用户访问时长。

user_avg_access_duration_stat(rdd)方法的代码如下：

```python
#用户访问时长
def user_avg_access_duration_stat(rdd):
    dim_columns = ["uuid"]
    indices = [Avg(["spot_val"])]
    ds = DataStat(dim_columns, indices)
    rdd = rdd.filter(lambda r: r["spot_code"] == "spot_interval").map(ds.converts).reduceByKey(ds.calculates).
map(ds.map_results)
    # 排序
    rdd = rdd.sortBy(lambda r: r[-1], False, 1)
    # 保存
```

```
    fb = open("data/stat_result/" + sys._getframe().f_code.co_name, "w")
    fb.write('\n'.join(rdd.map(ds.tab_text).collect()))
```

使用数据统计类 DataStat，筛选"spot_code"为"spot_interval"的访问数据，计算 spot_val 的平均值，并对 uuid 列进行分组。将得到的数据保存到 data/stat_result/目录下，文件名为当前函数名。

第七步：计算启动时段 PV、UV。

hour_stat(rdd)方法的代码如下：

```
# 计算启动时段次数/人数
def hour_stat(rdd):
    rdd = rdd.map(add_hour_row)
    dim_columns = ["hour"]
    indices = [Count(), CountUniq(["uuid"])]
    ds = DataStat(dim_columns, indices)
    rdd = rdd.filter(lambda r: r["url_path"] == "/di/reg/get_login_token").map(ds.converts)
.reduceByKey(ds.calculates).map(ds.map_results)
    # 对 hour 列进行倒序排序
    rdd = rdd.sortBy(lambda r: r[0], False, 1)
    # 保存
    fb = open("data/stat_result/" + sys._getframe().f_code.co_name, "w")
    fb.write('\n'.join(rdd.map(ds.tab_text).collect()))
```

使用数据统计类 DataStat，筛选请求地址"url_path"为"/di/reg/get_login_token"的登录接口，按小时分组，计算总数和 uuid 去重复项后的数量，对 hour 列进行倒序排序。将得到的数据保存到 data/stat_result/目录下，文件名为当前函数名。其中计算 hour 列的函数代码如下：

```
# 为 RDD 添加 hour 列
def add_hour_row(row):
    if row['day_time'] in ['0', '1']:
        print('run....')
        row['hour'] = None
        return row
    row['hour'] = row["day_time"].split(" ")[1].split(":")[0]
    return row
```

第八步：计算每日用户 PV、UV。

daily_stat(rdd)方法的代码如下：

```
# 计算每日用户 PV、UV
def daily_stat(rdd):
    rdd = rdd.map(add_date_row)
    dim_columns = ["date"]
    indices = [Count(), CountUniq(["userid"])]
```

```
ds = DataStat(dim_columns, indices)
rdd = rdd.filter(lambda r: r["spot_code"] == "spot_interval").map(ds.converts).reduceByKey
(ds.calculates).
map(ds.map_results)
    # 对 date 列进行倒序排序
    rdd = rdd.sortBy(lambda r: r[0], False, 1)
    # 保存
    fb = open("data/stat_result/" + sys._getframe().f_code.co_name, "w")
    fb.write('\n'.join(rdd.map(ds.tab_text).collect()))
```

使用数据统计类 DataStat，筛选"spot_code"为"spot_interval"访问数据，按日期分组，计算总数和 userid 去重复项后的数量，对 date 列进行倒序排序。将得到的数据保存到 data/stat_result/目录下，文件名为当前函数名。其中计算 date 列的函数代码如下：

```
# 为 RDD 添加 date 列
def add_date_row(row):
    row['date'] = row["day_time"].split(" ")[0]
    return row
```

第九步：计算省份/城市 PV/UV。

province_city_stat(rdd)方法的代码如下：

```
# 计算省份/城市 PV/UV
def province_city_stat(rdd):
    dim_columns = ["province", "city"]
    indices = [Count(), CountUniq(["userid"])]
    ds = DataStat(dim_columns, indices)
    rdd = rdd.map(ds.converts).reduceByKey(ds.calculates).map(ds.map_results)
    # 对 pv 列进行排序
    rdd = rdd.sortBy(lambda r: r[-2], False, 1)
    # 保存
    fb = open("data/stat_result/" + sys._getframe().f_code.co_name, "w")
    fb.write('\n'.join(rdd.map(ds.tab_text).collect()))
```

使用数据统计类 DataStat，对 province 列和 city 列进行分组，计算总数和 userid 去重复项后的数量，对 pv 列进行倒序排序。将得到的数据保存到 data/stat_result/目录下，文件名为当前函数名。

第十步：计算终端 UV。

terminal_stat(rdd)方法的代码如下：

```
# 计算终端 UV
def terminal_stat(rdd):
    dim_columns = ["platform"]
    indices = [CountUniq(["userid"])]
```

```
        ds = DataStat(dim_columns, indices)
        rdd = rdd.map(ds.converts).reduceByKey(ds.calculates).map(ds.map_results)
        # 对 uv 列进行排序
        rdd = rdd.sortBy(lambda r: r[-1], False, 1)
        # 保存
        fb = open("data/stat_result/" + sys._getframe().f_code.co_name, "w")
        fb.write('\n'.join(rdd.map(ds.tab_text).collect()))
```

使用数据统计类 DataStat，对 platform 列进行分组，计算 userid 去重复项后的数量，对 uv 列进行倒序排序。将得到的数据保存到 data/stat_result/ 目录下，文件名为当前函数名。

第十一步：进行扫码领取事件转化。

get_gift_convert_stat(rdd) 方法的代码下：

```
        # 扫码领取事件转化
        def get_gift_convert_stat(rdd):
            dim_columns = ["url_path"]
            indices = [CountUniq(["uuid"])]
            ds = DataStat(dim_columns, indices)
            url_arr = ["/diclient/shop/package", "/diclient/shop_weal_pool/list", "/diclient/weal_draw/con-
        firm"]
            rdd = rdd.filter(lambda r: r["url_path"] in url_arr).map(ds.converts).reduceByKey
        (ds.calculates).map(ds.map_results)
            # 保存
            fb = open("data/stat_result/" + sys._getframe().f_code.co_name, "w")
            fb.write('\n'.join(rdd.map(ds.tab_text).collect()))
```

使用数据统计类 DataStat，对 url_path 列进行分组，计算 userid 去重复项后的数量，筛选 url_path 为下列其中之一的请求。

1) 扫码请求："/diclient/shop/package"。

2) 查看礼品列表请求："/diclient/shop_weal_pool/list"。

3) 领取礼品请求："/diclient/weal_draw/confirm"。

最后将得到的数据保存到 data/stat_result/ 目录下，文件名为当前函数名。

第十二步：计算用户访问次日留存率~7 日留存率。

retention_stat(rdd) 方法的代码如下：

```
        # 计算用户访问次日留存率~7 日留存率
        def retention_stat(rdd):
            # 首次访问日期
            ds = DataStat(["userid"], [Min(["date"])])
            f_rdd = rdd.map(add_date_row).map(ds.converts).reduceByKey(ds.calculates).map(ds.map_results)
            # 用户访问记录
            ds = DataStat(["userid", "date"], [])
            r_rdd = rdd.map(add_date_row).map(ds.converts).reduceByKey(ds.calculates).map(ds.map_results)
```

```
# 将 RDD 转换为 DataFrame
schema = StructType([StructField('userid', StringType()), StructField('first_date', StringType())])
f_df = SQLContext(sc).createDataFrame(f_rdd, schema)
schema = StructType([StructField('userid', StringType()), StructField('request_date', StringType())])
r_df = SQLContext(sc).createDataFrame(r_rdd, schema)
# 将两个 DataFrame 合并
f_df = f_df.select(" * ").toPandas()
r_df = r_df.select(" * ").toPandas()
pd_df = pd.merge(r_df, f_df)        # 计算距离首次访问时间的天数
pd_df["first_date"] = pd.to_datetime(pd_df["first_date"])
pd_df["request_date"] = pd.to_datetime(pd_df["request_date"])
pd_df['days'] = pd_df["request_date"] - pd_df["first_date"]
# 创建透视表
data = pd.pivot_table(pd_df, values='userid', index='first_date', columns='days', aggfunc=lambda x: len
(x.unique()), fill_value='').reset_index()
# 将单元格中的数据改为数值格式，用于后续计算留存率
data = data.applymap(lambda x: pd.to_numeric(x, errors='ignore'))
# 计算留存率，1 days 列值除以 0 days 列值的商为次日留存率，依次类推
create_index = data.columns
pd_df = data.iloc[:, [0,1]]
# 这里只计算次日~7 日留存率
for i in range(2,8):
    s = data[create_index[i]] / data[create_index[1]]
    pd_df = pd.concat([pd_df, s], axis=1)
pd_df.columns = ['日期','访问人数','次日留存率','3 日留存率','4 日留存率','5 日留存率','6 日留存
率','7 日留存率']
pd_df.to_csv("data/stat_result/" + sys._getframe().f_code.co_name + ". csv")
```

这里与之前的统计有所不同，需要分别计算得到用户首次访问表 f_rdd 和用户访问日期列表 r_rdd，然后通过 createDataFrame()方法将 RDD 转换为 DataFrame，retention_stat()函数的第二个参数指定了 StructType()方法，目的是指定列的名称和类型，每列都由 StructField 类指定。

由于后面需要用到 pandas 的方法，因此在此引入并通过 select(" * ").toPandas()将 Spark 的 DataFrame 转换为 pandas 的 DataFrame。

pd_df = pd.merge(r_df, f_df)将两个 DataFrame 合并，合并后的数据分为三列：userid、first_date（首次访问日期）、request_date（访问记录日期），然后用访问记录日期减首次访问日期，即可计算出距离首次访问日期的天数列 days。

pivot_table()函数可用于创建透视表。

```
pd.pivot_table(pd_df, values='userid', index='first_date', columns='days', aggfunc=lambda
x: len(x.unique()), fill_value='').reset_index()
```

pivot_table()函数执行结果如图 4-3 所示。

```
days first_date  0 days 00:00:00 1 days 00:00:00 2 days 00:00:00  \
0    2021-12-20             89.0            40.0            43.0
1    2021-12-21             84.0            20.0            24.0
2    2021-12-22             75.0            15.0            18.0
3    2021-12-23            104.0            26.0            10.0
4    2021-12-24            170.0             7.0             2.0
5    2021-12-25             68.0                             2.0
6    2021-12-26             60.0             2.0             2.0
7    2021-12-27             34.0             6.0             5.0
8    2021-12-28             46.0             2.0             6.0
9    2021-12-29             32.0             1.0             1.0
10   2021-12-30             34.0             1.0
11   2021-12-31             70.0
```

图 4-3　pivot_table( ) 函数执行结果

相关参数解释如下。

- data：DataFrame 对象。
- values：要聚合的列或列的列表。
- index：数据透视表的索引，从原数据的列中筛选。
- columns：数据透视表的列，从原数据的列中筛选。
- aggfunc：用于聚合的函数，默认为 numpy. mean( ) 函数，支持 NumPy 计算方法。
- fill_value：用于替换缺失值的值。
- margin：添加所有行/列。
- dropna：不包括条目为 NaN 的列，默认为 True。
- margin_name：当 margin 为 True 时，包含总计的行/列的名称。

在计算留存率时，1 days 列值除以 0 days 列值的商为次日留存率，依次类推。

最后将得到的数据保存到 data/stat_result/ 目录下，文件名为当前函数名。

在完成以上操作后，会得到所有统计后的数据，将它们都放在 data/stat_result/ 目录下，如图 4-4 所示。下一任务中将使用 Jupyter Notebook 实现可视化。

```
-rw-rw-r-- 1 ysedu ysedu   147 Aug 23 02:42 channel_stat
-rw-rw-r-- 1 ysedu ysedu   216 Aug 23 02:42 daily_stat
-rw-rw-r-- 1 ysedu ysedu    92 Aug 23 02:43 get_gift_convert_stat
-rw-rw-r-- 1 ysedu ysedu   213 Aug 23 02:43 hour_stat
-rw-rw-r-- 1 ysedu ysedu   489 Aug 23 02:41 page_stat
-rw-rw-r-- 1 ysedu ysedu   678 Aug 23 02:42 province_city_stat
-rw-rw-r-- 1 ysedu ysedu  1236 Aug 23 02:43 retention_stat.csv
-rw-rw-r-- 1 ysedu ysedu  2347 Aug 23 02:42 terminal_stat
-rw-rw-r-- 1 ysedu ysedu    17 Aug 23 02:42 total_avg_access_duration_stat
-rw-rw-r-- 1 ysedu ysedu     8 Aug 23 07:13 total_stat
-rw-rw-r-- 1 ysedu ysedu 20774 Aug 23 02:42 user_avg_access_duration_stat
```

图 4-4　统计结果目录文件

【任务总结】

通过本任务的学习，了解了什么是用户行为数据，如曝光数据、启动数据、错误数据等，以及用户行为数据从哪里来；了解了常见的用户行为数据指标，如 PV/UV 统计、各渠道流量统计、流失用户统计、回流用户统计、留存用户统计、新增用户统计等。

本任务的重点是学习和理解用户行为数据分析、统计程序的实现方式，可以通过反复练习、继续学习相关知识等方式来巩固及提升。

基于本任务，实现了大数据可视化的入门，为后续深入学习大数据可视化内容打下了基础。

＊想一想＊

用户行为数据分析的应用场景有哪些？

任务 4.2 可视化大屏应用

通过对用户行为的监测和数据分析，并用可视化的方式将相关信息呈现出来，有助于企业更深入地了解用户行为习惯，发现网站或推广渠道存在的问题，提高营销的精准度和有效性，提升业务转化率。

在实际操作中，可以使用访问数据和接口请求数据梳理出用户行为数据指标，编写程序计算出最终数据，并通过图表形式直观地展示出来。

通过本任务的学习，可了解用户行为数据可视化的定义和特点，了解常见的用户行为数据可视化方法及其使用场景，掌握计算常见的用户行为数据指标的方法，了解计算七日留存率和流失率的方法，掌握通过 Pyecharts 图形化显示统计数据的方法。

【知识与技能】

用户行为分析是指对用户在产品上产生的行为及行为背后的数据进行分析，通过构建用户行为数据分析体系和用户画像，改变产品、营销、运营策略，实现精细化运营，指导业务增长。

用户行为数据可以来自 APP、HTML5、Web、小程序、企业微信、电商平台等线上渠道，也可以来自门店动线、客服等线下渠道。

常见的用户行为分析包括行为事件分析、用户留存分析、漏斗模型分析、行为路径分析等。

（1）行为事件分析

行为事件分析是指根据运营关键指标对用户特定事件进行分析。通过追踪或记录用户行为事件，快速了解事件趋势及走向和用户完成情况。

（2）用户留存分析

用户留存分析是一种用来分析用户参与情况与活跃程度的模型。留存是衡量用户是否再次使用产品的指标，能够反映产品的健康度。通过留存量和留存率，可了解用户的留存和流失状况。如用次日留存、周留存、月留存等指标来衡量产品的人气或黏度。通过留存分析，能够剖析用户留在产品的原因，以便优化产品核心功能来提升留存率。

（3）漏斗模型分析

漏斗模型分析就是分析用户在使用产品过程中，各个阶段关键环节的用户转化和流失情况。漏斗模型分析实质上是转化分析，通过衡量每一个转化步骤的转化率，以及转化率的异常数据，找出有问题的环节并解决，达到全流程优化的目的。

（4）行为路径分析

行为路径分析用于分析用户在产品使用过程中的访问路径。通过对行为路径的数据分析，发现用户最常用的功能和使用路径。通过对页面的多维度分析，追踪用户转化路径，提升产品的用户体验水平。用户行为轨迹为从认知、熟悉、试用、使用到忠诚等。轨迹背后反映的是用户特征，这些特征对产品运营有重要的参考价值。

下面以某应用程序 2021 年 12 月的数据为例，分析用户行为。

【任务实施】

4.2.1　数据可视化

第一步：引入库。

在 Jupyter 新建文档页面中，先输入下面的语句引入库，包括 Pyecharts、pandas、NumPy。定义变量 path，用于后面读取文件。如果没有完成上一任务，或想直接学习数据可视化内容，则可以使用本书配套资源 data/stat_result 中的文件。

4.2.1　数据可视化-引入库和显示整体 PV、UV 数据柱状图

```
from pyecharts. charts import *
from pyecharts. globals import ThemeType
import pandas as pd
import numpy as np
from pyecharts import options as opts


# path = "/home/ysedu/workspace/data/stat_result"
# 使用上一任务的结果，或直接使用本书配套资源 data/stat_result 中的文件
path = "C:/Users/arthas/Desktop/stst_result/"
```

第二步：显示整体 PV、UV 数据柱状图。

```
# 显示整体 PV、UV(柱状图), total_stat
title = ["总访问次数","总访问人数"]
df = pd. read_csv(path+'/total_stat', sep = '\t', header = None, names = title)
y_data = [int(df. loc[0][0]), int(df. loc[0][1])]
total_stat = (Bar(init_opts = opts. InitOpts(theme = ThemeType. LIGHT))
        . add_xaxis(title)
        . add_yaxis('', y_data, bar_width = 30)
        . set_global_opts(title_opts = opts. TitleOpts(title = "整体 PV/UV 数据", subtitle = "20211201-
20211231 总访问次数/总访问人数", pos_left = 'center'))
        )
total_stat. render_notebook()
```

这里 read_csv()函数用于读取文件，其中 sep 参数用于设置分隔符，参数 header = None 表示不指定列名。然后新建一个 Bar 类，用于显示柱状图，add_xaxis()方法指定 x 轴标签为总访问次数、总访问人数，与 x 轴标签对应的 y 轴数据也有两个，分别取二维数组 df. loc 的 [0][0]和[0][1]元素。最后使用 total_stat. render_notebook()展示到 Jupyter Notebook 上。程序运行结果如图 4-5 所示。

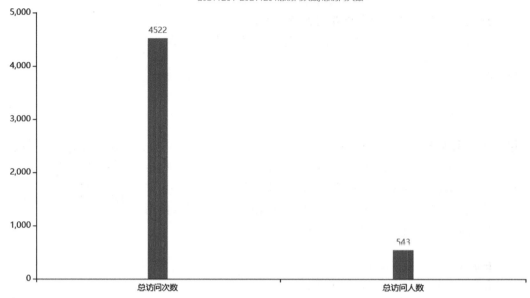

图 4-5　整体 PV/UV 数据柱状图

第三步：显示页面 PV/UV 数据柱状图。

```
# 显示页面 PV、UV(柱状图)，page_stat
title = {"页面地址"：str，"访问次数"：int，"访问人数"：int}
df = pd. read_csv(path + '/page_stat', sep = '\t', header = None, names = title. keys(), dtype = title)
x_data = [i for i in df['页面地址']. values]
y1_data = [int(i) for i in df['访问次数']. values]
y2_data = [int(i) for i in df['访问人数']. values]
x_data
page_stat = (
    Bar(init_opts = opts. InitOpts(theme = ThemeType. LIGHT))
    . add_xaxis(x_data[::-1])
    . add_yaxis('访问次数', y1_data[::-1], stack = "stack", label_opts = opts. LabelOpts(position = "in-
side"))
    . add_yaxis('访问人数', y2_data[::-1], stack = "stack", label_opts = opts. LabelOpts(position = "in-
side"))
    . reversal_axis()
    . set_global_opts(
        yaxis_opts = opts. AxisOpts(axislabel_opts = opts. LabelOpts(rotate = 25, font_size = 12)),
        title_opts = opts. TitleOpts(title = "页面 PV/UV 数据", subtitle = "小程序各页面 TOP 访问次
数/访问人数", pos_left = 'center'),
        legend_opts = opts. LegendOpts(pos_bottom = "bottom")
    )
)
page_stat. render_notebook()
```

再次使用 read_csv( ) 方法，其中参数 dtype 用于指定各列类型，如 "{" 页面地址"：str，" 访问次数"：int，" 访问人数"：int}"，这次 title 改为了字典类型，所以参数 names 需要取 title. keys( ) 的执行结果。

在 Bar 类初始化的时候，init_opts = opts. InitOpts(theme = ThemeType. LIGHT) 用于指定主题。

这里 x 轴标签选用 df['页面地址'] 列进行设置，[::-1] 表示将数组倒序排序。y 轴标签使用两列设置，指定两列 stack 相同，都为"stack"，则最终效果为两列堆积显示。

label_opts = opts. LabelOpts(position = "inside") 表示数字显示在条形内部。

reversal_axis( ) 表示对坐标轴进行反转，即将 x 轴和 y 轴交换位置。

此处由于页面地址太长而使 y 轴无法完整显示，当鼠标移动到柱状图上时会浮动显示数据的页面地址和对应数据。

程序运行结果如图 4-6 所示。

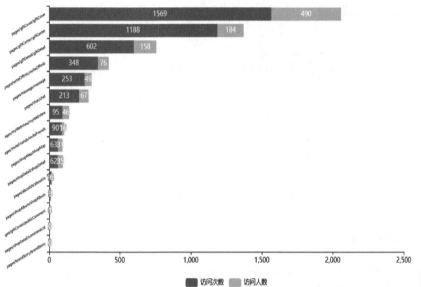

图 4-6　页面 PV/UV 数据柱状图

4. 2. 1　数据可视化 – 显示渠道访问 PV、UV

第四步：显示渠道访问 PV、UV。

```
# 显示渠道访问 PV、UV(饼图), channel_stat
title = {"渠道码"：str, "访问量"：int, "访问人数"：int}
df = pd. read_csv( path + '/channel_stat', sep = '\t', header = None, names = title. keys( ), dtype = title)
x_data = [ ( "未知" if pd. isnull( i[ 0]) else i[ 0]) for i in df[ [ '渠道码'] ]. values]
y1_data = [ int( i) for i in df[ '访问量'] . values]
channel_stat = (
    Pie( init_opts = opts. InitOpts( theme = ThemeType. MACARONS) )
    . add( '', [ list( z) for z in zip( x_data, y1_data) ], label_opts = opts. LabelOpts( font_size = 18) )
    . set_global_opts(
        title_opts = opts. TitleOpts( title = "渠道访问 PV/UV 数据", subtitle = "小程序各页面 TOP 访问次数/访问人数", pos_left = 'center'),
```

```
            legend_opts = opts. LegendOpts( is_show = False),
            tooltip_opts = opts. TooltipOpts( formatter = '{b} : {d}%')
        )
    )
channel_stat. render_notebook( )
```

这里选用饼图来显示渠道占比，legend_opts = opts. LegendOpts(is_show = False)表示不显示图例，tooltip_opts = opts. TooltipOpts(formatter = '{b}:{d}%')表示数值显示为百分比形式，程序运行结果如图 4-7 所示。

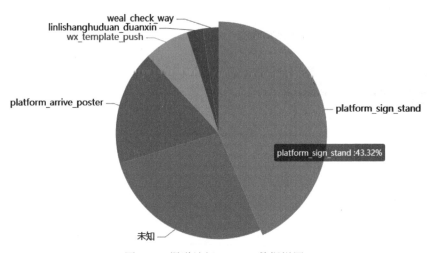

图 4-7 渠道访问 PV/UV 数据饼图

第五步：显示用户平均访问时长。

```
# 显示用户访问时长（条形图），user_avg_access_duration_stat
title = {"用户 id": str, "平均访问时长": float}
df = pd. read_csv( path + '/user_avg_access_duration_stat', sep = '\t', header = None, names = title. keys( ),
dtype = title)
df = df. head( 10)
x_data = [i[0] for i in df[['用户 id']]. values][::-1]
y1_data = [round( float( i /1000), 2) for i in df[['平均访问时长']]. values][::-1]
user_avg_access_duration_stat = (
    Bar( init_opts = opts. InitOpts( theme = ThemeType. LIGHT))
    . add_xaxis( x_data)
    . add_yaxis('用户平均访问时长(单位:秒)', y1_data, label_opts = opts. LabelOpts( position = "inside"))
    . reversal_axis( )
    . set_global_opts(
        yaxis_opts = opts. AxisOpts( axislabel_opts = opts. LabelOpts( font_size = 8)),
        title_opts = opts. TitleOpts( title = "用户平均访问时长", subtitle = "用户平均访问时长,单位
秒", pos_left = 'center'),
```

```
            legend_opts = opts. LegendOpts( pos_bottom = "bottom")
        )
    )
user_avg_access_duration_stat. render_notebook( )
```

程序运行结果如图 4-8 所示。

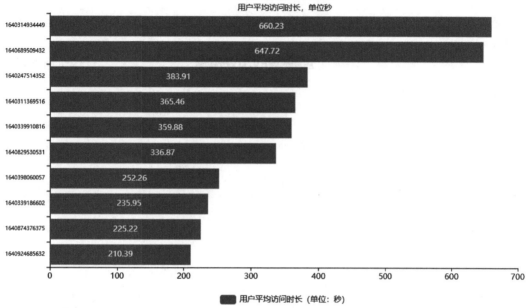

图 4-8　用户平均访问时长条形图

第六步：显示启动时段 PV/UV 折线图。

```
# 显示启动时段 PV、UV( 折线图), hour_stat
title = {"时段": str, "启动次数": int, "启动人数": int}
df = pd. read_csv( path + '/hour_stat', sep = '\t', header = None, names = title. keys( ), dtype = title)
# 倒序排序
df = df[ ∷ -1]

x_data = [i[0] for i in df[['时段']]. values]
y1_data = [int(i) for i in df[['启动次数']]. values]
y2_data = [int(i) for i in df[['启动人数']]. values]

hour_stat = (
    Line( init_opts = opts. InitOpts( theme = ThemeType. LIGHT))
    . add_xaxis( xaxis_data = x_data)
    . add_yaxis( series_name = "启动次数", y_axis = y1_data, is_smooth = True)
    . add_yaxis( series_name = "启动人数", y_axis = y2_data, is_smooth = True)
    . set_global_opts(
```

```
        title_opts = opts. TitleOpts( title = "启动时段 PV/UV 折线图", subtitle = "各时段启动次数/启
动人数", pos_left = 'center'),
        legend_opts = opts. LegendOpts( pos_bottom = "bottom"),
        brush_opts = opts. BrushOpts()
    )
)
hour_stat. render_notebook()
```

这里选用折线图，其中使用两个 y 轴数据分别显示启动次数和启动人数，程序运行结果如
图 4-9 所示。

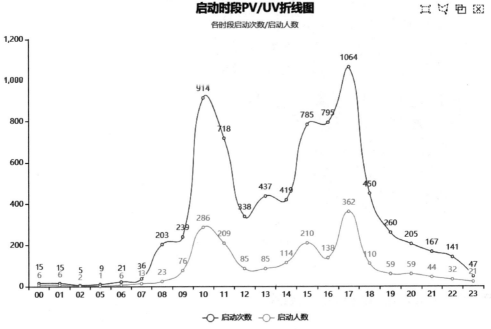

图 4-9 启动时段 PV/UV 折线图

第七步：显示每日访问趋势图。

```
# 显示每日用户访问趋势图（折线图），daily_stat
title = {"日期": str, "访问次数": int, "访问人数": int}
df = pd. read_csv( path + '/daily_stat', sep = '\t', header = None, names = title. keys(), dtype = title)
df = df[::-1]

x_data = [i[0] for i in df[['日期']]. values]
y1_data = [int(i) for i in df[['访问次数']]. values]
y2_data = [int(i) for i in df[['访问人数']]. values]

daily_stat = (
    Line( init_opts = opts. InitOpts( theme = ThemeType. LIGHT))
    . add_xaxis( xaxis_data = x_data)
    . add_yaxis( series_name = "访问次数", y_axis = y1_data, is_smooth = True, is_hover_animation = True)
```

```
    . add_yaxis( series_name = "访问人数", y_axis = y2_data, is_smooth = True )
    . set_global_opts(
        title_opts = opts. TitleOpts( title = "每日访问趋势图", subtitle = "每日访问次数/访问人数", pos
_left = 'center' ),
        legend_opts = opts. LegendOpts( pos_bottom = "bottom" ),
        brush_opts = opts. BrushOpts( )
    )
)
daily_stat. render_notebook( )
```

程序运行结果如图 4-10 所示。

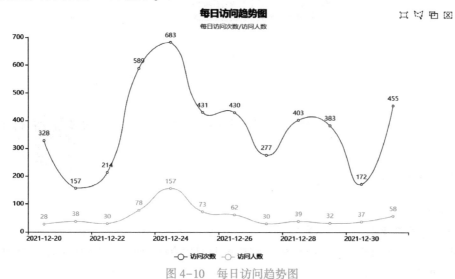

图 4-10　每日访问趋势图

第八步：显示扫码领取事件转化漏斗图。

```
# 显示扫码领取事件转化漏斗图, get_gift_convert_stat
title = { "接口名称" : str, "对应人数" : int }
df = pd. read_csv( path + '/get_gift_convert_stat', sep = '\t', header = None, names = title. keys( ), dtype = title )
url = {
    '/diclient/shop/package': '扫码人数',
    '/diclient/shop_weal_pool/list': '选择人数',
    '/diclient/weal_draw/confirm': '领取人数'
}
data = [ int( i ) for i in df[ [ '对应人数' ] ]. values ]
funnel = (
    Funnel( init_opts = opts. InitOpts( theme = ThemeType. LIGHT ) )
    . add( "", [ list( z ) for z in zip( url. values( ), data ) ] )
    . set_global_opts( title_opts = opts. TitleOpts( title = "扫码领取事件转化漏斗图", pos_left = 'center' ) ),
        legend_opts = opts. LegendOpts( pos_bottom = "bottom" )
)
funnel. render_notebook( )
```

这里采用漏斗图的形式，程序运行结果如图 4-11 所示。

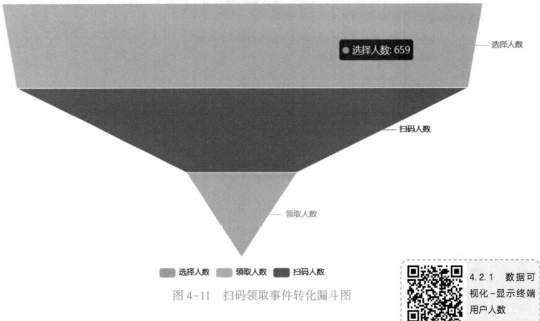

图 4-11　扫码领取事件转化漏斗图

第九步：显示终端用户人数。

```
# 显示终端 UV（饼图），terminal_stat
title = {"手机型号"：str, "人数"：int}
df = pd. read_csv( path + '/terminal_stat', sep = '\t', header = None, names = title. keys( ), dtype = title)
df = df. head( 20)
x_data = [ ("未知" if pd. isnull( i[ 0] ) else i[ 0] ) for i in df[ [ '手机型号'] ]. values]
y1_data = [ int( i) for i in df[ [ '人数'] ]. values]


terminal_stat = (
    Pie( init_opts = opts. InitOpts( theme = ThemeType. LIGHT) )
    . add( '', [ list( z) for z in zip( x_data, y1_data) ], label_opts = opts. LabelOpts( font_size = 16) )
    . set_global_opts(
        title_opts = opts. TitleOpts( title = "各终端用户人数", pos_left = 'center') ,
        legend_opts = opts. LegendOpts( is_show = False )
    )
)
terminal_stat. render_notebook( )
```

4.2.1　数据可视化-显示终端用户人数

由于终端种类过多，因此这里只显示排名前 19 的终端和 Other，使用 df = df. head(20)进行设置，程序运行结果如图 4-12 所示。

第十步：显示次日留存率~7 日留存率。

由于处理数据后最终数据 retention_stat 已经以表格形式存储，因此该表中内容如图 4-13 所示。

4.2.1　数据可视化-显示 7 日留存率

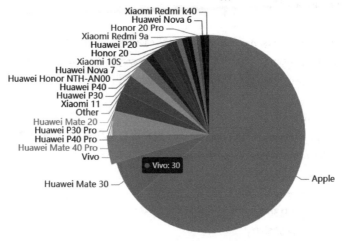

图 4-12　各终端用户人数饼图

	日期	访问人数	次日留存率	3日留存率	4日留存率	5日留存率	6日留存率	7日留存率
0	2021-12-20	89.0	0.449438	0.483146	0.460674	0.483146	0.292135	0.269663
1	2021-12-21	84.0	0.238095	0.285714	0.345238	0.119048	0.107143	0.178571
2	2021-12-22	75.0	0.200000	0.240000	0.066667	0.120000	0.133333	0.080000
3	2021-12-23	104.0	0.250000	0.096154	0.086538	0.076923	0.076923	0.134615
4	2021-12-24	170.0	0.041176	0.011765	0.017647	0.023529	0.029412	0.023529
5	2021-12-25	68.0	NaN	0.029412	0.014706	NaN	0.014706	0.014706
6	2021-12-26	60.0	0.033333	0.033333	0.033333	0.033333	0.033333	NaN
7	2021-12-27	34.0	0.176471	0.147059	0.117647	0.058824	NaN	NaN
8	2021-12-28	46.0	0.043478	0.130435	0.108696	NaN	NaN	NaN
9	2021-12-29	32.0	0.031250	0.031250	NaN	NaN	NaN	NaN
10	2021-12-30	34.0	0.029412	NaN	NaN	NaN	NaN	NaN
11	2021-12-31	70.0	NaN	NaN	NaN	NaN	NaN	NaN

图 4-13　用户次日留存率~7 日留存率

将该表中的第一列（即"日期"列）作为 x 轴，['次日留存率', '3 日留存率', '4 日留存率', '5 日留存率', '6 日留存率', '7 日留存率']作为 y 轴，留存率作为 z 轴以组装成 data 数组。

```python
# 显示次日~7 日留存率（3D 柱状图），retention_stat
df = pd. read_csv( path + '/retention_stat. csv'). iloc[ :, 1:]
df. iloc[ :, 0]. tolist( )
data = [ ]
# 循环整理数据
for rIndex, row in enumerate( df. values) :
    for i, d in enumerate( row[ 2:]) :
        d = ( 0 if pd. isnull( d) else d)
        d = round( float( d * 100), 3)
        data. append( [ rIndex, i, d])
retention_stat = (
    Bar3D( init_opts = opts. InitOpts( theme = ThemeType. LIGHT) )
    . add(
```

```
        series_name = " ",
        data = data,
        xaxis3d_opts = opts. Axis3DOpts(type_ = "category", data = df. iloc[ :, 0]. tolist()),
        yaxis3d_opts = opts. Axis3DOpts(type_ = "category", data = df. columns[ 2: ]. tolist()),
        zaxis3d_opts = opts. Axis3DOpts(type_ = "value")
    )
    . set_global_opts(
        title_opts = ComponentTitleOpts(title = "用户次日留存率~7日留存率"),
        visualmap_opts = opts. VisualMapOpts(
            max_ = 100,
            range_color = [
                "#313695",
                "#4575b4",
                "#74add1",
                "#abd9e9",
                "#e0f3f8",
                "#ffffbf",
                "#fee090",
                "#fdae61",
                "#f46d43",
                "#d73027",
                "#a50026"
            ]
        )
    )
)
retention_stat. render_notebook()
```

程序运行结果如图 4-14 所示。

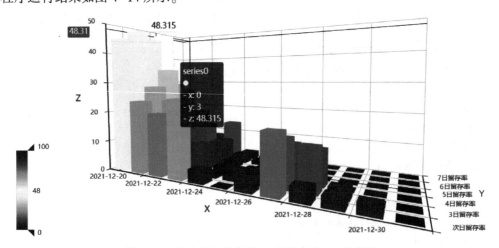

图 4-14　用户次日留存率~7 日留存率 3D 柱状图

4.2.2　用户行为数据大屏显示

本节将使用 Pyecharts 的 Page 组件将上述所有的 9 张数据图表集合到一起，构建一面可视化大屏。

```
page=Page(layout=Page.DraggablePageLayout, page_title="用户行为数据可视化大屏")

# 在页面中添加图表
page.add(
    total_stat,
    daily_stat,
    hour_stat,
    channel_stat,
    user_avg_access_duration_stat,
    terminal_stat,
    retention_stat,
    page_stat,
    funnel
)
page.render('user_behavior.html')
```

在 Jupyter 中输入上述代码，将之前所有定义的图表生成网页并保存为网页文件 user_behavior.html，如图 4-15 所示表示输出成功。

```
page.render('user_behavior.html')
```

```
Out[32]: 'C:\\Users\\Administrator\\pyechart\\user_behavior.html'
```

图 4-15　page.render()执行结果

找到对应网页文件并双击打开，如图 4-16 所示。

打开后可以发现，不仅显示了所有图表，还可以通过鼠标移动图表的位置和改变其大小，如图 4-17 所示。

按需求对页面进行排版，结果如图 4-18 所示。

在调整后，可单击左上角的"Save Config"按钮来保存大屏配置信息，将下载配置文件"chart_config.json"并将它放到和 HTML 文件相同的目录中，如图 4-19 所示。

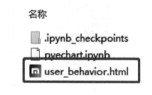

图 4-16　page.render()输出
HTML 文件

最后执行下面的语句，将配置文件和图表网页文件渲染生成最终的"用户行为数据可视化大屏.html"文件。

```
page.save_resize_html('user_behavior.html', cfg_file='chart_config.json', dest='用户行为数据可视化大屏.html')
```

双击打开该网页文件，或将它放在服务器 Web 容器中并访问，即可看到大屏展示效果，如图 4-20 所示。

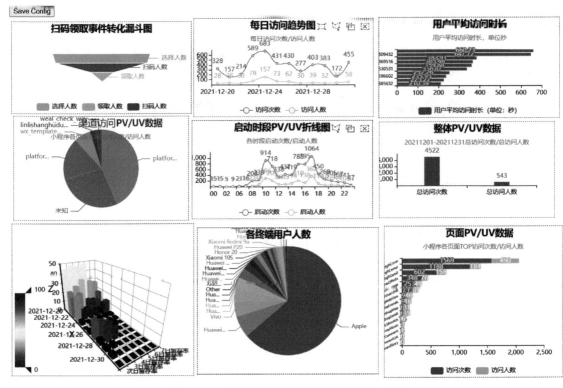

图 4-17　可调整各统计图位置和大小的页面

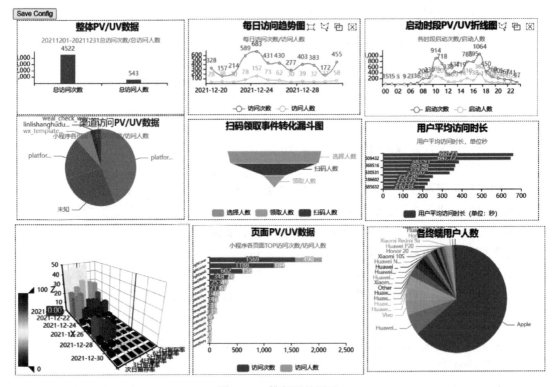

图 4-18　排版后的页面

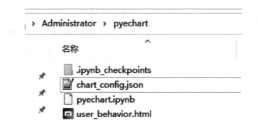

图 4-19　配置文件存放目录

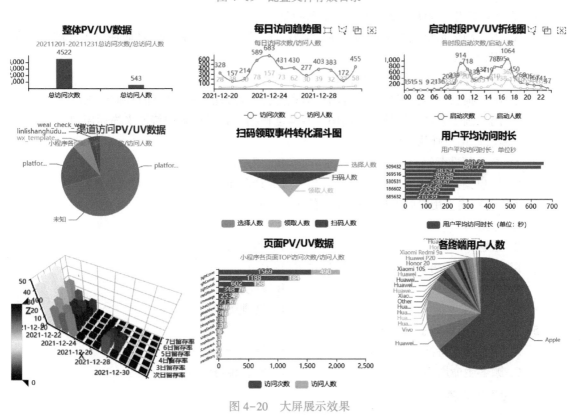

图 4-20　大屏展示效果

【任务总结】

通过本任务的学习，了解了什么是用户行为数据可视化，以及常见的用户行为数据可视化方法，整理了现有用户行为数据可视化指标，计算了常见的用户行为数据指标，通过 Pyecharts 图形化统计数据，构建了可视化大屏。

本任务的重点是学习和理解用户行为数据统计程序的实现方式，可以通过反复练习、继续学习相关知识等方式来巩固和提升。

＊知识拓展＊

大数据时代对企业数据可视化带来以下两个主要挑战。

一是企业面临的数据规模越来越大，这使得传统的数据可视化方法难以应对。传统的数据可视化方法往往只能处理小规模数据，对于大规模数据，不免会出现效率低下，甚至卡顿等现象。因此，企业需要寻找新的数据可视化方法，能够快速、高效地处理大规模数据。

二是企业数据可视化面对的是多样化的需求。企业的数据可视化需求不仅限于报表类型的可视化，还包括大屏展示、移动端展示等多种场景，这使得企业需要具备多种数据可视化的能力，并能够根据不同的场景需求，使用合适的数据可视化方式。

【思考与练习】

一、选择题

1. 下列关于用户画像的描述中，不正确的是（　　　）。
   A. 用户画像是指根据用户的属性、偏好、生活习惯、行为等信息而抽象出来的标签化用户模型
   B. 用户画像不需要给用户打标签
   C. 用户画像中的标签是通过对用户信息分析而得来的高度精炼的特征标识
   D. 用户画像通过打标签可以利用一些高度概括、容易理解的特征来描述用户

2. （多选）用户画像的应用场景有（　　　）。
   A. 企业精准营销　　　　　　　　　　B. 用户流失
   C. 用户偏好　　　　　　　　　　　　D. 产品推荐

3. （多选）属于用户画像标签属性的有（　　　）。
   A. 年龄　　　　　　　　　　　　　　B. 学历
   C. 婚姻　　　　　　　　　　　　　　D. 粉丝数

4. 以下哪类图形可以展示数据的区域位置分布？（　　　）
   A. 散点图　　　　　　　　　　　　　B. 柱状图
   C. 折线图　　　　　　　　　　　　　D. 地理图表

5. （多选）用户标签主要包括（　　　）。
   A. 用户基本特征　　　　　　　　　　B. 社会身份
   C. 顾客生命周期　　　　　　　　　　D. 消费偏好

二、实操练习题

1. 借助数据统计类 DataStat，编写页面 PV/UV 统计函数 page_stat，输入的 RDD 包含 page、userid、spot_code 等列。要求按 PV 倒序排序，统计结果文件保存在/home/ysedu/answer/目录下。

2. 借助数据统计类 DataStat 和 pandas 库，编写函数 retention_stat 来计算用户访问的次日留存率～7 日留存率，输入的 RDD 包含 date、userid 等列。要求统计结果文件保存在/home/ysedu/answer/目录下。

3. 根据 stat_result 目录中的 total_stat 数据，在 Jupyter 中编写程序并使用 Pyecharts 柱状图展示为"总访问次数"和"总访问人数"两列。

项目 5　Plotly 应用

在介绍 Matplotlib、Pyecharts 之后，本项目将介绍 Plotly 绘图库。Plotly 在基本图表、地图、3D 图表、多子图绘制，以及动画效果、交互控件等方面都表现非常优秀，是功能非常全面的绘图包，学习和使用 Plotly 是非常有必要的。

本项目将 Plotly 基础知识与综合绘图融于一体，着重介绍 Plotly 常用图表的绘制，并结合综合应用对所学内容进行讲解。

本项目具体工作如下：

1）Plotly 简介。

2）Plotly 绘图模块——graph_objs 和 express。

3）Plotly 常用图表绘制。

【学习目标】

Plotly 拥有丰富的功能，可以绘制精美的图表，在众多大数据可视化包中表现出色，因此值得读者学习。相比 Matplotlib，它具有更精美的图表；相对 Pyecharts，它具有更强的交互性，并且绘制出的交互式图表更易共享。

通过本项目的学习，可了解 Plotly，掌握 Plotly 的安装与入门使用，学会 Plotly 常用图表的绘制，掌握如何利用 Plotly 绘制多图等，从而具备利用 Plotly 进行大数据可视化的基本技能，提高大数据专业素养。

任务 5.1　Plotly 绘制柱状图

本任务学习的是 Plotly 增加的 Python 接口，该接口使得更多的 Python 用户可以使用 Plotly 绘制图表。通过对 Plotly 的特点、安装以及基本用法进行讲解或实践，初步了解 Plotly 绘图风格，激发学习大数据可视化课程的兴趣与积极性。

通过学习本任务内容，掌握 Plotly 两种绘图模块的入门操作以及普通柱状图、堆叠柱状图、并列柱状图、水平条形图的绘制，掌握柱状图主要参数含义，深入理解 Plotly 两种绘图模块的绘图步骤与原理，并通过实操练习题将巩固所学知识。

【知识与技能】

1. Plotly 简介

Plotly 的基础图表目前有 19 种，包括散点图、折线图、柱状图、饼图、泡沫图、点状图、填充面积图、水平条形图、甘特图、旭日图、表、桑基图、树状图等；还有 16 种统计图表、21 种科学图表、8 种财务图表、13 种地图、13 种 3D 图表、6 种人工智能和机器学习图表、4 种生物信息学图表等。随着 Plotly 的不断升级与发展，会出现越来越多的图表格式。

Plotly 是使用 plotly.js 制作的，支持多种语言，如 R、MATLAB、Python、JavaScript、F#等。目前，Python 发展迅猛，在大数据、数据分析、人工智能、数据挖掘等领域均有应用，故本书介绍 Plotly 的 Python API。

Plotly 既有 Matplotlib 的稳定和灵活性，又有 PyEcharts 的精致与优雅，既可以生成图片文件，又可以生成 HTML 文件，能够将绘制好的交互式图表分享给他人，支持 3D 图表，分享的交互式图表是 JavaScript 脚本，所有的图表、互动、动画等都是通过 Python 调用函数生成或实现的。

2. 绘图模块 graph_objs 和 express

Plotly 中绘制图像有在线和离线两种方式。因为在线绘图受限于网络速度且需要注册账号等，所以本任务将着重介绍离线绘图方式。

Plotly 常用的绘图模块有两个，分别为 graph_objs 和 express。下面将使用这两个绘图模块进行绘图，以便读者逐步掌握 Plotly。

graph_objs 绘图的一般步骤为：

1）导入包。

2）读取数据。

3）定义图形轨迹。

4）形成轨迹列表。

5）添加图形参数。

6）显示图形。

express 的绘图原理较为简单，在使用 express 调用方法时，自动创建画布绘图，然后展示图表即可。

本任务着重介绍如何使用 Jupyter Notebook 进行离线绘图。使用 Plotly 离线绘图库绘制图表的时候可以调用两种方法，分别为 plotly.offline.plot( ) 和 plotly.offline.iplot( )，其中前者将创建一个图表的 HTML 文件，后者将图表呈现在 Jupyter Notebook 中。

3. Plotly 绘制图表类型

express 是 Plotly 为了简化烦琐的绘图步骤而推出的简化接口，通常简称为 px。px 是 Plotly.py 的高级封装，内置了丰富的绘图模板，只需要简单调用 API 就可以迅速绘制精致、美观、可交互的图表。plotly.graph_objs 通常简称为 go，一般称为"低级"接口，同样非常优秀。

在本任务中，既有 graph_objs 绘图方法实例，又有 express 绘图方法实例。这里主要介绍 express 相关函数和参数。express 模块内置了大量的图表类型，见表 5-1。

表 5-1 express 模块内置图表类型

序号	名 称	说 明
1	express.scatter	散点图
2	express.scatter_3d	三维散点图
3	express.scatter_polar	极坐标散点图
4	express.scatter_ternary	三元散点图
5	express.scatter_mapbox	地图散点图
6	express.scatter_geo	地理坐标散点图

（续）

序号	名　称	说　明
7	express. line	折线图
8	express. line_3d	三维折线图
9	express. line_polar	极坐标折线图
10	express. line_ternary	三元折线图
11	express. line_mapbox	地图折线图
12	express. line_geo	地理坐标折线图
13	express. area	堆积区域图
14	express. bar	柱状图
15	express. timeline	时间轴图
16	express. bar_polar	极坐标条形图
17	express. violin	小提琴图
18	express. box	箱形图
19	express. strip	长条图
20	express. histogram	直方图
21	express. ecdf	经验累积分布函数图
22	express. scatter_matrix	矩阵散点图
23	express. parallel_coordinates	平行坐标图
24	express. parallel_categories	平行类别图
25	express. choropleth	等高区域地图
26	express. density_contour	密度等值线图
27	express. density_heatmap	密度热力图
28	express. pie	饼图
29	express. sunburst	旭日图
30	express. treemap	树形图
31	express. icicle	冰柱图
32	express. funnel	漏斗图
33	express. funnel_area	漏斗区域图
34	express. choropleth_mapbox	分级统计图
35	express. density_mapbox	密度地图

使用 express. bar 绘制柱状图，bar 方法中可以传入很多参数，见表 5-2。

表 5-2　express. bar 参数

序号	名　称	说　明
1	data_frame	目标数据
2	x	目标数据的 x 轴名称
3	y	目标数据的 y 轴名称
4	color	标记颜色设置

（续）

序号	名　称	说　明
5	pattern_shape	标记形状设置
6	facet_row	在垂直方向上给分面子图分配标记
7	facet_col	在水平方向上给分面子图分配标记
8	hover_name	悬停指针提示
9	hover_data	悬停数据
10	text	标题内容
11	base	柱状图的起始参数
12	error_x	x 轴出错信息
13	error_y	y 轴出错信息
14	labels	文本标签
15	range_color	覆盖连续色标上的自动缩放
16	opacity	透明度
17	orientation	设置图形的方向
18	barmode	条形图模式
19	title	标题

　　柱状图的种类很多，除了基本的柱状图以外，还有堆叠柱状图、瀑布柱状图、水平条形图、颜色渐变柱状图、带文本条柱状图等。

　　例如，在使用 plotly. graph_objs 模块绘制并列柱状图时，可以对 Layout 中的 barmode 进行设置，barmode 设置为 group 则为绘制并列柱状图。barmode 可以选择为 stack（堆叠）、group（并列）、overlay（覆盖）、relative（相对）。

【任务实施】

5.1.1　Plotly 的安装

第一步：安装。

```
pip install plotly
```

第二步：查看版本号。

```
pip show plotly
```

第三步：更新。

```
pip install plotly –upgrade
```

* 小提示 *

　　Plotly 的 Python 包经常更新，若需要升级到最新版本，则运行更新代码。

5.1.2　Plotly 绘制普通柱状图

以分别使用 graph_objs 和 express 模块绘制普通柱状图为例，熟悉 Plotly 绘图流程。这里以农用塑料薄膜使用量数据来做演示。

1. graph_objs 绘制普通柱状图

Plotly 通过 graph_objs 模块的 Bar( ) 函数定义轨迹（trace），把数据集中的"时间"维度赋予 Bar( ) 函数的第一个参数 x，把"农用塑料薄膜使用量（吨）"赋予第二个参数 y。

示例程序如下：

```python
# 导入包
import pandas as pd
import plotly. express as px
import pymysql
import sqlalchemy as sql
import warnings
warnings. filterwarnings("ignore")
# 当浏览器不支持渲染当前图时，可以用下列代码在浏览器中显示
# import plotly. io as pio
# pio. renderers. default = 'browser'
# 加载数据
engine = sql. create_engine('mysql+pymysql://root:root@ localhost:3306/bdv')
sql1 = '''select * from 1_plastic'''
df = pd. read_sql(sql1, engine)
# 柱状图用 Bar
trace = go. Bar(x = df["时间"], y = df["农用塑料薄膜使用量(吨)"])
# 生成 trace 列表
data = [trace]
# #设置 layout
layout = go. Layout(title = '农林牧渔', barmode = 'stack', font = {'size':22})
fig = go. Figure(data = data, layout = layout)
# 更新布局，legend 为图例参数，orientation 为图例方向，h 为水平方向
fig. update_layout(font_size = 22, legend = dict(
    orientation = "h",
# y 轴方向相对位置
    yanchor = "bottom",
    y = -0. 2,
    xanchor = "center",
    x = 0. 5,
    title_text = ''
))
# 更新 x 坐标轴
fig. update_xaxes(
    side = 'bottom',
```

```
                title = {'text':''}
            )
        fig. update_yaxes(
                side = 'left',
                title = {'text':''}
            )
        fig. update_layout(
                title = {
                    'text': "2012—2019 年农林牧渔业总产值",
                    'y':0.9,
                    'x':0.5
                } )
        fig. show( )
```

在上述程序中，go. Layout( ) 函数用于设置图表的布局属性，其中的参数包括 title、barmode 和 font。title 设置图表的标题为"农林牧渔"；barmode 设置为"stack"，表示堆叠柱状图模式；font 设置字体大小，为 22。

通过 fig. update_layout( ) 函数，更新图表的整体布局属性。其中，font_size 设置字体大小，为 22；legend 设置图例的位置和相关属性。这里，orientation 设置为"h"，表示图例水平排列；yanchor 设置为"bottom"，表示图例位于相对于 y 轴的底部位置；y 设置为 −0.2，表示图例相对于 y 轴的相对偏移量；xanchor 设置为"center"，表示图例位于相对于 x 轴的居中位置；x 设置为 0.5，表示图例相对于 x 轴的相对偏移量；title_text 设置为空字符串，表示不显示图例的标题。

fig. update_xaxes( ) 和 fig. update_yaxes( ) 函数分别用来更新 x 轴与 y 轴的标题。这里，将 title 设置为空字典，即不显示标题。通过 fig. update_layout( ) 函数，更新图表的标题，其中，text 设置为"2012—2019 年农林牧渔业总产值"；y 设置为 0.9，表示标题相对于图表区域的垂直位置；x 设置为 0.5，表示标题相对于图表区域的水平位置。

程序运行结果如图 5-1 所示。

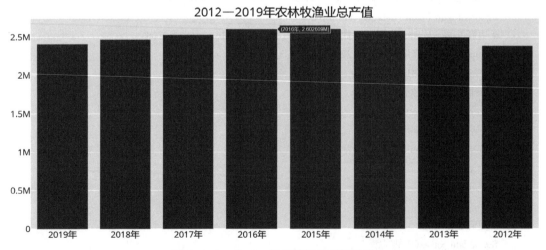

图 5-1　graph_objs 绘制普通柱状图示例

2. express 绘制普通柱状图

使用 Plotly 的 px. bar( )函数创建一个普通柱状图。其中，x 轴的数据为"时间"，y 轴的数据为"农用塑料薄膜使用量（吨）"。然后，通过 fig. update_layout( )函数，更新图表的整体布局属性，包括字体大小、图例位置和图例标题。另外，update_xaxes( )和 update_yaxes( )函数分别用于更新 x 轴与 y 轴的标题。

示例程序如下：

```
import pandas as pd
import plotly. express as px
import pymysql
import sqlalchemy as sql
import warnings
warnings. filterwarnings( "ignore" )
engine = sql. create_engine('mysql+pymysql://root:root@ localhost:3306/bdv')
sql1 ='''select * from 1_plastic'''
df = pd. read_sql( sql1 ,engine)
# 柱状图
fig = px. bar( df,
x = df[ "时间" ],
y = df[ "农用塑料薄膜使用量(吨)" ])
fig. update_layout( font_size = 22 ,legend = dict(
    orientation = "h" ,
    yanchor = "bottom" ,
    y = -0. 2 ,
    xanchor = "center" ,
    x = 0. 5 ,
    title_text = "
) )
fig. update_xaxes(
    side = 'bottom',
    title = { 'text' :"}
)
fig. update_yaxes(
    side = 'left',
    title = { 'text' :"}
)
fig. update_layout(
    title = {
        'text' : "2012—2019 年农用塑料薄膜使用量" ,
        'y' :0. 95 ,
        'x' :0. 5
    } )
fig. show( )
```

程序运行结果如图 5—2 所示。

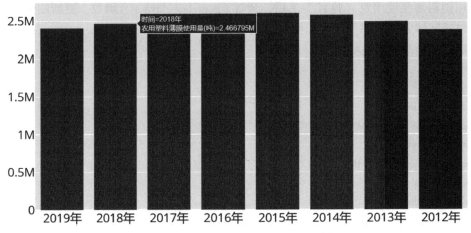

图 5-2　express 绘制普通柱状图示例

5.1.3　Plotly 绘制堆叠柱状图

本示例以农、林、牧、渔总产值数据做演示。使用 Plotly 的 go. Bar( )函数创建 4 个柱状图的轨迹，分别对应农业总产值、林业总产值、牧业总产值和渔业总产值。每个轨迹的 x 轴数据为"year"，y 轴数据分别对应于不同列的值。在使用 graph_objs 模块来绘制层叠柱状图时，需要将 Layout 中的 barmode 参数值设为 stack（堆叠模式），即 barmode = 'stack'。

示例程序如下：

```
import plotly. graph_objs as go
import pandas as pd
import pymysql
import sqlalchemy as sql
import warnings
warnings. filterwarnings("ignore")
engine = sql. create_engine('mysql+pymysql://root:root@ localhost:3306/bdv')
sql1 = '''select * from 1_nlmy'''
df = pd. read_sql(sql1,engine)
trace0 = go. Bar(x = df["year"],y = df["ny"],name = "农业总产值")
trace1 = go. Bar(x = df["year"],y = df["ly"],name = "林业总产值")
trace2 = go. Bar(x = df["year"],y = df["my"],name = "牧业总产值")
trace3 = go. Bar(x = df["year"],y = df["yy"],name = "渔业总产值")
data = [trace0,trace1,trace2,trace3]
# 堆叠柱状图
layout = go. Layout(title = '农林牧渔',barmode = 'stack',font = {'size':22})
fig = go. Figure(data = data,layout = layout)
fig. update_layout(font_size = 22,legend = dict(
    orientation = "h",
    yanchor = "bottom",
```

```
            y = -0. 2,
            xanchor = " center" ,
            x = 0. 5,
            title_text = " ") )
    fig. update_xaxes(
            side = 'bottom',
            title = { 'text' : " } )
    fig. update_yaxes(
            side = 'left',
            title = { 'text' : " } )
    fig. update_layout(
            title = {
                'text' : "2012—2021 年农林牧渔业总产值",
                'y' : 0. 9,
                'x' : 0. 5 } )
    fig. show( )
```

程序运行结果如图 5-3 所示。

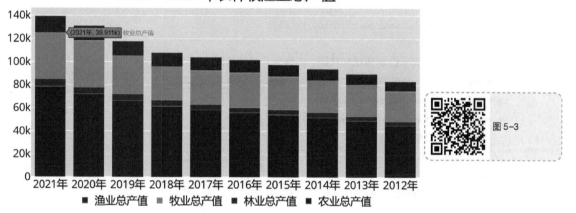

图 5-3　堆叠柱状图

∗ 知识拓展 ∗

当数据中含有负数时，使用相对堆叠柱状图表示比较合适，绘制堆叠柱状图时需要将 layout 中的 barmode 参数值设为 relative，即 barmode = 'relative'。

5.1.4　Plotly 绘制并列柱状图

在使用 graph_objs 模块绘制并列柱状图时，go. Bar( ) 函数创建了 6 个柱状图的 trace。每个 trace 的 x 轴数据为 "year"，y 轴数据分别对应于不同列的值。然后将这 6 个 trace 添加到 data 列表中，并且将 Layout 中的 barmode 参数值设为 group，即 barmode = 'group'。

示例程序如下：

```
# 导入包
import plotly. graph_objs as go
import pandas as pd
import numpy as np
import pymysql
import sqlalchemy as sql
import warnings
warnings. filterwarnings("ignore")
# 读取数据
engine = sql. create_engine('mysql+pymysql://root:root@ localhost:3306/bdv')
sql1 = '''select * from 1_fruits'''
df = pd. read_sql(sql1, engine)
# 定义 trace
trace0 = go. Bar(x = df["year"], y = df["gy"], name = "果园面积")
trace1 = go. Bar(x = df["year"], y = df["xj"], name = "香蕉园面积")
trace2 = go. Bar(x = df["year"], y = df["pg"], name = "苹果园面积")
trace3 = go. Bar(x = df["year"], y = df["gj"], name = "柑橘园面积")
trace4 = go. Bar(x = df["year"], y = df["ly"], name = "梨园面积")
trace5 = go. Bar(x = df["year"], y = df["pt"], name = "葡萄园面积")
# 把 trace 放到一个列表
data = [trace0, trace1, trace2, trace3, trace4, trace5]
# 设置布局并显示图形
# barmode='group'表示绘制簇状柱状图，也称为并列柱状图
layout = go. Layout(title = '果园面积', barmode = 'group', font = {'size':22})
fig = go. Figure(data = data, layout = layout)
fig. update_layout(font_size = 22, legend = dict(
    orientation = "h",
    yanchor = "bottom",
    y = -0. 4,
    xanchor = "center",
    x = 0. 5,
    title_text = "
))
fig. update_xaxes(
    side = 'bottom',
    title = {'text':"}
)
fig. update_yaxes(
    side = 'left',
    title = {'text':"}
)
fig. update_layout(
    title = {
        'text': "2012—2019 年果园面积",
```

```
        'y':0.9,
        'x':0.5
    })
fig. show( )
```

程序运行结果如图 5-4 所示。

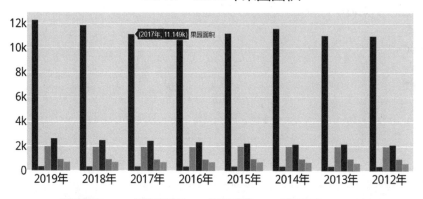

2012—2019年果园面积

图 5-4

图 5-4　并列柱状图

＊想一想＊

普通柱状图和并列柱状图适用的数据有什么区别？如何使用本书配套资源中的表 1_diese-landpesticides 绘制并列柱状图？

5.1.5　Plotly 绘制水平条形图

在绘制水平条形图时，需要在条形图函数中设置参数 orientation ='h'，即 px. bar(orientation = "h") 或者 go. Bar(orientation = "h") 。本实例选用 graph_objs 模块来绘制水平条形图。

示例程序如下：

```
# 导入包
import plotly as py
import plotly. graph_objs as go
import pandas as pd
import pymysql
import sqlalchemy as sql
import warnings
warnings. filterwarnings( "ignore" )
# 读取数据
engine = sql. create_engine('mysql+pymysql://root:root@ localhost:3306/bdv')
sql1 ='''select * from 2_tea'''
df = pd. read_sql( sql1 , engine)
# 定义 trace
```

```
# orientation='h'为水平方向
trace0=go. Bar(x=df["产量"],y=df["茶叶种类"],orientation='h')
# 创建 trace 列表
data=[trace0]
# 设置布局并显示图形
layout=go. Layout(title='茶叶产量(千克)', font={'size':22})
fig=go. Figure(data=data,layout=layout)
fig. update_layout(font_size=22,legend=dict(
    orientation="h",
    yanchor="bottom",
    y=-0.4,
    xanchor="center",
    x=0.5,
    title_text=''
))
fig. update_xaxes(
    side='bottom',
    title={'text':''}
)
fig. update_yaxes(
    side='left',
    title={'text':''}
)
fig. update_layout(
    title={
        'text': "不同种类茶叶产量(千克)",
        'y':0.9,
        'x':0.5
    })
fig. show()
```

程序运行结果如图 5-5 所示。

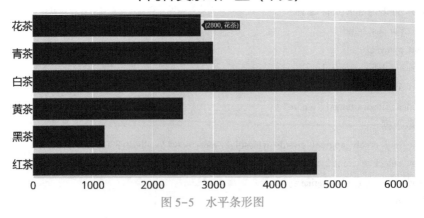

图 5-5　水平条形图

＊想一想＊

如何绘制水平堆积条形图？

【任务总结】

通过本任务的学习，可了解 Plotly 相关基础知识，初步掌握 Plotly 两种绘图模块的使用，掌握绘制普通柱状图、堆叠柱状图、并列柱状图、水平条形图的方法，对涉及的参数有了一定的了解。

本任务的重点是使用两种绘图模块 express 和 graph_objs 进行绘图，以及定制化绘制柱状图，难点在于利用这两种绘图模块绘制柱状图时参数的选择。对不同数据定制化绘图，可以通过思考与练习进行巩固与提升。课外学习更多 Plotly 知识可加深和拓宽知识储备。

基于本任务，对 Plotly 绘制图形的原理有了一定的了解与练习，为后续学习做好了铺垫。

任务 5.2　绘制散点图和折线图

本任务学习如何使用 Plotly 的两个绘图模块——express 和 graph_objs 绘制散点图与折线图。本任务引用农林牧渔年度数据，对数据进行散点图与折线图展示。

通过学习本任务内容，帮助读者初步了解 Plotly 的 express 和 graph_objs，了解 Plotly 绘图风格与绘图原理，掌握 Plotly 中这两个模块的绘图方法，了解不同模块在绘制散点图与线形图时的区别，掌握 Plotly 绘制散点图，以及指定散点图颜色、大小的方法，掌握连接的散点图、气泡散点图、线形图以及综合两个模块绘制线形图和散点图的方法。通过思考与练习，可巩固所学知识。

【知识与技能】

1. express 绘图模块的散点图和线形图

（1）plotly. express. scatter( )函数

plotly. express. scatter( )是 plotly. express 模块中用于创建散点图的函数，能够快速生成散点图，并支持对数据进行可视化的配置。

该函数的基本语法如下：

```
plotly. express. scatter( data_frame = None, x = None, y = None, color = None, size = None, hover_name = None,
facet_row = None, facet_col = None, trendline = None, log_x = False, log_y = False, labels = None, title = None,
template = None, width = None, height = None)
```

plotly. express. scatter( )函数的参数及说明见表 5-3。

表 5-3　plotly. express. scatter( )函数的参数及说明

序号	名　称	说　　明
1	data_frame	指定要绘制散点图的数据集 DataFrame
2	x	指定数据集中用作 x 轴的列名或数组
3	y	指定数据集中用作 y 轴的列名或数组

（续）

序号	名　称	说　明
4	color	可选参数，指定数据集中用作颜色映射的列名或数组
5	size	可选参数，指定数据集中用作点的大小的列名或数组
6	hover_name	可选参数，指定数据集中用作悬停标签的列名或数组
7	facet_row	可选参数，指定数据集中用作行分面的列名或数组
8	facet_col	可选参数，指定数据集中用作列分面的列名或数组
9	trendline	可选参数，表示是否添加趋势线。其值可以是 ols、lowess 或 False
10	log_x、log_y	可选参数，分别指定 x 轴和 y 轴是否使用对数刻度
11	labels	可选参数，指定坐标轴的标签
12	title	可选参数，指定图表的标题
13	template	可选参数，指定图表的样式模板
14	width、height	可选参数，分别指定图表的宽度和高度

（2）plotly. express. line( )函数

plotly. express. line( )是 plotly. express 模块中用于创建折线图的函数，能够快速生成折线图，并支持对数据进行可视化的配置。

该函数的基本语法如下：

plotly. express. line(data_frame = None, x = None, y = None, color = None, line_group = None, hover_name = None, line_shape = 'linear', log_x = False, log_y = False, labels = None, title = None, template = None, width = None, height = None)

plotly. express. line( )函数的参数及说明见表 5-4。

表 5-4　plotly. express. line( )函数的参数及说明

序号	名　称	说　明
1	data_frame	指定要绘制折线图的数据集 DataFrame
2	x	指定数据集中用作 x 轴的列名或数组
3	y	指定数据集中用作 y 轴的列名或数组
4	color	可选参数，指定数据集中用作颜色映射的列名或数组
5	line_group	可选参数，指定数据集中用作分组的列名或数组
6	hover_name	可选参数，指定数据集中用作悬停标签的列名或数组
7	line_shape	可选参数，指定折线的形状，其值可以是'linear'、'spline'、'hv' 或 'vh'
8	log_x、log_y	可选参数，分别指定 x 轴和 y 轴是否使用对数刻度
9	labels	可选参数，指定坐标轴的标签
10	title	可选参数，指定图表的标题
11	template	可选参数，指定图表的样式模板
12	width、height	可选参数，指定图表的宽度和高度

2. plotly. graph_objs 绘图模块的散点图和线形图

plotly. graph_objs 没有独立的线形图或者散点图绘制函数，对于 plotly. graph_objs 来说，线形图和散点图的绘制均使用 plotly. graph_objs. Scatter( )来完成。

plotly. graph_objs. Scatter( )函数的参数及说明见表 5-5。

表 5-5　**plotly. graph_objs. Scatter( )函数的参数及说明**

序号	名　　称	说　　明
1	x	用于设置 x 轴数据的参数，其值可以是列表、数组或 pandas Series
2	y	用于设置 y 轴数据的参数，其值可以是列表、数组或 pandas Series
3	mode	设置图表的模式，其值可以是'lines'（折线图）或'markers'（散点图）等
4	name	设置图表的名称，在图例中显示
5	line	用于设置折线的样式，可以指定颜色、宽度等
6	marker	用于设置散点的样式，可以指定颜色、大小等

除上述参数以外，plotly. graph_objs. Scatter( )还有其他可选参数，可以实现更高级的图表定制化，例如添加图例、设置坐标轴刻度等，用户可以根据需要使用不同的参数进行图表的定制。

【任务实施】

5. 2. 1　Plotly 绘制普通散点图

1. graph_objs 绘制普通散点图

下面使用 Plotly 的 graph_objs 模块来绘制普通散点图。这里需要导入 graph_objs 模块下的Scatter( )函数。首先使用 Plotly 的 go. Scatter( )函数创建 4 个散点图的 trace。每个 trace 的 x 轴数据为"year"，y 轴数据分别对应于不同列的值。此外，将 mode 设置为"markers"，表示绘制散点图。

示例程序如下：

```
# 导入包
import plotly. graph_objs as go
import pandas as pd
import pymysql
import sqlalchemy as sql
import warnings
warnings. filterwarnings( "ignore")
# 读取数据
engine = sql. create_enginc('mysql+pymysql://root:root@ localhost:3306/bdv')
sql1 = '''select  *  from 1_nlmy'''
df = pd. read_sql( sql1 ,engine)
# 定义 trace
# mode = 'markers', 表示绘制散点图
trace0 = go. Scatter(x = df[ "year"] ,y = df[ "ny"] ,name = "农业总产值" ,mode = 'markers')
trace1 = go. Scatter(x = df[ "year"] ,y = df[ "ly"] ,name = "林业总产值" ,mode = 'markers')
trace2 = go. Scatter(x = df[ "year"] ,y = df[ "my"] ,name = "牧业总产值" ,mode = 'markers')
trace3 = go. Scatter(x = df[ "year"] ,y = df[ "yy"] ,name = "渔业总产值" ,mode = 'markers')
```

```
# 创建 trace 列表
data = [ trace0 , trace1 , trace2 , trace3 ]
# 设置布局并显示图形
layout = go. Layout( font = { 'size':22 } )
fig = go. Figure( data = data , layout = layout )
fig. update_layout( font_size = 22 , legend = dict(
        orientation = "h" ,
        yanchor = "bottom" ,
        y = −0.4 ,
        xanchor = "center" ,
        x = 0.5 ,
        title_text = ''
) )
fig. update_xaxes(
        side = 'bottom' ,
        title = { 'text':'' }
)
fig. update_yaxes(
        side = 'left' ,
        title = { 'text':'' }
)
fig. update_layout(
        title = {
                'text': "2012—2021 年农林牧渔业总产值趋势图" ,
                'y':0.9 ,
                'x':0.5
                } )
fig. show( )
```

程序运行结果如图 5-6 所示。

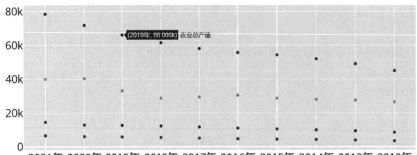

图 5-6   graph_objs 模块绘制普通散点图

2. express 绘制普通散点图

下面使用 Plotly 的 express 模块来绘制普通散点图。

```python
# 导入包
import pandas as pd
import plotly. express as px
import pymysql
import sqlalchemy as sql
import warnings
warnings. filterwarnings("ignore")
# 读取数据
engine=sql. create_engine('mysql+pymysql://root:root@ localhost:3306/bdv')
sql1='''select * from 1_nlmy'''
df=pd. read_sql(sql1,engine)
# 制图
fig = px. scatter(df,x="year",y="yy")
fig. update_layout(font_size = 22,legend=dict(
    orientation="h",
    yanchor="bottom",
    y=-0. 4,
    xanchor="center",
    x=0. 5,
    title_text="
))
fig. update_xaxes(
    side='bottom',
    title={'text':"}
)
fig. update_yaxes(
    side='left',
    title={'text':"}
)
fig. update_layout(
    title={
        'text': "2012—2021 年渔业总产值趋势图",
        'y':0. 95,
        'x':0. 5
    })
fig. show()
```

程序运行结果如图 5-7 所示。

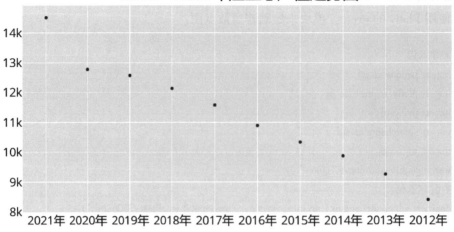

图 5-7 express 绘制普通散点图

* **想一想** *

如果要绘制多个列的数据，哪一种方式更适合？如果选用 express，应如何绘制多个列的数据？

5.2.2 Plotly 绘制连接散点图

下面使用 express 模块来绘制连接散点图。使用 express 模块下的 line() 函数来创建连接散点图。设置 x 轴数据为"year"，y 轴数据为"count"，颜色编码为"target"，并设置在每个点上显示的文本为"count"。

5.2.2 Plotly 绘制连接散点图

示例程序如下：

```
# 导入包
import pandas as pd
import plotly. express as px
import pymysql
import sqlalchemy as sql
import warnings
warnings. filterwarnings("ignore")

engine = sql. create_engine('mysql+pymysql://root:root@ localhost:3306/bdv')
sql1 = '''select  * from dieselandpesticides_1'''
df = pd. read_sql(sql1,engine)

fig = px. line(df, x="year", y="count",color="target",text="count")   //text：传入的列在图中显
                                                                       //示为文本标签
fig. update_traces(textposition="bottom right")        //update_traces：对指定图进行更新属性操作；
                                                       //textposition：参数名称，指定显示位置
fig. update_layout(font_size =  22,legend=dict(
```

```
            orientation = "h" ,
            yanchor = "bottom" ,
            y = -0. 4,
            xanchor = "center" ,
            x = 0. 5,
            title_text = "
    ) )
    fig. update_xaxes(
        side = 'bottom',
        title = { 'text' : "}
    )
    fig. update_yaxes(
        side = 'left',
        title = { 'text' : "}
    )
    fig. update_layout(
        title = {
            'text' : "2012—2019 年农业柴油与农药消耗量走势图" ,
            'y' : 0. 95,
            'x' : 0. 5
            } )
    fig. show( )
```

程序运行结果如图 5-8 所示。

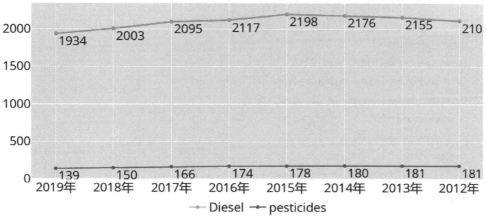

图 5-8　连接散点图

5.2.3　Plotly 绘制气泡散点图

气泡散点图是一种特殊的散点图，它和普通散点图的不同之处在于：会引入第三方维度，即标记 markers 的大小来进行展示。

本示例创建了两个散点图，分别对应农业柴油和农药的消耗量。数

5.2.3　Plotly 绘制气泡散点图

据表中的"year"作为 x 轴的值,"Diesel"和"pesticides"作为对应 y 轴的值。mode 参数设置为"markers",表示绘制散点图,并通过 marker 参数中的 size 和 color 分别设置点的大小与颜色。

示例代码如下:

```
import plotly. graph_objs as go
import pandas as pd
import pymysql
import sqlalchemy as sql
import warnings
warnings. filterwarnings("ignore")

engine = sql. create_engine('mysql+pymysql://root:root@localhost:3306/bdv')
sql1 = '''select * from 1_dieselandpesticides'''
df = pd. read_sql(sql1, engine)

trace0 = go. Scatter(
    x = df["year"],
    y = df["Diesel"],
    mode = 'markers',
    marker = dict(size = [10,20,30,40,50,60,70,80],
                  color = [1,2,3,4,5,6,7,8])
)
trace1 = go. Scatter(
    x = df["year"],
    y = df["pesticides"],
    mode = 'markers',
    marker = dict(size = [10,20,30,40,50,60,70,80],
                  color = [8,7,6,5,4,3,2,1]))

data = [trace0, trace1]
layout = go. Layout(font = {'size':22})
fig = go. Figure(data = data, layout = layout)
fig. update_layout(font_size = 22, legend = dict(
    orientation = "h",
    yanchor = "bottom",
    y = -0.4,
    xanchor = "center",
    x = 0.5,
    title_text = ''
))
fig. update_xaxes(
    side = 'bottom',
    title = {'text':''}
)
fig. update_yaxes(
    side = 'left',
```

```
            title = {'text':"}
    )
    fig. update_layout(
        title = {
            'text': "2012—2019 年农业柴油与农药消耗量走势图",
            'y':0.95,
            'x':0.5
        })
    fig. show()
```

程序运行结果如图 5-9 所示。

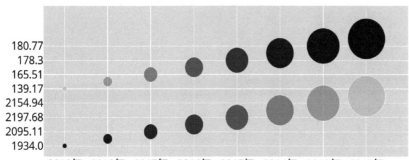

图 5-9　气泡散点图

5.2.4　Plotly 绘制普通折线图

5.2.4　Plotly 绘制普通折线图

函数 go. Scatter（x，y，name，mode，marker，line）也可以用来绘制折线图，其中 name 用于设置图例名称。绘制折线图时需要设置 mode='lines'，绘制线条加散点图时需要设置mode='lines+markers'。

示例程序如下：

```
import plotly. graph_objs as go
import pandas as pd
import pymysql
import sqlalchemy as sql
import warnings
warnings. filterwarnings("ignore")
engine = sql. create_engine('mysql+pymysql://root:root@ localhost:3306/bdv')
sql1 = '''select  *  from 1_nlmy'''
df = pd. read_sql(sql1,engine)
trace0 = go. Scatter(x = df["year"],y = df["ny"],name = "农业总产值",mode ='lines')
trace1 = go. Scatter(x = df["year"],y = df["ly"],name = "林业总产值",mode ='lines')
trace2 = go. Scatter(x = df["year"],y = df["my"],name = "牧业总产值",mode ='lines')
```

```
trace3 = go. Scatter(x = df["year"], y = df["yy"], name = "渔业总产值", mode = 'lines')
data = [trace0, trace1, trace2, trace3]
layout = go. Layout(font = {'size':22})
fig = go. Figure(data = data, layout = layout)
fig. update_layout(font_size = 22, legend = dict(
    orientation = "h",
    yanchor = "bottom",
    y = -0.4,
    xanchor = "center",
    x = 0.5,
    title_text = ""
))
fig. update_xaxes(
    side = 'bottom',
    title = {'text':""}
)
fig. update_yaxes(
    side = 'left',
    title = {'text':""}
)
fig. update_layout(
    title = {
        'text': "2012—2021 年农林牧渔业总产值趋势图",
        'y':0.9,
        'x':0.5
    })
fig. show()
```

程序运行结果如图 5-10 所示。

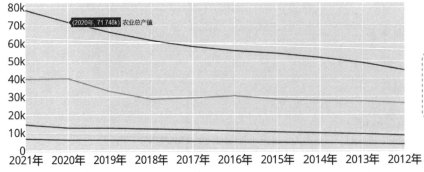

图 5-10　折线图

* 想一想 *

如果参数 mode = 'lines+markers+text'，效果会怎么样？

5.2.5　Plotly 绘制折线和散点复合图

利用 graph_objs 绘制折线和散点的复合图形，其代码与上一节的代码非常相似，只是在 mode 参数的设置上有所不同。对于农业总产值，仅用散点表示，设置 mode='markers'即可。林业总产值、牧业总产值和渔业总产值均用折线和散点的复合图形来展示，只需要设置 mode = 'lines+markers'。

示例程序如下：

```python
import plotly. graph_objs as go
import pandas as pd
import pymysql
import sqlalchemy as sql
import warnings
warnings. filterwarnings("ignore")
engine=sql. create_engine('mysql+pymysql://root:root@ localhost:3306/bdv')
sql1="'select * from 1_nlmy'"
df=pd. read_sql(sql1,engine)
trace0=go. Scatter(x=df["year"],y=df["ny"],name="农业总产值",mode='markers')
trace1=go. Scatter(x=df["year"],y=df["ly"],name="林业总产值",mode='lines+markers')
trace2=go. Scatter(x=df["year"],y=df["my"],name="牧业总产值",mode='lines+markers')
trace3=go. Scatter(x=df["year"],y=df["yy"],name="渔业总产值",mode='lines+markers')
data=[trace0,trace1,trace2,trace3]
layout=go. Layout(font={'size':22})
fig=go. Figure(data=data,layout=layout)
fig. update_layout(font_size = 22,legend=dict(
    orientation="h",
    yanchor="bottom",
    y=-0. 4,
    xanchor="center",
    x=0. 5,
    title_text="
))
fig. update_xaxes(
    side='bottom',
    title={'text':"}
)
fig. update_yaxes(
    side='left',
    title={'text':"}
)
```

```
fig. update_layout(
    title = {
        'text' : "2012—2021 年农林牧渔业总产值趋势图",
        'y':0.9,
        'x':0.5
    })
fig. show( )
```

程序运行结果如图 5-11 所示。

2012－2021年农林牧渔业总产值趋势图

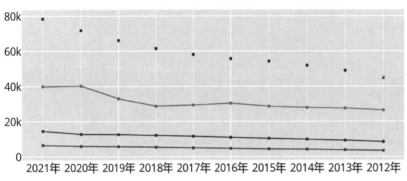

图 5-11

图 5-11　折线和散点复合图

【任务总结】

通过本任务的学习，了解了 Plotly 的相关基础知识，初步掌握了 Plotly 两种绘图模块的使用，绘制了普通散点图、连接散点图、气泡散点图、折线图、折线和散点复合图，对涉及的参数有了一定的了解。

本任务的重点是使用两种绘图模块——express 与 graph_objs 绘制散点图和折线图，难点在于利用这两种绘图模块绘制折线图和散点图时参数的选择。对不同数据定制化绘图，可以通过思考与练习进行巩固与提升。课外学习更多 Plotly 知识可加深和拓宽知识储备。

基于本任务，对 Plotly 绘制图形的原理有了更进一步的了解，为后续学习做好了铺垫。

任务 5.3　绘制直方图和饼图

本任务是对 Plotly 两个绘图模块——express 和 graph_objs 相关知识的巩固与加深，使用这两个绘图模块绘制直方图和饼图，引用农林牧渔业数据，对数据进行直方图和饼图的展示。

通过学习本任务内容，可逐步掌握 Plotly 的 express 和 graph_objs 模块下绘图函数的使用，熟悉 Plotly 绘图风格和原理，逐步加深对 Plotly 的理解并学会熟练使用它。掌握 Plotly 两种绘图模块的绘图原理与绘图方法，掌握利用两个绘图模块绘制普通直方图的方法，掌握利用 Plotly 绘制堆叠直方图、水平直方图、累积直方图、带标签饼图、环形饼图的方法，掌握设置饼图颜色的方法，掌握两个绘图模块绘制直方图和饼图的主要参数，并通过思考与练习巩固所学知识。

【知识与技能】

1．plotly. express. histogram（）函数

express 模块的直方图使用 histogram（）函数进行绘制。该函数的基本语法如下：

plotly. express. histogram（data_frame = **None**, x = **None**, y = **None**, color = **None**, pattern_shape = **None**, facet_
row = **None**, facet_col = **None**, facet_col_wrap = 0, facet_row_spacing = **None**, facet_col_spacing = **None**, hover_
name = **None**, hover_data = **None**, animation_frame = **None**, animation_group = **None**, category_orders = **None**,
labels = **None**, color_discrete_sequence = **None**, color_discrete_map = **None**, pattern_shape_sequence = **None**,
pattern_shape_map = **None**, marginal = **None**, opacity = **None**, orientation = **None**, barmode = **'relative'**, barnorm =
None, histnorm = **None**, log_x = **False**, log_y = **False**, range_x = **None**, range_y = **None**, histfunc = **None**,
cumulative = **None**, nbins = **None**, text_auto = **False**, title = **None**, template = **None**, width = **None**, height = **None** ）

plotly. express. histogram（）函数参数及说明见表 5-6。

表 5-6　plotly. express. histogram（）函数的参数及说明

序号	名　称	说　明
1	pattern_shape	用于为标记分配图案形状
2	facet_row	用于在垂直方向上为分面子图分配标记
3	facet_col	用于在水平方向上为分面子图分配标记
4	hover_name	用于设置悬停指针提示，data_frame 中的列的名称
5	hover_data	传入的参数的值在悬停工具提示中作为额外数据显示
6	animation_frame	用于给动画帧分配标记
7	animation_group	用于提供动画帧的对象稳定性
8	category_orders	用于强制每个列的值的特定顺序
9	labels	在图中用于设置轴标题、图例条目和悬停
10	color_discrete_sequence	当设置了 color 并且对应列中的值不是数值时，该列中的值将按照 category_orders 中描述的顺序通过循环遍历 color_discrete_sequence 来分配颜色，除非 color 的值是 color_discrete_map 中的键
11	color_discrete_map	用于覆盖 color_discrete_sequence，为与特定值相对应的标记分配特定的颜色
12	marginal	用于在主图旁绘制一个副图
13	opacity	值在 0~1 之间，用于设置标记的透明度
14	orientation	设置图形的方向，有 v 和 h 两个可选参数，v 表示垂直显示，h 表示水平显示
15	barmode	有'group'、'overlay'和'relative'三种取值，用于设置直方图显示模式
16	barnorm	条形图参数
17	log_x	如果为 True，则 x 轴在笛卡儿坐标中是对数缩放的
18	log_y	如果为 True，则 y 轴在笛卡儿坐标中是对数缩放的
19	range_x	如果提供，则覆盖笛卡儿坐标中 x 轴上的自动缩放
20	range_y	如果提供，则覆盖直角坐标中 y 轴上的自动缩放
21	text_auto	如果是 True 或字符串，则 x、y 或 z 值将显示为文本，这取决于字符串的方向
22	title	指定直方图的标题
23	template	指定绘图的模板

2. plotly. express. pie( )函数

express 模块的饼图使用 pie( )函数绘制。该函数的基本语法如下：

plotly. express. pie(data_frame = **None**, names = **None**, values = **None**, color = **None**, facet_row = **None**, facet_col = **None**, facet_col_wrap = 0, facet_row_spacing = **None**, facet_col_spacing = **None**, color_discrete_sequence = **None**, color_discrete_map = **None**, hover_name = **None**, hover_data = **None**, custom_data = **None**, category_orders = **None**, labels = **None**, title = **None**, template = **None**, width = **None**, height = **None**, opacity = **None**, hole = **None**)

plotly. express. pie( )函数的参数及说明见表5-7。

表 5-7　plotly. express. pie( )函数的参数及说明

序号	名　称	说　明
1	data_frame	指定数据源，可以是 DataFrame、数组等
2	names	指定饼图各个部分的名称，可以是数据列或数组
3	values	指定饼图各个部分的数值，可以是数据列或数组
4	color	指定可选的数据列或数组，用于颜色编码饼图
5	hover_name	指定可选的数据列或数组，用于悬停提示显示的值
6	title	指定饼图的标题
7	template	指定绘图的模板

3. plotly. graph_objects. Histogram( )函数

plotly. graph_objects 模块的直方图使用 Histogram( )函数绘制。该函数的基本语法如下：

plotly. graph_objects. Histogram (arg = **None**, automargin = **None**, customdata = **None**, customdatasrc = **None**, direction = **None**, dlabel = **None**, domain = **None**, hole = **None**, hoverinfo = **None**, hoverinfosrc = **None**, hoverlabel = **None**, hovertemplate = **None**, hovertemplatesrc = **None**, hovertext = **None**, hovertextsrc = **None**, ids = **None**, idssrc = **None**, insidetextfont = **None**, insidetextorientation = **None**, label0 = **None**, labels = **None**, labelssrc = **None**, legendgroup = **None**, legendgrouptitle = **None**, legendrank = **None**, legendwidth = **None**, marker = **None**, meta = **None**, metasrc = **None**, name = **None**, opacity = **None**, outsidetextfont = **None**, pull = **None**, pullsrc = **None**, rotation = **None**, scalegroup = **None**, showlegend = **None**, sort = **None**, stream = **None**, text = **None**, textfont = **None**, textinfo = **None**, textposition = **None**, textpositionsrc = **None**, textsrc = **None**, texttemplate = **None**, texttemplatesrc = **None**, title = **None**, titlefont = **None**, titleposition = **None**, uid = **None**, uirevision = **None**, values = **None**, valuessrc = **None**, visible = **None**, * * kwargs)

plotly. graph_objects. Histogram( )函数的参数及说明见表5-8。

表 5-8　plotly. graph_objects. Histogram( )函数的参数及说明

序号	名　称	说　明
1	arg	可选，直方图的数据。可以是一维数组或 Series。如果指定了 values 参数，则 arg 会被忽略
2	automargin	布尔型，可选，是否自动调整图表边距以适应标签、标题等。默认为 None，表示不自动调整

（续）

序号	名　称	说　明
3	customdata	可选，自定义数据数组。长度应与 x 或 y 相同。这些数据可以在事件处理程序中自定义悬停文本等
4	customdatasrc	可选，自定义数据数组的源
5	direction	可选，直方图的方向。支持"vertical"（垂直）和"horizontal"（水平）两种。默认为"vertical"
6	dlabel	可选，指定是否在图例中显示每个直方条的标签
7	domain	可选，指定直方图所占区域的位置和大小。格式为{'x':[0,0.5],'y':[0,1]}，表示直方图占据整个图表区域的左半部分
8	hole	可选，中心空洞的半径。取值范围为 0~1，其中，0 表示没有空洞，1 表示完全空洞。默认为 0
9	hoverinfo	可选，指定光标悬停时显示的信息。支持多种格式，如"%"表示百分数，".2f"表示保留两位小数。默认为"x+y"，表示显示 x 和 y 的值
10	hoverinfosrc	可选，hoverinfo 的源
11	hoverlabel	可选，指定光标悬停标签的样式。例如，可以设置字体大小、颜色等
12	hovertemplate	可选，指定光标悬停时显示的模板。可以包含文本和变量。例如，"{x:.2f}-{y}"表示 x 的值保留两位小数，后面跟一个短横线和 y 值
13	hovertemplatesrc	可选，hovertemplate 的源
14	hovertext	可选，指定光标悬停时显示的文本。长度应与 x 或 y 相同。如果指定了 hovertemplate，则忽略 hovertext
15	hovertextsrc	可选，hovertext 的源
16	ids	可选，用于绑定事件处理程序的 ID 数组
17	idssrc	可选，ids 的源
18	insidetextfont	可选，直方图内部文本的字体样式
19	insidetextorientation	可选，直方图内部文本的方向。支持"horizontal"和"radial"两种。默认为"horizontal"
20	label0	可选，指定 x 或 y 轴的起始标签。当数据是离散型时，可以用这个参数控制标签的起始位置
21	labels	可选，指定 x 或 y 轴上的标签。如果数据是离散型，则应该指定这个参数
22	labelssrc	可选，labels 的源
23	legendgroup	可选，指定图例分组。若指定相同的值，则会将图例项分到同一组中
24	legendgrouptitle	可选，指定图例分组的标题
25	legendrank	可选，指定图例项的排名
26	legendwidth	可选，指定图例的宽度。默认为 0，表示自适应
27	marker	可选，直方条的标记样式
28	meta	可选，指定元数据数组。长度应与 x 或 y 相同
29	metasrc	可选，meta 的源
30	name	可选，直方图的名称
31	opacity	可选，直方条的不透明度。取值范围为 0~1，其中，0 表示完全透明，1 表示完全不透明。默认为 1

（续）

序号	名称	说明
32	outsidetextfont	可选，直方图外部文本的字体样式
33	pull	可选，指定每个直方条的偏移量。取值范围为0~1，其中，0表示不偏移，1表示完全偏移。默认为0
34	pullsrc	可选，pull 的源
35	rotation	可选，文本旋转角度。支持0°~360°的任意角度
36	scalegroup	可选，指定比例尺分组
37	showlegend	可选，是否显示图例。默认为 True
38	sort	可选，是否对数据进行排序。默认为 True
39	stream	可选，用于流动数据的对象
40	text	可选，直方条的标签文本。长度应与 x 或 y 相同
41	textfont	可选，直方条的标签字体样式
42	textinfo	可选，指定直方条的悬基显示内容。例如，"value"表示显示数值，"percent"表示显示百分比
43	textposition	可选，直方条的标签位置。支持"inside"（内部）和"outside"（外部）两种。默认为"inside"
44	textpositionsrc	可选，textposition 的源
45	textsrc	可选，text 的源
46	texttemplate	可选，直方条的标签模板。可以使用变量和格式化字符串。例如，"{x:.2f} - {y}"表示 x 的值保留两位小数，后面跟一个短横线和 y 值
47	texttemplatesrc	可选，texttemplate 的源
48	title	可选，直方图的标题
49	titlefont	可选，直方图的标题字体样式
50	titleposition	可选，指定标题的位置。支持"top center"、"top left"、"top right"、"middle center"、"middle left"、"middle right"、"bottom center"、"bottom left"、"bottom right"九种
51	uid	可选，指定图表的唯一 ID
52	uirevision	可选，UI 重构的版本号。每当图表的属性发生变化时，应该增加这个版本号，以确保 UI 可以正确重构
53	values	可选，直方图的数据。可以是一维数组或 Series
54	valuessrc	可选，values 的源
55	visible	可选，是否显示直方图。默认为 True

【任务实施】

5.3.1 Plotly 绘制普通直方图

1. express 绘制普通直方图

使用 express 绘制直方图需要用到 histogram() 函数。若将数据赋给该函数中的参数 x，就可以绘制普通（垂直）直方图；若将数据赋给参数 y，则可以绘制水平直方图。其余部分的代码逻辑与之前的代码一致。下面这段代码将绘制农林牧渔业总产值的直方图，显示不同取值范围内的频数分布。

示例程序如下：

```
import plotly. express as px
import pandas as pd
import pymysql
import sqlalchemy as sql
import warnings
warnings. filterwarnings("ignore")
engine = sql. create_engine('mysql+pymysql://root:root@ localhost:3306/bdv')
sql1 = '''select * from 1_nlmy'''
df = pd. read_sql(sql1,engine)
fig = px. histogram(df, x = df["nlmy"])
fig. update_layout(font_size = 22,legend = dict(
        orientation = "h",
        yanchor = "bottom",
        y = -0. 4,
        xanchor = "center",
        x = 0. 5,
        title_text = "
))
fig. update_xaxes(
        side = 'bottom',
        title = {'text':"}
)
fig. update_yaxes(
        side = 'left',
        title = {'text':"}
)
fig. update_layout(
        title = {
                'text': "2012—2021 年农林牧渔业总产值分布图",
                'y':0. 95,
                'x':0. 5
                })
fig. show()
```

程序运行结果如图 5-12 所示。

2. graph_objs 绘制普通直方图

graph_objs 绘制直方图需要调用 Histogram()函数。其程序与前面的程序非常相似，只是此处使用了 go. Histogram()函数来创建直方图。

示例程序如下：

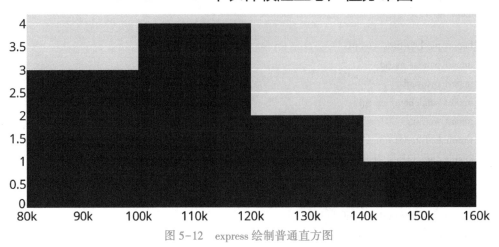

图 5-12 express 绘制普通直方图

```
import plotly. graph_objs as go
import pandas as pd
import pymysql
import sqlalchemy as sql
import warnings
warnings. filterwarnings("ignore")

engine = sql. create_engine('mysql+pymysql://root:root@ localhost:3306/bdv')
sql1 = '''select * from 1_nlmy'''
df = pd. read_sql(sql1, engine)
trace0 = go. Histogram(x = df["nlmy"])
data = [trace0]
layout = go. Layout(font = {'size':22})
fig = go. Figure(data = data, layout = layout)
fig. update_layout(font_size = 22, legend = dict(
    orientation = "h",
    yanchor = "bottom",
    y = -0.4,
    xanchor = "center",
    x = 0.5,
    title_text = ''
))
fig. update_xaxes(
    side = 'bottom',
    title = {'text':''}
)
fig. update_yaxes(
    side = 'left',
    title = {'text':''}
```

```
)
fig. update_layout(
    title = {
        'text' : "2012—2021 年农林牧渔业总产值分布图",
        'y' : 0.95,
        'x' : 0.5
    })
fig. show( )
```

程序运行结果如图 5-13 所示。

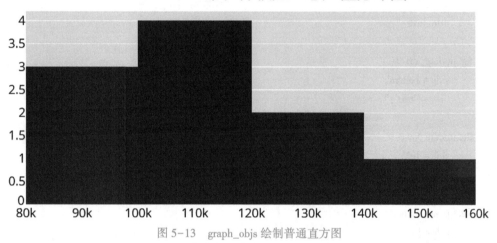

图 5-13　graph_objs 绘制普通直方图

5.3.2　Plotly 绘制堆叠直方图

在利用 Plotly 绘制堆叠直方图时，使用 go. Histogram( )函数创建 4 个直方图对象，分别对应农业、林业、牧业和渔业的产值数据。然后需要将 barmode 设置为'stack'；如果不对其进行设置，则会出现 Plotly 默认将两个直方图的柱形宽度强制变窄，以满足重叠部分显示需要的情况。

5.3.2　Plotly 绘制堆叠直方图

示例程序如下：

```
import plotly. graph_objs as go
import pandas as pd
import pymysql
import sqlalchemy as sql
import warnings
warnings. filterwarnings( "ignore" )
engine = sql. create_engine('mysql+pymysql://root:root@ localhost:3306/bdv')
sql1 ="'select * from 1_nlmy'"
df = pd. read_sql( sql1 , engine)
trace0 = go. Histogram( x = df[ "ny" ] , name = "农业" )
trace1 = go. Histogram( x = df[ "ly" ] , name = "林业" )
trace2 = go. Histogram( x = df[ "my" ] , name = "牧业" )
```

```
trace3 = go. Histogram(x = df["yy"], name = "渔业")
data = [trace0, trace1, trace2, trace3]
# 将参数 barmode 设置为 stack, 可以将直方图设置为堆叠显示
layout = go. Layout(barmode = 'stack', font = {'size':22})
fig = go. Figure(data = data, layout = layout)
fig. update_layout(font_size = 22, legend = dict(
    orientation = "h",
    yanchor = "bottom",
    y = -0.4,
    xanchor = "center",
    x = 0.5,
    title_text = ""
))
fig. update_xaxes(
    side = 'bottom',
    title = {'text':""}
)
fig. update_yaxes(
    side = 'left',
    title = {'text':""}
)
fig. update_layout(
    title = {
        'text': "2012—2021 年农林牧渔业总产值分布图",
        'y':0.9,
        'x':0.5
    })
fig. show()
```

程序运行结果如图 5-14 所示。

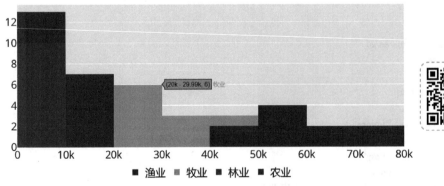

图 5-14　堆叠直方图

5.3.3　Plotly 绘制水平直方图

　　下面使用 graph_objs 模块绘制水平直方图。绘制水平直方图的程序与前面例子的程序很相似，只是此处在创建直方图对象时使用 y 参数而不是 x 参数。

5.3.3　Plotly 绘制水平直方图

　　示例程序如下：

```
import plotly. graph_objs as go
import pandas as pd
import pymysql
import sqlalchemy as sql
import warnings
warnings. filterwarnings("ignore")

engine = sql. create_engine('mysql+pymysql://root:root@ localhost:3306/bdv')
sql1 = '''select * from 1_nlmy'''
df = pd. read_sql(sql1, engine)
# 如果将数据赋给参数 x，则绘制垂直直方图；若赋给 y，则绘制水平直方图。
trace0 = go. Histogram(y = df["ny"], name = "农业")
trace1 = go. Histogram(y = df["ly"], name = "林业")
trace2 = go. Histogram(y = df["my"], name = "牧业")
trace3 = go. Histogram(y = df["yy"], name = "渔业")
data = [trace0, trace1, trace2, trace3]
layout = go. Layout(barmode = 'stack', font = {'size': 22})
fig = go. Figure(data = data, layout = layout)
fig. update_layout(font_size = 22, legend = dict(
    orientation = "h",
    yanchor = "bottom",
    y = -0.4,
    xanchor = "center",
    x = 0.5,
    title_text = ''
))
fig. update_xaxes(
    side = 'bottom',
    title = {'text': ''}
)
fig. update_yaxes(
    side = 'left',
    title = {'text': ''}
)
fig. update_layout(
    title = {
        'text': "2012—2021 年农林牧渔业产值分布图",
```

```
        'y':0.95,
        'x':0.5
    })
fig.show()
```

程序运行结果如图 5-15 所示。

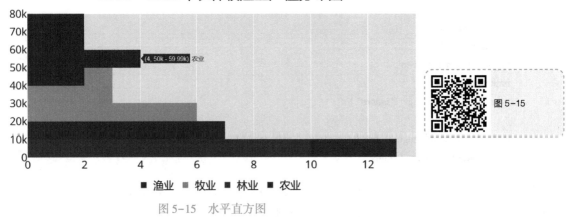

图 5-15

图 5-15　水平直方图

5.3.4　Plotly 绘制累积直方图

累积直方图是直方图的累积表现形式，即第 n+1 个区间展示的数目是第 n-1 个区间的展示数目与第 n 个区间中实际样本数目之和。累积直方图有垂直累积直方图和水平累积直方图之分。累积直方图可以通过将 True 传递给累积启用参数 cumulative_enabled 来创建。

5.3.4　Plotly 绘制累积直方图

在使用 graph_objs 模块绘制累积直方图时，需要设置 Histogram( ) 函数中的 cumulative_enabled 参数，即 cumulative_enabled = True。本例使用 graph_objs 模块绘制垂直累积直方图。

示例程序如下：

```
import plotly.graph_objs as go
import pandas as pd
import pymysql
import sqlalchemy as sql
import warnings
warnings.filterwarnings("ignore")
engine = sql.create_engine('mysql+pymysql://root:root@localhost:3306/bdv')
sql1 = '''select * from 1_nlmy'''
df = pd.read_sql(sql1,engine)
# cumulative_enabled：可以开启累积功能
trace0 = go.Histogram(x=df["ny"],cumulative_enabled=True)
data = [trace0]
layout = go.Layout(font={'size':22})
```

```
fig = go. Figure(data = data, layout = layout)
fig. update_layout(font_size = 22, legend = dict(
    orientation = "h",
    yanchor = "bottom",
    y = -0. 4,
    xanchor = "center",
    x = 0. 5,
    title_text = "
))
fig. update_xaxes(
    side = 'bottom',
    title = {'text': "}
)
fig. update_yaxes(
    side = 'left',
    title = {'text': "}
)
fig. update_layout(
    title = {
        'text': "2012—2021 年农林产值累积直方图",
        'y': 0. 9,
        'x': 0. 5
    })
fig. show()
```

程序运行结果如图 5-16 所示。

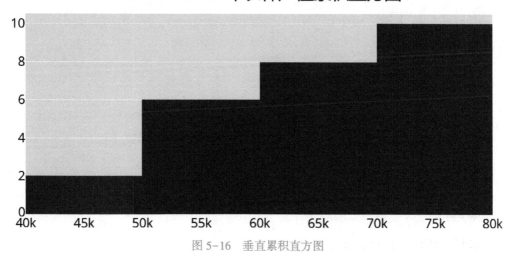

图 5-16　垂直累积直方图

5.3.5　Plotly 绘制带标签饼图

Plotly 使用 express 模块中的 pie( )函数绘制饼图。在 express.pie( )函数中，由饼图的扇区可视化的数据通过参数 values 设置，扇区标签通过 names 设置。

示例程序如下：

```
import plotly. express as px
import pandas as pd
import pymysql
import sqlalchemy as sql
import warnings
warnings. filterwarnings("ignore")
engine=sql. create_engine('mysql+pymysql://root:root@ localhost:3306/bdv')
sql1='''select * from 1_tea'''
df=pd. read_sql(sql1,engine)
fig = px. pie(df, values='count', names='target')
fig. update_layout(font_size=22,legend=dict(
    orientation="h",
    yanchor="bottom",
    y=-0.15,
    xanchor="center",
    x=0.5,
    title_text="
))
fig. update_xaxes(
    side='bottom',
    title={'text':"}
)
fig. update_yaxes(
    side='left',
    title={'text':"}
)
fig. update_layout(
    title={
        'text': "2012—2019 年采摘茶园面积与实有茶园面积比例图",
        'y':0.95,
        'x':0.5
    })
fig. show()
```

程序运行结果如图 5-17 所示。

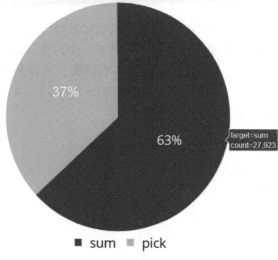

图 5-17　带标签饼图

知识拓展

color_discrete_sequence：设置颜色。可以传入类 plotly. express. colors package 中的参数。

color _discrete _sequence 可设置为：Plotly3、Viridis、Cividis、Inferno、Mangma、Plasma、Turbo、Blackbody、Bluered、Electric、Hot、Jet、Rainbow、Blues、BuGn、BuPu、GnBu、Greens、Greys、OrRd、Oranges 等。

若要为饼图设置颜色，则可以将上述代码中 fig 对象修改为以下形式：

```
fig = px. pie( df, values = 'count', names = 'target', color_discrete_sequence = px. colors. sequential. Rainbow)
```

程序运行结果如图 5-18 所示。

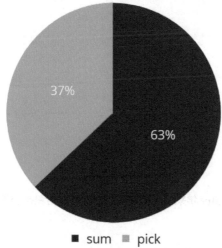

图 5-18　设置颜色的饼图

5.3.6 Plotly 绘制环形饼图

5.3.6 Plotly 绘制环形饼图

下面使用 express 模块中的 px. pie()函数来创建环形饼图（也称"甜甜圈"图）。环形饼图与常规饼图类似，但具有一个内环，可以更清晰地显示各个部分的相对比例。要创建环形饼图，可以使用 hole 参数来控制内环的大小。该参数的取值范围为 0~1，其中，0 表示没有内环（即饼图），1 表示内环完全填充。

示例程序如下：

```
import plotly. express as px
import pandas as pd
import pymysql
import sqlalchemy as sql
import warnings
warnings. filterwarnings("ignore")

engine = sql. create_engine('mysql+pymysql://root:root@ localhost:3306/bdv')
sql1 = '''select * from 1_tea'''
df = pd. read_sql(sql1, engine)
# hole：设置内部孔径的百分比
fig = px. pie(df, values='count', names='target', hole=0. 3)
fig. update_layout(font_size=22, legend=dict(
    orientation="h",
    yanchor="bottom",
    y=-0. 15,
    xanchor="center",
    x=0. 5,
    title_text=''
))
fig. update_xaxes(
    side='bottom',
    title={'text':''}
)
fig. update_yaxes(
    side='left',
    title={'text':''}
)
fig. update_layout(
    title={
        'text': "2012—2019 年采摘茶园面积与实有茶园面积比例图",
        'y':0. 95,
        'x':0. 5
    })
fig. show()
```

输出效果如图 5-19 所示。

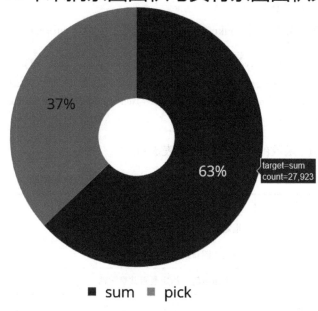

图 5-19　环形饼图

【任务总结】

通过本任务的学习，了解了 Plotly 的相关基础知识，初步掌握了 Plotly 两种绘图模块 express 和 graph_objs 的使用，绘制了普通直方图、层叠直方图、水平直方图、累积直方图、带标签饼图、设置颜色的饼图、环形饼图，对涉及的参数有了一定的了解。

本任务的重点是使用这两种绘图模块绘制直方图和饼图，难点在于对利用这两种绘图模块绘制直方图和饼图时参数的掌握，对不同数据定制化绘图，可以通过实操练习题进行巩固与提升。课外学习更多 Plotly 知识可加深和拓宽知识储备。

基于本任务，对 Plotly 绘制图形的原理有了更进一步的了解，为后续学习做好了铺垫。

任务 5.4　绘制面积图、子图与双坐标轴图

本任务是对利用 Plotly 绘制面积图、子图、双坐标轴图的学习，对 Plotly 中两个绘图模块进一步学习，引入农林牧渔数据，对数据进行面积图、子图、双坐标轴图形式的展示。

本任务对利用 Plotly 绘制面积图、双子图、多子图、嵌入式子图、双坐标轴图进行讲解和实践，让读者初步了解利用 Plotly 绘制子图、双坐标轴图的方法，掌握 Plotly 绘图风格与原理，从而掌握 Plotly 绘制图形技能。

【知识与技能】

1. plotly. graph_objs 绘制面积图

如果绘制面积图，则使用 plotly. graph_objs 比较方便。在绘制面积图时，需要将 fill 参数设

置为"tozeroy"或"tonexty"，即填充到 x 轴底部或下一个对象的 y 轴，从而形成面积显示效果。同时，还可以设置填充颜色、线条颜色、宽度等属性，以调整面积图的外观。

2. plotly. graph_objs 绘制子图

要绘制双子图，可以使用 make_subplots( ) 函数。make_subplots( ) 函数基本语法格式为：

make_subplots(rows = 1, cols = 1, shared_xaxes = False, shared_yaxes = False, start_cell = 'top-left', print_grid = False, horizontal_spacing = None, vertical_spacing = None, subplot_titles = None, column_widths = None, row_heights = None, specs = None, insets = None, column_titles = None, row_titles = None, x_title = None, y_title = None, ** kwargs)

make_subplots( ) 函数的参数及说明见表 5-9。

表 5-9　make_subplots( ) 函数的参数及说明

序号	名　称	说　明
1	rows	指定子图布局的总行数
2	cols	指定子图布局的总列数
3	shared_xaxes	一个布尔值，指定是否共享 x 轴
4	hared_yaxes	一个布尔值，指定是否共享 y 轴
5	start_cell	一个字符串，指定从哪个单元格开始绘制子图。其值默认为 "top-left"，即从左上角开始绘制
6	print_grid	一个布尔值，指定是否输出子图的网格
7	horizontal_spacing	指定水平方向上子图之间的间距
8	vertical_spacing	指定垂直方向上子图之间的间距
9	subplot_titles	一个列表，包含子图标题的字符串。长度应与子图数目一致
10	column_widths	一个列表，指定每列的宽度
11	row_heights	一个列表，指定每行的高度
12	specs	一个二维列表，指定子图的位置和类型
13	insets	一个二维列表，指定插入图的位置和类型
14	column_titles	一个列表，包含列标题的字符串
15	row_titles	一个列表，包含行标题的字符串
16	x_title	字符串，指定 x 轴的标题
17	y_title	字符串，指定 y 轴的标题
18	** kwargs	其他可选参数可以传递给子图对象构造函数

3. plotly. graph_objs 绘制双坐标轴图

顾名思义，双坐标轴图就是有两个坐标系的图表，属于组合图的范畴。在图表中有两个系列及以上的数据，且其量纲不同或数据差异较大时，一般可使用双坐标轴图。要在 Plotly 中绘制具有双坐标轴的图表，可以使用 plotly. graph_objects 模块中的 Figure 类来创建图表对象并添加 3 个轴。

【任务实施】

5.4.1　Plotly 绘制面积图

面积图又称区域图，强调数量随时间变化的程度，可用于引起人们对总值趋势的注意。使用 Plotly 绘制面积图的方法与绘制散点图和折线图的方法类似，都是使用 Scatter( ) 函数，不同之处在于 fill 参数的设置，fill＝none 表示无填充效果，mode＝none 可以隐藏面积图的边界线。本例中，填充方式为"tonexty"，显示模式为线条。

5.4.1　Plotly 绘制面积图

示例程序如下：

```
import plotly. graph_objs as go
import pandas as pd
import pymysql
import sqlalchemy as sql
import warnings
warnings. filterwarnings( "ignore" )
engine = sql. create_engine( 'mysql+pymysql://root:root@ localhost:3306/bdv' )
sql1 = '''select * from 1_nlmy'''
df = pd. read_sql( sql1 , engine)
trace0 = go. Scatter( x = df[ "year" ] , y = df[ "ny" ] , name = "农业总产值", mode = 'lines', fill = 'tonexty')
trace1 = go. Scatter( x = df[ "year" ] , y = df[ "ly" ] , name = "林业总产值", mode = 'lines', fill = 'tonexty')
trace2 = go. Scatter( x = df[ "year" ] , y = df[ "my" ] , name = "牧业总产值", mode = 'lines', fill = 'tonexty')
trace3 = go. Scatter( x = df[ "year" ] , y = df[ "yy" ] , name = "渔业总产值", mode = 'lines', fill = 'tonexty')
data = [ trace0 , trace1 , trace2 , trace3 ]
layout = go. Layout( font = { 'size' :22} )
fig = go. Figure( data = data , layout = layout)
fig. update_layout( font_size = 22 , legend = dict(
        orientation = "h",
        yanchor = "bottom",
        y = -0. 25 ,
        xanchor = "center",
        x = 0. 5 ,
        title_text = "
))
fig. update_xaxes(
        side = 'bottom',
        title = { 'text' :"}
)
fig. update_yaxes(
        side = 'left',
```

```
            title = {'text':"}
    )
    fig. update_layout(
        title = {
            'text': "2012—2021 年农林牧渔总产值",
            'y':0. 95,
            'x':0. 5
        })
    fig. show( )
```

程序运行结果如图 5-20 所示。

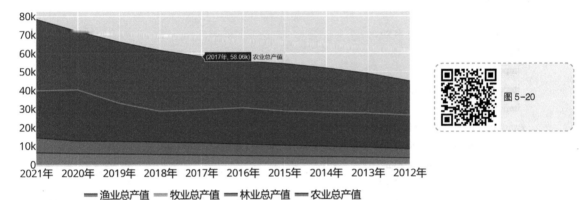

图 5-20

图 5-20　面积图

5.4.2　Plotly 绘制双子图

plotly. tools 模块中的 make_subplots( ) 函数可以实现在单个图形上绘制多个子图,该函数返回一个 Figure 对象。在使用 Plotly 绘制双子图时,可以使用 make_subplots( ) 函数创建一个包含两个子图的布局,然后将子图对象添加到布局中。

本示例使用 tools. make_subplots( ) 函数创建一个包含两行一列的子图对象 fig,使用 fig. append_trace( ) 函数将 trace0 和 trace1 散点图添加到 fig 子图对象的不同位置(第 1 行第 1 列和第 2 行第 1 列)。

示例程序如下:

```
from plotly import tools
import plotly. graph_objs as go
import pandas as pd
import pymysql
import sqlalchemy as sql
```

```python
import warnings
warnings.filterwarnings("ignore")

engine = sql.create_engine('mysql+pymysql://root:root@localhost:3306/bdv')
sql1 = '''select * from 1_nlmy'''
df = pd.read_sql(sql1, engine)

trace0 = go.Scatter(x = df["year"], y = df["ny"], name = "农业总产值", mode = 'markers')
trace1 = go.Scatter(x = df["year"], y = df["ly"], name = "林业总产值", mode = 'markers')
fig = tools.make_subplots(rows = 2, cols = 1)
fig.append_trace(trace0, 1, 1)
fig.append_trace(trace1, 2, 1)
fig['layout'].update(height = 800, width = 800)
fig.update_layout(font_size = 22, legend = dict(
    orientation = "h",
    yanchor = "bottom",
    y = -0.25,
    xanchor = "center",
    x = 0.5,
    title_text = ""
))
fig.update_xaxes(
    side = 'bottom',
    title = {'text':''}
)
fig.update_yaxes(
    side = 'left',
    title = {'text':''}
)
fig.update_layout(
    title = {
        'text': "2012—2021 年农业林业多子图",
        'y': 0.95,
        'x': 0.5
    })
fig.show()
```

程序运行结果如图 5-21 所示。

* 知识拓展 *

若在上述示例的基础上，绘制 4 个子图，则参考程序如下。

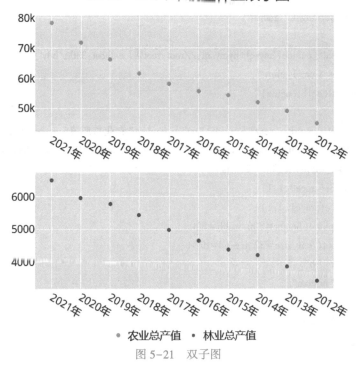

图 5-21 双子图

```
trace0 = go.Scatter(x = df["year"], y = df["ny"], name = "农业总产值",
mode = 'markers', xaxis = 'x1', yaxis = 'y1')
trace1 = go.Scatter(x = df["year"], y = df["ly"], name = "林业总产值",
mode = 'markers', xaxis = 'x2', yaxis = 'y2')
trace2 = go.Scatter(x = df["year"], y = df["my"], name = "牧业总产值",
mode = 'markers', xaxis = 'x3', yaxis = 'y3')
trace3 = go.Scatter(x = df["year"], y = df["yy"], name = "渔业总产值",
mode = 'markers', xaxis = 'x4', yaxis = 'y4')
data = [trace0, trace1, trace2, trace3]
layout = go.Layout(xaxis = dict(domain = [0, 0.45]),
                   yaxis = dict(domain = [0, 0.45]),
                   xaxis2 = dict(domain = [0.55, 1], anchor = 'y2'),
                   yaxis2 = dict(domain = [0, 0.45], anchor = 'x2'),
                   xaxis3 = dict(domain = [0, 0.45], anchor = 'y3'),
                   yaxis3 = dict(domain = [0.55, 1], anchor = 'x3'),
                   xaxis4 = dict(domain = [0.55, 1], anchor = 'y4'),
                   yaxis4 = dict(domain = [0.55, 1], anchor = 'x4'),
                   font = {'size': 22})
fig = go.Figure(data = data, layout = layout)
fig['layout'].update(height = 1200, width = 900)
fig.update_layout(font_size = 22, legend = dict(
    orientation = "h",
    yanchor = "bottom",
```

```
        y = -0.15,
        xanchor = "center",
        x = 0.5,
        title_text = "
))
fig. update_xaxes(
        side = 'bottom',
        title = { 'text' : "}
)
fig. update_yaxes(
        side = 'left',
        title = { 'text' : "}
)
fig. update_layout(
        title = {
            'text' : "2012—2021 年农林牧渔多子图",
            'y' : 0.95,
            'x' : 0.5
        } )
fig. show( )
```

程序运行结果如图 5-22 所示。

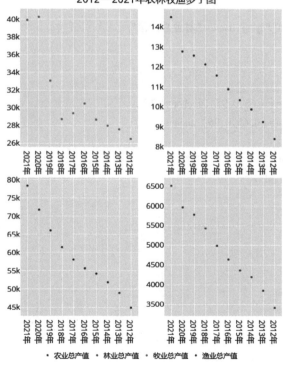

图 5-22 多子图

5.4.3 Plotly 绘制嵌入式子图

下面使用 graph_objs 模块绘制嵌入式子图。首先绘制两个数据图对象 trace0 和 trace1，第一个是关于农业总产值的散点图，第二个是关于林业总产值的散点图，它们使用了数据表中的 year 列作为 x 轴数据，ny 和 ly 列作为 y 轴数据，并指定了相关的图例标签、绘制模式和坐标轴。trace0 和 trace1 在布局方法中作为列表传递。go. Layout( ) 函数创建了一个自定义的图形布局，其中包含了两个子图的坐标轴位置。

示例程序如下：

```python
import plotly. graph_objs as go
import pandas as pd
import pymysql
import sqlalchemy as sql
import warnings
warnings. filterwarnings("ignore")

engine = sql. create_engine('mysql+pymysql://root:root@localhost:3306/bdv')
sql1 = '''select * from 1_nlmy'''
df = pd. read_sql(sql1, engine)

trace0 = go. Scatter(x = df["year"], y = df["ny"], name = "农业总产值",
mode = 'markers', xaxis = 'x1', yaxis = 'y1')
trace1 = go. Scatter(x = df["year"], y = df["ly"], name = "林业总产值",
mode = 'markers', xaxis = 'x2', yaxis = 'y2')

data = [trace0, trace1]
layout = go. Layout(xaxis2 = dict(domain = [0.65, 0.95], anchor = 'y2'),
                    yaxis2 = dict(domain = [0.65, 0.95], anchor = 'x2'),
font = {'size':22})
fig = go. Figure(data = data, layout = layout)
fig. update_layout(font_size = 22, legend = dict(
    orientation = "h",
yanchor = "bottom",
    y = -0.25,
xanchor = "center",
    x = 0.5,
title_text = "
))
fig. update_xaxes(
    side = 'bottom',
    title = {'text': "}
)
```

```
fig. update_yaxes(

    title = {'text': ''}
)
fig. update_layout(
    title = {
        'text': "2012—2021 年农业林业嵌入式子图",
        'y': 0. 90,
        'x': 0. 5
    } )
fig. show( )
```

程序运行结果如图 5-23 所示。

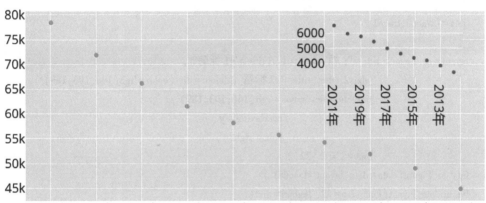

图 5-23　嵌入式子图

5.4.4　Plotly 绘制双坐标轴图

　　本例将 2012—2021 年的农业总产值和林业总产值绘制在一张图表上,横轴 (x 轴) 表示年份,左侧纵轴 (y 轴) 表示农业总产值,右侧纵轴表示林业总产值。

　　本例创建了两个散点图对象 trace0 和 trace1,分别表示农业和林业的总产值。它们的 x 轴数据都是数据表中的" year", y 轴数据分别是 ny 列和 ly 列。name 设置为图例显示的名称,mode 设置为" markers" 表示以散点图方式绘制,xaxis 和 yaxis 设定轴的编号。

　　通过 go. Layout 定义了图表的布局,其中包括设置图表标题、设置第一个 y 轴标题、设置第二个 y 轴标题以及设置第二个 y 轴的样式 (标题字体颜色、刻度字体颜色),并指定第二个 y 轴在第一个 y 轴上方并位于右侧。

　　示例程序如下:

```python
import plotly. graph_objs as go
import pandas as pd
import pymysql
import sqlalchemy as sql
import warnings
warnings. filterwarnings("ignore")

engine = sql. create_engine('mysql+pymysql://root:root@ localhost:3306/bdv')
sql1 = '''select * from 1_nlmy'''
df = pd. read_sql(sql1, engine)

trace0 = go. Scatter(x = df["year"], y = df["ny"], name = "农业总产值 y1",
mode = 'markers', xaxis = 'x1', yaxis = 'y1')
trace1 = go. Scatter(x = df["year"], y = df["ly"], name = "林业总产值 y2", mode = 'markers', yaxis = 'y2')

data = [trace0, trace1]

layout = go. Layout(title = 'Y 轴', yaxis = dict(title = 'y1 标题'),
                    yaxis2 = dict(title = 'y2 标题', titlefont = dict(color = 'rgb(148,103,189)'),
                    tickfont = dict(color = 'rgb(148,103,189)'),
                                   overlaying = 'y',
                                   side = 'right'),
                    font = {'size':22})
fig = go. Figure(data = data, layout = layout)
fig. update_layout(font_size = 22, legend = dict(
    orientation = "h",
    yanchor = "bottom",
    y = -0. 25,
    xanchor = "center",
    x = 0. 5,
    title_text = "
))
fig. update_xaxes(
    side = 'bottom',
    title = {'text': "}
)
fig. update_yaxes(

    title = {'text': "}
)
fig. update_layout(
    title = {
        'text': "2012—2021 年农业林业双坐标轴图",
```

```
                'y': 0.90,
                'x': 0.5
        })
    fig.show()
```

程序运行结果如图 5-24 所示。

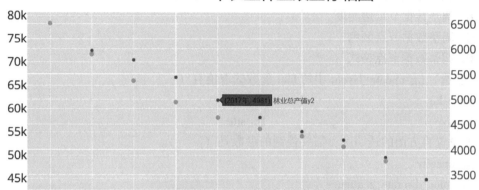

图 5-24　双坐标轴图

【任务总结】

通过本任务的学习，掌握 Plotly 绘制面积图、双子图、多子图、嵌入式子图、双坐标轴图的方法。

本任务的重点在于利用 Plotly 绘制多子图和双坐标轴图。基于本任务，完成了利用 Plotly 对面积图、子图、双坐标轴图的绘制。

【思考与练习】

一、选择题

1. 在使用 express 绘制柱状图时，调用的函数是（　　　）。

   A. express. Bar()

   B. express. bar()

   C. express. histogram()

   D. express. Histogram()

2. 在使用 graph_objs 绘制柱状图时，调用的函数是（　　　）。

   A. plotly. graph_objects. Bar()

   B. plotly. graph_objects. bar()

   C. plotly. graph_objects. Histogram()

   D. plotly. graph_objects. histogram()

3. 在使用 express 绘制柱状图时，若 barmode 设置为 group，则绘制的是（　　　）。

    A. 堆叠柱状图

    B. 并列柱状图

    C. 覆盖柱状图

    D. 相对柱状图

4. （多选）在使用 graph_objs 绘制散点图时，marker 参数的作用有（　　　）。

    A. 调整数据节点大小

    B. 调整数据节点透明度

    C. 调整数据节点颜色

    D. 调整数据节点格式

5. （多选）fig. update_layout 中的 font 参数的取值有（　　　）。

    A. color   B. family

    C. size   D. site

6. 要设置直方图的透明度，需要控制的参数是（　　　）。

    A. opacity

    B. color_discrete_sequence

    C. category_orders

    D. barmode

7. 在绘制环形饼图时，需要控制环形饼图内部孔径的参数 hole，其默认值为 0，取值范围是（　　　）。

    A. 0~10   B. 0~5

    C. 0~20   D. 0~1

8. 下列参数，哪个用于在绘制双坐标轴图时设置标题格式？（　　　）

    A. tick   B. title

    C. tickfont   D. titlefont

二、实操练习题

1. 使用 5.1.2 节的数据，绘制带文本条柱状图。

2. 使用 5.1.3 节的数据，绘制图例在上方的堆叠柱状图。

3. 使用 5.1.4 节的数据，用 express 绘制并列柱状图。

Plotly 实战——用户画像数据可视化

在步入大数据时代后，为了更加精准地挖掘市场需求，企业的关注点逐渐聚焦在如何利用大数据技术实现精细化运营和精准营销上，这就需要建立企业的用户画像。

本项目结合 Plotly 绘图基础，帮助读者重点掌握建立企业的用户画像的一般流程，掌握数据清洗的几种常用方法，掌握用户画像数据的分析方法，灵活利用 Plotly 可视化工具对分析结果进行展示。

通过本项目，主要掌握以下两个方面的技术：

1）数据清洗的常用方法。

2）Plotly 数据可视化方法。

【学习目标】

通过本项目的学习，能够熟练掌握用户画像的相关思维方法，结合项目案例数据集特点，熟练应用 pandas 工具包对数据集进行清洗操作，并利用 Plotly 可视化工具实现对分析结果的可视化。通过项目案例的实战操作，进一步拓展用户画像思维，提升使用 Plotly 可视化工具进行数据可视化的能力，为成为出色的大数据专业技术人才奠定坚实的基础。

任务 6.1 用户画像数据清洗

用户画像是根据用户社会属性、生活习惯和消费行为等信息抽象出的用户分析模型。构建用户画像的核心工作是给用户贴"标签"，用数据来描述人的行为和特征。用户画像维度可以分为自然属性、社会属性、消费属性等，其中，自然属性主要包括年龄、性别、属地、职业等，社会属性主要包括"粉丝"数、关注数等，消费属性主要包括消费偏好、下单频率、消费金额等。

本任务主要对使用某品牌笔记本电脑的用户的自然属性、社会属性和消费属性的数据进行数据清洗与预处理，利用 pandas 数据清洗工具包完成数据集的清洗，包括以下数据清洗方法：数据集加载、数据去重、缺失值判断、缺失值处理、数字转换等，为后续数据统计分析和分析结果的可视化奠定基础。

通过本任务的学习，掌握 pandas 包中数据清洗和预处理的常用函数，如数据去重函数、缺失值处理函数等，并灵活运用 pandas 工具包以实现对数据的清洗操作。

【知识与技能】

很多数据集存在数据重复、数据缺失、数据格式不统一（畸形数据）或错误数据的情况，这就是所谓的"脏数据"问题，这种数据不仅影响数据的统计分析、数据的可视化展示，还严重影响数据模型的训练。对"脏数据"的科学化、合理化的清洗是大数据分析或者人工智能领域的重要技术环节。

1. 数据清洗相关方法

pandas 是非常流行的 Python 数据分析库，它可以进行数据科学计算以及数据处理和分析，并且可以联合其他数据科学计算工具一起使用，比如 SciPy、NumPy 和 Matplotlib 等。但在实际业务中，pandas 工具包主要应用在数据清洗上。本任务针对 pandas 在数据清洗上的应用做简单介绍。pandas 的数据清洗在本项目实战中主要用到以下函数。

1) head( ) 函数用于返回数据框或系列的前 n 行（默认为 5 行）。

基本语法格式：

```
DataFrame. head(n);
```

n 为整数值，表示要返回的行数。

2) info( ) 函数用于获取 DataFrame 的摘要。在对数据进行探索性分析时，为了快速浏览数据集，可使用 DataFrame. info( ) 函数。

基本语法格式：

```
DataFrame. info(verbose = None, buf = None, max_cols = None, memory_usage = None, null_counts = None)
```

参数说明如下。

- verbose：是否输出完整的摘要。
- buf：可写缓冲区。
- max_cols：确定是输出完整摘要还是简短摘要。
- memory_usage：是否显示 DataFrame 元素（包括索引）的总内存使用情况。
- null_counts：是否显示非空计数。如果为 None，则仅显示框架是否小于 max_info_rows 和 max_info_columns；如果为 True，则始终显示计数；如果为 False，则从不显示计数。

3) drop_duplicates( ) 函数根据指定的字段对数据集进行去重处理。

基本语法格式：

```
DataFrame. drop_duplicates(subset = None, keep = 'first', inplace = False)
```

参数说明如下。

- subset：根据指定的列名进行去重，默认为整个数据集。
- keep：可选项有 'first'、'last' 和 False}，默认为 first，即默认保留第一次出现的重复值，并删除其他重复的数据，False 是指删除所有重复数据。
- inplace：是否对数据集本身进行修改，默认为 False。

4) dropna( ) 函数用来删除含有空值的行。

基本语法格式：

```
dropna(axis = 0, how = 'any', thresh = None, subset = None, inplace = False)
```

参数说明如下。

- axis：0 或'index'，表示按行删除；1 或'columns'，表示按列删除。
- how：'any'，表示该行/列只要有一个以上的空值，就删除该行/列；'all'，表示若该行/列全部都为空值，就删除该行/列。
- thresh：int 型，默认为 None。如果该行/列中的非空元素数量小于这个值，就删除该行/列。
- subset：子集。列表，按 columns 所在的列（或 index 所在的行）删除。
- inplace：是否原地替换原来的 DataFrame。布尔值，默认为 False。

2. 用户可视化项目数据集介绍

本数据集包含 21480 条样本，样本分为 20 列（即字段），其中 user_id 为用户 ID，每列均有字段说明，如表 6-1 所示。

表 6-1　数据集数据结构及说明

序　号	名　　称	说　　明
1	user_id	用户 ID
2	product_name	产品名称和规格
3	product_price	产品价格
4	age	年龄
5	sex	性别
6	membership_level	会员等级
7	marriage	婚姻状况
8	city	城市
9	occupation	职业
10	edu_level	教育程度
11	platform_value	平台价值
12	loyalty	忠诚度
13	brand_prefer	品牌偏好
14	prefer_third_level	三级品类下单偏好
15	bro_prefer_third_level	三级品类浏览偏好
16	purchasing power	购买力
17	promotion_sensitivity	促销敏感度
18	comment_sensitivity	评论敏感度
19	activity	活跃度
20	city_level	城市级别

【任务实施】

6.1.1　查看摘要

第一步：导入相关包。

```
# 导入包
import numpy as np
import pandas as pd
```

第二步：读取数据。

```
# 选择从本地加载数据
df = pd.read_excel('data.xlsx', index_col = 0)
```

第三步：查看数据的摘要信息。

```
# 查看数据描述信息
df.info()
```

数据描述信息如图 6-1 所示。

```
<class 'pandas.core.frame.DataFrame'>
Int64Index: 21480 entries, 100001 to 121480
Data columns (total 19 columns):
 #   Column                Non-Null Count    Dtype
---  ------                --------------    -----
 0   product_name          21480 non-null    object
 1   product_price         21480 non-null    float64
 2   sex                   20334 non-null    object
 3   age                   14562 non-null    object
 4   membership_level      20334 non-null    object
 5   marriage              16646 non-null    object
 6   city                  20308 non-null    object
 7   occupation            17420 non-null    object
 8   edu_level             17473 non-null    object
 9   platform_value        20263 non-null    object
 10  loyalty               20279 non-null    object
 11  brand_prefer          16653 non-null    object
 12  prefer_third_level    13441 non-null    float64
 13  bro_prefer_third_level 7168 non-null    float64
 14  purchasing power      20291 non-null    object
 15  promotion_sensitivity 20334 non-null    object
 16  comment_sensitivity   20334 non-null    object
 17  activity              12419 non-null    object
 18  city_level            20308 non-null    object
dtypes: float64(3), object(16)
memory usage: 3.3+ MB
```

图 6-1 数据描述信息

由以上结果能够看出，数据样本总共 21480 条，product_name 和 product_price 字段无缺失值，其他字段均有数据缺失。打开源数据也能看到数据的缺失情况，如图 6-2 所示。

	A	B	C	D	E	F	G	H	I	J	K
1	user_id	product_name	product_p	sex	age	membership	marriage	city	occupation	edu_level	platforr
2	100001	****14英寸 英特尔酷睿i7 轻薄笔记本电脑(I7-8565	5799	NULL							
3	100002	**** 14英寸轻薄笔记本电脑(I7-8550U 8G 512G PC	5599	NULL							
4	100003	****八代英特尔酷睿i514英寸轻薄笔记本电脑(I5-8	4899	NULL							
5	100004	****14英寸 锐龙版R5（全新12nm）轻薄笔记本电	3899	NULL							
6	100005	****14英寸 锐龙版R5（全新12nm）轻薄笔记本电	3799	NULL							
7	100006	****14英寸 英特尔酷睿I5 轻薄笔记本电脑(I5-8265	5299	NULL							
8	100007	****八代英特尔酷睿i514英寸轻薄笔记本电脑(I5-8	4899	NULL							
9	100008	**** 14英寸轻薄笔记本电脑(I7-8550U 8G 512G PC	5599	女	18-24岁	金牌会员	未婚	龙岩市	公司职员	大学(专科及本	非常高
10	100009	**** 14英寸轻薄窄边框笔记本电脑(AMD锐龙5 8G	3999	NULL							
11	100010	****八代英特尔酷睿i514英寸轻薄笔记本电脑(I5-8	4899	女	25-29岁	钻石会员	已婚	北京市	公司职员	大学(专科及本	非常高
12	100011	****14英寸 锐龙版R5（全新12nm）轻薄笔记本电	3899	男	25-29岁	钻石会员	已婚	武汉市	公司职员	大学(专科及本	非常高
13	100012	**** 第八代英特尔酷睿i5 14英寸轻薄笔记本电脑(	4699	NULL							
14	100013	**** 14英寸轻薄窄边框笔记本电脑(AMD锐龙5 8G	3999	男		银牌会员	已婚	孝感市		大学(专科及本	价值高
15	100014	**** 14英寸轻薄笔记本电脑(I7-8550U 8G 512G PC	5599	男	25-29岁	钻石会员	已婚	晋中市	公司职员	大学(专科及本	非常高
16	100015	****14英寸 英特尔酷睿I5 轻薄笔记本电脑(I5-8265	5099	女	30-34岁	钻石会员	已婚	北京市	工人	大学(专科及本	非常高
17	100016	****八代英特尔酷睿i514英寸轻薄笔记本电脑(I5-8	5199	NULL							
18	100017	**** 14英寸轻薄窄边框笔记本电脑(AMD锐龙5 8G	3899	男	25-29岁	钻石会员	未婚	吉安市	公司职员	研究生(硕士及	价值高
19	100018	****八代英特尔酷睿i514英寸轻薄笔记本电脑(I5-8	4899	女	18-24岁	钻石会员	已婚	绥化市	公司职员	研究生(硕士及	非常高

图 6-2　原始数据缺失部分特征展示

6.1.2　删除空值

因为样本某些特征缺失过多，并且本书重点关注的是数据的可视化，所以这里直接删除含有缺失特征的样本。对于缺失数据填充的相关知识，本书不再赘述，读者可以参考其他资料进行学习。

```
# 删除缺失特征样本
df=df.dropna()
# 显示数据描述信息
df.info()
```

在删除缺失特征样本后，得到如图 6-3 所示的结果。

```
<class 'pandas.core.frame.DataFrame'>
Int64Index: 3463 entries, 100010 to 121480
Data columns (total 19 columns):
 #   Column                   Non-Null Count  Dtype
---  ------                   --------------  -----
 0   product_name             3463 non-null   object
 1   product_price            3463 non-null   float64
 2   sex                      3463 non-null   object
 3   age                      3463 non-null   object
 4   membership_level         3463 non-null   object
 5   marriage                 3463 non-null   object
 6   city                     3463 non-null   object
 7   occupation               3463 non-null   object
 8   edu_level                3463 non-null   object
 9   platform_value           3463 non-null   object
 10  loyalty                  3463 non-null   object
 11  brand_prefer             3463 non-null   object
 12  prefer_third_level       3463 non-null   float64
 13  bro_prefer_third_level   3463 non-null   float64
 14  purchasing power         3463 non-null   object
 15  promotion_sensitivity    3463 non-null   object
 16  comment_sensitivity      3463 non-null   object
 17  activity                 3463 non-null   object
 18  city_level               3463 non-null   object
dtypes: float64(3), object(16)
memory usage: 541.1+ KB
```

图 6-3　删除缺失特征样本的数据描述信息

6.1.3 数据去重

这里使用 drop_duplicates( ) 函数对数据集进行去重处理。

```
df. drop_duplicates( )
# 查看数据的描述信息
df. info( )
```

在去除重复项后，总样本条数是 3460，数据的描述信息如图 6-4 所示。从此结果图中能够看出，数据的描述信息和图 6-3 不相同，图 6-3 中的总样本条数是 3463，其中有 4 条重复数据。对于重复数据，只保留首次出现的行，其他 3 行删除。

```
<class 'pandas. core. frame. DataFrame'>
Int64Index: 3460 entries, 100010 to 121472
Data columns (total 19 columns):
 #   Column                 Non-Null Count   Dtype
---  ------                 --------------   -----
 0   product_name           3460 non-null    object
 1   product_price          3460 non-null    float64
 2   sex                    3460 non-null    object
 3   age                    3460 non-null    object
 4   membership_level       3460 non-null    object
 5   marriage               3460 non-null    object
 6   city                   3460 non-null    object
 7   occupation             3460 non-null    object
 8   edu_level              3460 non-null    object
 9   platform_value         3460 non-null    object
 10  loyalty                3460 non-null    object
 11  brand_prefer           3460 non-null    object
 12  prefer_third_level     3460 non-null    float64
 13  bro_prefer_third_level 3460 non-null    float64
 14  purchasing power       3460 non-null    object
 15  promotion_sensitivity  3460 non-null    object
 16  comment_sensitivity    3460 non-null    object
 17  activity               3460 non-null    object
 18  city_level             3460 non-null    object
dtypes: float64(3), object(16)
memory usage: 540.6+ KB
```

图 6-4　去除重复项后数据的描述信息

6.1.4 标签数字化

activity 列只有两种类别："一周内非常活跃"与"一周内活跃"，此列中的"一周内非常活跃"更能表达用户的购买倾向与购买意愿，为了便于后续的统计分析与可视化呈现，这里约定一个转变规则，就是将"一周内非常活跃"转变为数字 1，一周内活跃"转变为数字 0。

6.1.4 标签数字化

```
# activity 列中的类别数字化
df[ "activity" ]. replace( "一周内非常活跃" ,1,inplace＝True)
```

```
df["activity"].replace("一周内活跃",0,inplace=True)
# 输出 activity 列替换结果和统计值
replace_counts = df['activity'].value_counts()
```

＊ 小提示 ＊

在加载数据集后，为了进一步了解数据的详细信息，可以通过 head( ) 或者 tail( ) 函数查看数据集中的前 5 行或者后 5 行数据信息。

在使用 pandas 工具包实现数据清洗时，dropna( ) 函数用来删除含有空值的样本，但是一定要慎用，因为在很多情况下，需要对缺失的数据进行填充，而不是直接删除含有空值的样本。

【任务总结】

通过对 pandas 工具包的学习，掌握了常用的数据清洗函数的使用，如数据的去重、数据的缺失值处理等方法，为后续的数据分析与可视化任务奠定了基础。数据清洗作为数据可视化的前端技术，在企业中有着重要的应用。本任务涉及的数据处理方法有限，读者可以查阅相关资料来进一步丰富与提升数据清洗的相关知识和技能。

任务 6.2　用户画像数据可视化

本任务针对数据集的特征，区分出用户的自然属性、社会属性以及消费属性，探索用户特征与三级品类浏览偏好、三级品类下单偏好以及活跃度之间的关系。从用户年龄分布、会员等级、性别、教育程度等属性探索用户的偏好，并对分析结果可视化，为企业挖掘市场需求，实现精准营销提供技术支持。

本任务首先需要将用户数据特征中的年龄、性别、职业、教育程度、产品名称和规格、产品价格、平台价值划分为自然属性，把会员等级、婚姻状况、忠诚度、购买力、促销敏感度、评论敏感度、城市、城市级别划分为社会属性，把三级品类下单偏好、三级品类浏览偏好、活跃度、品牌偏好划分为消费属性。然后探索自然属性对消费属性的影响，以及社会属性对消费属性的影响。限于篇幅，这里选取部分自然属性和社会属性进行探索，对于其他未涉及的属性，有兴趣的读者可自行研究。

通过本任务的学习，可掌握用户画像的一般方法和步骤，灵活结合数据分析思想和 Plotly 数据可视化工具来实现对分析结果的可视化呈现，巩固理论知识，提升大数据分析与可视化技能水平。

【知识与技能】

1. 用户画像介绍

用户画像是指通过收集用户的自然属性、社会属性、消费属性等多个维度的数据，进一步统计并挖掘潜在的价值信息，进而对用户的信息全貌进行刻画的过程。用户画像的核心是将用户的具体信息抽象为标签，利用这些标签将用户形象具体化，每一个标签都描述一个维度，各个维度相互联系，共同构成对用户的整体描述。

在上面的描述中，标签是一个抽象的词汇。标签有不同的分类，常见的有统计类标签、规则类标签等。

1）统计类标签：如姓名、性别、年龄、城市、活跃时长等。这类标签一般描述用户的基本属性（也称为自然属性）。

2）规则类标签：如金牌会员、银牌会员和铜牌会员等。这类标签一般是按照某种约定的规则制定，如将"每周消费大于1000元"的会员称为金牌会员。

2. 构建用户画像步骤

本项目中已经准备好了数据集，下一步将探索用户属性与用户行为的关系，这里分为以下两个步骤来实现用户画像。

（1）确定用户的属性分类

把用户数据集中的属性分为自然属性、社会属性和消费属性，分别对应表6-2~表6-4。

表6-2 用户自然属性

序号	名 称	说 明
1	age	年龄
2	sex	性别
3	occupation	职业
4	edu_level	教育程度
5	product_name	产品名称和规格
6	product_price	产品价格
7	platform_value	平台价值

表6-3 用户社会属性

序号	名 称	说 明
1	membership_level	会员等级
2	marriage	婚姻状况
3	loyalty	忠诚度
4	purchasing power	购买力
5	promotion_sensitivity	促销敏感度
6	comment_sensitivity	评论敏感度
7	city	城市
8	city_level	城市级别

表6-4 用户消费属性

序号	名 称	说 明
1	prefer_third_level	三级品类下单偏好
2	bro_prefer_third_level	三级品类浏览偏好
3	activity	活跃度
4	brand_prefer	品牌偏好

（2）数据分析与可视化

本任务主要探索部分属性与消费属性的关系，将从以下几个方面进行分析与可视化呈现：

1）用户数据的年龄分布。

2）不同会员等级一周内非常活跃的用户分布。

3）不同性别、不同会员等级一周内非常活跃的用户数。

4）不同购买力下，一周内非常活跃用户占比。

5）不同忠诚度下，一周内非常活跃用户占比。

6）不同年龄段一周内非常活跃用户占比。

7）不同会员等级在三级品类下单偏好的分布。

【任务实施】

6.2.1 用户年龄分布

针对所有用户，观察用户的年龄分布情况，这里选择柱状图进行展示。首先去除数据中的空值，然后去除数据中的重复值，为了便于统计分析，接着将数据集中的"activity"列数字化，即将"一周内非常活跃"转化为数字 1，"一周内活跃"转化为数字 0，然后调用 go 模块下的 go. Histogram（）函数来绘制柱状图，最后在 Jupyter Notebook 里面生成结果。

6.2.1 用户年龄分布

示例程序如下：

```
import pandas as pd
%matplotlib inline
import plotly
import plotly. graph_objs as go
df = pd. read_excel('data. xlsx',index_col=0)
df = df. dropna()
df = df. drop_duplicates()
df["activity"]. replace("一周内非常活跃",1,inplace=True)
df["activity"]. replace("一周内活跃",0,inplace=True)
trace = [go. Histogram(x=df. age)]
layout=go. Layout(font={'size':22})
fig=go. Figure(data=trace,layout=layout)
fig. update_layout(font_size =12,legend=dict(
    orientation="h",
    yanchor="bottom",
    y=-0.4,
    xanchor="center",
    x=0.5,
    title_text="
))
fig. update_xaxes(
```

```
            side = 'bottom',
            title = {'text' : ''}
    )
    fig. update_yaxes(
            side = 'left',
            title = {'text' : ''}
    )
    fig. update_layout(
            title = {
                    'text' : "用户年龄分布",
                    'y' : 0. 9,
                    'x' : 0. 5
                } )

    fig. show( )
```

程序运行结果如图 6-5 所示。由运行结果图能够看出，18～24 岁年龄段用户数为 381 人，25～29 岁年龄段用户数为 2141 人，30～34 岁年龄段用户数为 171 人，35～39 岁年龄段用户数为 284 人，40～49 岁年龄段用户数为 164 人，大于或等于 50 岁年龄段用户数为 319 人。其中 25～29 岁年龄段用户数占比最高。

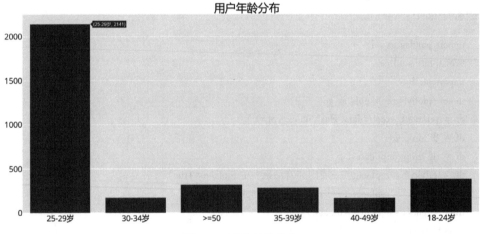

图 6-5　用户年龄分布

6.2.2　不同会员等级用户分布

为便于查看不同会员等级 "一周内非常活跃" 用户分布，这里将使用柱状图来进行可视化呈现。在下面的程序中，使用 pandas 中的 groupby( ) 函数对会员等级 （membership_level） 进行分组，然后对分组后的 activity 列按照分组使用 sum( ) 函数进行统计求和。

示例程序如下：

```
import pandas as pd
import plotly
import plotly. graph_objs as go
df = pd. read_excel('data. xlsx', index_col = 0)
df = df. dropna()
df = df. drop_duplicates()
df["activity"]. replace("一周内非常活跃",1,inplace = True)
df["activity"]. replace("一周内活跃",0,inplace = True)
data = df. groupby(by = 'membership_level')['activity']. sum()
x = data. index
y = data. values
trace = [go. Bar(x = list(x),y = y)]
layout = go. Layout(font = {'size':22})
fig = go. Figure(data = trace,layout = layout)
fig. update_layout(font_size = 22,legend = dict(
        orientation = "h",
        yanchor = "bottom",
        y = -0. 4,
        xanchor = "center",
        x = 0. 5,
        title_text = ''))
fig. update_xaxes(
        side = 'bottom',
        title = {'text':''})
fig. update_yaxes(
        side = 'left',
        title = {'text':''})
fig. update_layout(
        title = {
            'text': "不同会员等级一周内非常活跃用户分布",
            'y':0. 9,
            'x':0. 5})
fig. show()
```

　　程序运行结果如图 6-6 所示。从运行结果中能够看出，等级为钻石会员的用户数最多，为 1980 人，其次是金牌会员，人数为 863，再次是银牌会员，人数为 399，用户数最少的一个等级是铜牌会员，仅为 50 人。

6.2.3　不同性别和不同会员等级用户分布

　　下面使用并列柱状图来展示不同性别和不同会员等级 "一周内非常活跃" 用户分布。首先需要通过 df[df["sex"] == "女"] 选取性别为 "女" 的用户，再对所有女会员通过 groupby() 函数按照会员等

6.2.3　不同性别和不同会员等级用户分布

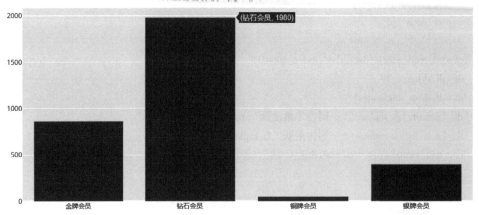

图 6-6　不同会员等级 "一周内非常活跃" 用户分布

级进行分组，然后对分组后的不同会员等级的人数通过 sum( )函数按照 activity 列进行统计求和，最后通过并列柱状图进行可视化。

示例程序如下：

```
import pandas as pd
import plotly
import plotly. graph_objs as go
df = pd. read_excel('data. xlsx', index_col = 0)
df = df. dropna( )
df = df. drop_duplicates( )
df["activity"]. replace("一周内非常活跃",1,inplace = True)
df["activity"]. replace("一周内活跃",0,inplace = True)
data_female = df[ df["sex"] = = "女"]. groupby( by = 'membership_level')
['activity']. sum( )
data_male = df[ df["sex"] = = "男"]. groupby( by = 'membership_level')['activity']. sum( )
trace0 = go. Bar(
    x = list( data_female. index),
    y = data_female. values,
    name = '男')
trace1 = go. Bar(
    x = list( data_male. index),
    y = data_male. values,
    name = '女')
trace = [ trace0,trace1]
layout = go. Layout( font = {'size':22})
fig = go. Figure( data = trace,layout = layout)
fig. update_layout( font_size = 12,legend = dict(
    orientation = "h",
    yanchor = "bottom",
    y = -0. 4,
```

```
            xanchor = "center",
            x = 0.5,
            title_text = ''))
    fig. update_xaxes(
            side = 'bottom',
            title = {'text':''})
    fig. update_yaxes(
            side = 'left',
            title = {'text':''})
    fig. update_layout(
            title = {
                'text': "不同性别不同会员等级一周内非常活跃用户分布",
                'y':0.9,
                'x':0.5})
    fig. show()
```

程序运行结果如图 6-7 所示。从运行结果图中能够看出，钻石会员中女性占比较高，为 1388 人，男性仅为 592 人；在金牌会员中，女性人数也明显多于男性人数，其中女性为 596 人，男性为 267 人。

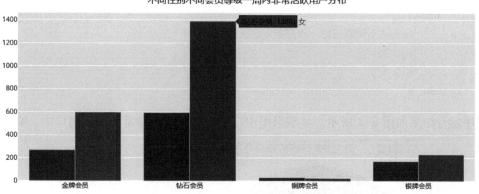

图 6-7　不同性别、不同会员等级下"一周内非常活跃"用户分布

6.2.4　不同购买力活跃用户分布

接下来使用饼图来展示不同购买力"一周之内非常活跃"用户的分布情况。首先需要按照'purchasing power'对所有会员通过 groupby() 函数进行分组，然后对分组后不同会员等级的人数通过 sum() 函数按照 "activity" 列进行统计求和，最后选用 go. Pie() 函数来绘制饼图，以便进行可视化。

示例程序如下：

```
import pandas as pd
import plotly
import plotly. graph_objs as go
```

```
df = pd. read_excel('data. xlsx', index_col = 0)
df = df. dropna()
df = df. drop_duplicates()
df[ "activity" ]. replace("一周内非常活跃", 1, inplace = True)
df[ "activity" ]. replace("一周内活跃", 0, inplace = True)
data_pie = df. groupby(by = 'purchasing power')[ 'activity']. sum()
pie = go. Pie(labels = list(data_pie. index),
                values = data_pie. values, textfont = dict(size = 22))
trace = [ pie ]
layout = go. Layout(
        font = {'size': 22})
fig = go. Figure(data = trace, layout = layout)
fig. update_layout(font_size = 12, legend = dict(
        orientation = "h",
        yanchor = "bottom",
        y = -0. 1,
        xanchor = "center",
        x = 0. 5,
        title_text = ''))
fig. update_layout(
        title = {
            'text': "不同购买力一周内非常活跃的用户分布",
            'y': 0. 9,
            'x': 0. 5})
fig. show()
```

程序运行结果如图 6-8 所示。从结果图中可见, 在一周内非常活跃的用户中, 购买力为高

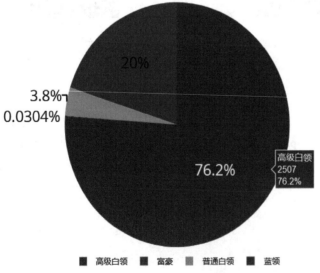

图 6-8 不同购买力下 "一周内非常活跃" 用户分布

级白领的人数占比最大,人数为 2507,占比为 76.2%;其次为富豪,人数占比为 20%;普通白领和蓝领的人数占比分别为 3.8% 与 0.0304%。

＊知识拓展＊

若要将不同忠诚度下"一周内非常活跃"用户分布进行可视化,只需要在上述程序中修改一个参数,即将分组函数中的参数"by＝'purchasing power'"修改为"by＝'loyalty'"。

程序运行结果如图 6-9 所示。

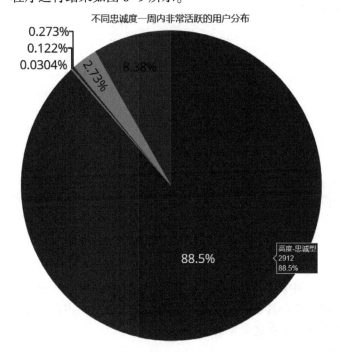

图 6-9

图 6-9　不同忠诚度下"一周内非常活跃"用户分布

6.2.5　不同年龄段活跃用户分布

下面使用饼图来展示不同年龄段"一周之内非常活跃"用户的分布情况。根据年龄分组并计算每个年龄段中非常活跃用户的数量。使用 Plotly 的 Pie() 函数创建一个饼图对象,data_pie.index 转化为列表后,作为标签 labels 的值,data_pie.values 作为参数 values 的值,pull＝[0.3,0.1,0,0] 表示扇形区域的脱离参数,最后通过设置布局和图表标题等参数,生成绘图对象并显示出来。

示例程序如下:

```
import pandas as pd
import plotly
init_notebook_mode(connected=True)
df=pd.read_excel('data.xlsx',index_col=0)
df=df.dropna()
df=df.drop_duplicates()
```

```
df["activity"].replace("一周内非常活跃",1,inplace=True)
df["activity"].replace("一周内活跃",0,inplace=True)
data_pie=df.groupby(by='age')['activity'].sum()
pie=go.Pie(labels=list(data_pie.index),
              values=data_pie.values,textfont=dict(size=22),pull=[0.3,0.1,0,0])
trace=[pie]
layout=go.Layout(font={'size':22})
fig=go.Figure(data=trace,layout=layout)
fig.update_layout(font_size =12,legend=dict(
     orientation="h",
     yanchor="bottom",
     y=-0.1,
     xanchor="center",
     x=0.5,
     title_text=""))
fig.update_layout(
     title={
          'text':"不同年龄段一周内非常活跃的用户分布",
          'y':0.9,
          'x':0.5})
fig.show()
```

程序运行结果如图 6-10 所示。从图中能够看出，在一周之内非常活跃的用户中，25~29 岁年龄段的用户人数占比最大，为 61.8%；其次为 18~24 岁年龄段的用户，占比为 11.1%。因此一周非常活跃的用户主要集中在 25~29 岁这个年龄段。

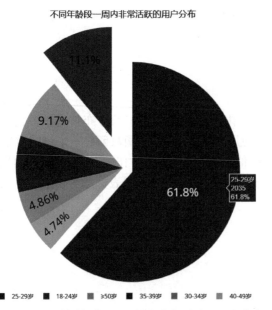

图 6-10　不同年龄段下"一周内非常活跃"用户分布

6.2.6　不同会员等级对三级品类下单偏好

　　下面使用 Plotly 工具包中的 Box( )函数绘制一个箱形图,用于展示不同会员等级对三级品类下单偏好的分布情况。

　　示例程序如下:

```
import pandas as pd
import plotly
import plotly. graph_objs as go
df = pd. read_excel('data. xlsx', index_col = 0)
df = df. dropna( )
df = df. drop_duplicates( )
df[ "activity" ]. replace( "一周内非常活跃", 1, inplace = True)
df[ "activity" ]. replace( "一周内活跃", 0, inplace = True)
box1 = go. Box(
    y = df[ df['membership_level'] = ='金牌会员']['prefer_third_level']. dropna( ),
    name ='金牌会员')
box2 = go. Box(
    y = df[ df['membership_level'] = ='钻石会员']['prefer_third_level']. dropna( ),
    name ='钻石会员')
box3 = go. Box(
    y = df[ df['membership_level'] = ='铜牌会员']['prefer_third_level']. dropna( ),
    name ='铜牌会员')
box4 = go. Box(
    y = df[ df['membership_level'] = ='银牌会员']['prefer_third_level']. dropna( ),
    name ='银牌会员')
trace = [ box1, box2, box3, box4]
layout = go. Layout(title ='不同会员等级对三级品类下单偏好分布', font = {'size':22})
fig = go. Figure(data = trace, layout = layout)
fig. update_layout( font_size = 12, legend = dict(
    orientation = "h",
    yanchor = "bottom",
    y = -0. 1,
    xanchor = "center",
    x = 0. 5,
    title_text = ""))
fig. update_layout(
    title = {
        'text': "不同会员等级对三级品类下单偏好分布",
        'y':0. 9,
        'x':0. 5})
fig. show( )
```

程序运行结果如图6-11所示。在程序运行结果图中，以金牌会员为例，其对三级品类下单偏好的最小值为652，下四分位数为1533.75，中位数为4940，上四分位数为12016.5，最大值为17088。同理，利用光标悬停的图形交互优势，能够观察到钻石会员、铜牌会员、银牌会员的四分位数的分布情况。

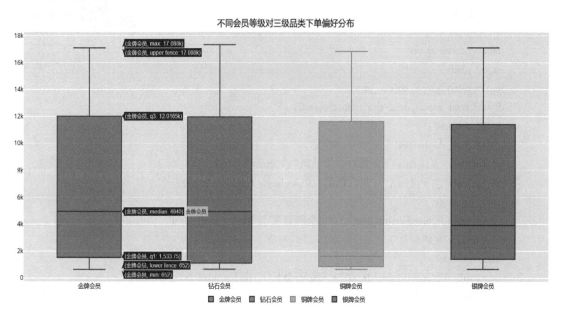

图6-11　不同会员等级对三级品类下单偏好分布

知识拓展

对于6.2.3节中的任务，同样可以用水平方向的条形图来可视化。条形图其实就是将柱状图旋转90°，呈现横向显示的效果，但本质上和柱状图是一样的。两者唯一的区别为Bar()函数中orientation的设置，而其余参数的设置，两者相同。

小提示

本项目案例探索了用户的自然属性、社会属性与活跃度、三级品类浏览偏好和下单偏好等的关系。因篇幅原因，如用户"性别""年龄""职业""会员等级"与"品牌偏好"之间的内在关系，以及用户的"促销敏感度""评论敏感度"对"品牌偏好"的影响等未展开叙述，有兴趣的读者可自行探索。

【任务总结】

通过对用户画像数据的分析与可视化相关知识的学习，初步了解了用户画像的基础方法，巩固了利用Plotly工具进行数据可视化的技能，提高了读者灵活融合数据清洗、数据分析与数据可视化的能力。用户画像作为企业挖掘用户需求、提升产品服务体验的重要手段，在企业业务中有着广阔的应用场景。

【思考与练习】

一、选择题

1. 常用的清洗数据的包是（　　　）。
   - A. pandas
   - B. Matplotlib
   - C. seaborn
   - D. Request

2. 下列能返回数据的行数和列数的 pandas 方法是（　　　）。
   - A. pd. shape( )
   - B. pd. head( )
   - C. pd. tail( )
   - D. pd. drop( )

3. 下列能够删除缺失数据的 pandas 方法是（　　　）。
   - A. pd. drop( )
   - B. pd. dropna( )
   - C. pd. delete( )
   - D. pd. loc( )

4. 在使用 Plotly 绘制饼图时，需要使用 graph_objs 中的函数是（　　　）。
   - A. Pie( )
   - B. Scatter( )
   - C. Bar( )
   - D. Histogram( )

5. 在使用 Plotly 绘制柱状图时，需要使用 graph_objs 中的函数是（　　　）。
   - A. Scatter( )
   - B. Histogram( )
   - C. Pie( )
   - D. Bar( )

6. 与用户画像无关的选项是（　　　）。
   - A. 数据清洗和预处理
   - B. 数据可视化
   - C. 数据分析
   - D. 黑盒测试与白盒测试

二、实操练习题

1. 对于以上清洗后的数据集，选取年龄（age）到购买力（purchasing_power）列，并对 edu_level 分组统计每个组的"三级品类浏览偏好"和"三级品类下单偏好"。

2. 将"三级品类浏览偏好"和"三级品类下单偏好"作为 X 轴与 Y 轴，画出对应的散点图。

参考文献

[1] 蜗牛学院，卿淳俊，邓强. Python 爬虫开发实战教程：微课版 [M]. 北京：人民邮电出版社，2020.

[2] 黄源，蒋文豪，徐受蓉. 大数据可视化技术与应用：微课视频版 [M]. 北京：清华大学出版社，2020.

[3] 杜晓梦，唐晓密，张银虎. 大数据用户行为画像分析实操指南 [M]. 北京：电子工业出版社，2021.

[4] 张晓明. 大数据技术与机器学习 Python 实战 [M]. 北京：清华大学出版社，2021.

[5] 吕波. 大数据可视化技术 [M]. 北京：机械工业出版社，2021.